为城市而设计

城市设计的十二条认知及其实践

Designing for the City

Twelve Perspectives and Related Practices of Urban Design

1田园城市仍然是城市设计梦想 2从孤立城市走向区域互联互通 3建设“城市-郊区-乡村”共荣体 4城市形态：选择适于本地的“精明密度”和“适宜尺度” 5通过设计强化城市活力：秩序与变化 6追求有地方特色的城市风貌：城市设计的本土性 7城市设计的主要战场——公共领域：公共空间与公共设施 8设计使城市更便利、更舒适、更安全 9以缝合和织补的方式推进城市更新 10生态友好的城市设计 11以空间创新鼓励城市创新 12把设计转化为行动

杨一帆　著
YANG Yifan

中国建筑工业出版社

图书在版编目（CIP）数据

为城市而设计——城市设计的十二条认知及其实践/杨一帆著. —北京：中国建筑工业出版社，2016.3（2022.6 重印）
ISBN 978-7-112-18290-9

Ⅰ.①为… Ⅱ.①杨… Ⅲ.①城市规划—建筑设计 Ⅳ.①TU984

中国版本图书馆CIP数据核字（2015）第162102号

责任编辑：张 健 杨 虹
书籍设计：京点制版
责任校对：陈晶晶 党 蕾

为城市而设计
——城市设计的十二条认知及其实践
杨一帆 著
*
中国建筑工业出版社出版、发行（北京海淀三里河路9号）
各地新华书店、建筑书店经销
北京京点图文设计有限公司制版
北京中科印刷有限公司印刷
*
开本：787×1092 毫米 1/16 印张：19¾ 字数：387千字
2016年12月第一版 2022年6月第二次印刷
定价：68.00元
ISBN 978-7-112-18290-9
（27534）

城市和城市生活是最伟大的城市设计导师。每一位对城市有贡献、有需求的人都可能在城市设计领域教会我们某些东西，在这个领域，人人可为我师。

The city and urban life are the greatest urban design suprtvisor. Every contributor or demander in the city could possibly be a story teller. in the domain of urban design, anyone can be a teacher.

城市设计专注于城市空间和形态研究，但涉及的知识领域和相关要素庞杂，因此，城市设计者应该坚持三个基本观点：城市整体认知的观点、要素广泛联系的观点和城市动态演进的观点。本书即是以这三个观点为基石，把笔者认为城市设计最核心的内容归结为十二条要点，结合笔者的认知与实践，与读者分享。

Urban design often concentrates on spatial and morphological studies, which relate to a significant number of disciplines and factors. An urban designer should view the practice from three fundamental viewpoints, as urban design relates to a broad spectrum of knowledge despite the common belief that it mainly focuses on form and aesthetics. These three perspectives are from the angles of holistic cognition, extensive connections of elements, and dynamic evolution. Building upon these three perspectives and combined with the author's own studies and practice, this book categorizes the essential elements of urban design into 12 key points.

序一

Preface One

有个朋友早些年从欧洲留学回来时对北京的城市状态颇有微词，他说北京就像是个大村庄，非常松散零乱，完全不像许多欧洲城市那样有明确的形态和秩序。我当时还与之争辩道：京城虽然看上去有些乱，但内在其实有很严格的控制条件和生成逻辑，你在城里要设计个房子，从规划、交通、市政、消防和文保、人防以及绿化等等部门都要严格审查，尤其日照间距是最硬的控制条件。于是就形成了一个奇怪且尴尬的局面——在严格的、多方管理下的规划建设结果却像是缺乏管理的状态，问题到底出在哪儿？

的确，当我们每每考察欧洲的历史城市亦或小镇，都会对那些美丽的广场、宜人的街道、精致周到的公共空间环境所感动，甚至可能并不特别在意建筑的新旧，造型的好坏。换句话说，在这里吸引我们的并不一定是那些建筑个体，而更多的是那些井然有序、变化丰富、尺度宜人的城镇空间。而相比之下，我们这些年的建设规模不可说不大，投入不可说不多，马路不可说不宽，广场不可说不大，轴线不可说不强，大型标志性建筑也盖了不少，但城市布局就显得散乱，空间就显得大而无当，环境质量就显得粗糙，风貌特色也并非因为盖了那些标志性建筑而令人满意。

去年新一届中央领导多次在不同场合批评了建设领域的乱象，指出了城乡建设缺乏特色，表现出缺乏文化自觉和自信的普遍问题。于是之后就有一些地方政府领导开始抓特色问题，请专家开会咨询，希望很快找到特色要素推而广之，寄希望于一两年内就能解决特色问题，其急切的心情虽然可以理解，但我也实在担心这种运动式的打造特色会形成一股肤浅的、化妆式的风潮，这不仅掩饰了城市的真实性，也会表现出一种新的浮躁气，完全背离了我们民族的文化本质。事实上以往类似的失败例子已经很多，应该认真反思和汲取教训才对。

杨一帆是规划行业的后起之秀，他和他的团队通过实践项目的经验体会，也研究了不少国内外案例，总结了十二条，相信不仅对业内同行可以参考，也可以对城市的管理者和决策者们提高对城市的认识水平有所帮助。

中国建筑设计研究院总建筑师　中国工程院院士　崔愷

2015年5月21日

序二
Preface Two

当杨一帆把《为城市而设计——城市设计的十二条认知及其实践》手稿送到我案前，请我审阅时，我欣喜非常！一帆曾在我院工作十年，不少规划设计项目都是我亲自指导。后来调入中国建筑设计院筹办城市规划设计研究中心，我也一直很关心他的工作，对他能在繁忙的工作中笃志学术，精研自己一直兴趣盎然的城市设计，完成这部专著，我深感欣慰。他能从覆盖范围广泛、取材众多的亲身实践和国际案例比较的角度完成该书，实属难能可贵，这也得益于他扎实的专业素养和丰富的实践经历。

一帆在我院工作期间，负责的规划设计项目涵盖了从宏观到微观的各个层次，地域范围也包括东部沿海、中部和西部等广阔地区，可谓类型广泛，问题与挑战各异。其中，在我指导下完成的项目就有苏州市城市总体规划、苏州市总体城市设计这类宏观层次项目，也有浙江玉环新城城市设计等中观层次项目，以及浙江临海靖鹰商务区、青海玉树灾后重建康巴风情商街城市设计等微观层次项目。这些项目的编制过程和后续实施情况我都非常了解，它们都得到当地政府的高度评价，进入实施阶段，有些项目已全部建成。丰富的规划设计经历是他可以从实践的角度探讨城市设计的重要支撑。另外，在积累了大量实践经验后，他被公派赴美国波特兰州立大学学术访问一年，在此期间，他重点研究了以俄勒冈州为代表的美国规划体制，同时进行了大量专业游历和考察，这为他从国际语境和案例比较中总结中国的城市设计实践经验提供了一次良好机会。

坚实的法定规划基础，熟悉城市设计与法定规划之间的内在关联，使他能够辩证地看待规划与设计；涵盖宏观与微观的丰富实践，大量的城市设计项目付诸实施，使他知道何为城市设计之用；具有国际视野，广泛学习与考察，在杰出的中外城市设计研究与实践成果之上进行探究，使他的这本专著能从现有大量城市设计研究中脱颖而出，展现出难得的思维广度和深度。尤其是书中提出的三个城市设计的核心观点：城市整体认知、要素广泛联系和城市动态演变的观点，对读者完整地认识城市设计富有启迪。

广义的城市设计古已有之。自城市问世以来，就有为城市而进行的设计。人们运用技术、艺术等所有能够想到、办到的方法改善和美化自己的城市环境，而浑然不知自己在从事“城市设计”。东西方文明都有自己的城市设计之道，分别展示了各自的自然与人文背景、不同的观念与技术脉络。自 19 世纪末到 21 世纪初，世界主流的发展和文明思潮经历了技术至上的现代主义，到回归人文关怀与生态道义的后现代主义，尤其是随着生态文明在世界范围内的发展，东西方的城市发展观念越来越展现出殊途同归的趋势。现代主义忽视人文差异，片面强调科技在世界范围内的通用性，促成了大多数城市消防、卫生、现代交通、防洪、住房短缺等基本问题的迅速改善，用一个世纪的时间基本解决了困扰人类城市建设几千年的棘手问题。然而在“建筑是机器”，甚至“城市是机器”的口号下诞生的新兴城市或新区，催生了世界范围内的“国际式”和“千城一面”。后现代主义对现代主义进行修正,在肯定科技发展贡献的同时，强调人文与生态的重要性，在鼓励国际交流互鉴的同时，强调本土性的价值，被现代主义肢解的功能分区开始重新融合成完整有机的城市，使以现代交通工具为核心的城市规划方式，转向以人的使用和感知为中心的城市设计方式。在这一大趋势下，西方技术与东方智慧必须成婚生子，单一的城市规划和建设技术必须让位于复合的治理工具和综合的解决方案。从这个角度出发，我非常赞同一帆在该书中贯穿始终的思维主线：应该立足于城市的区位条件、城乡关系、发展动力、运行机制、管理方式、人文特色、建设传统等一系列关键问题的深刻认知基础上，展开城市设计。

狭义的“城市设计（Urban Design）”一词于20世纪中叶才在西方发达国家出现。作为一种技术、专业、职业或者角色，涉及城市规划、建筑学、景观学等多个交叉学科，目前被普遍接受的定义是“城市设计是一种关注城市规划布局、城市面貌、城镇功能，并且尤其关注城市公共空间的一门学科”。城市设计概念于20世纪90年代传入中国，正逢我国快速城市化发展时期，作为一种介于城市规划和建筑学之间的三维工具，弥补了城市规划形态研究不足、建筑设计场域关照不够的缺憾。城市设计借助自身优势，如研究方法多样、研究范围广泛、研究内容灵活、可随时应对不同问题选择恰当分析工具、形成具有很强针对性的技术路线、不受法定规划的时效限制、成果的表现形式直观易懂等等，在规划和建设决策的前期阶段广泛运用，对我国城市建设的确做出了重要贡献。但由于一直没有法定地位，也没有相关的设计导引，长期以来，城市设计在实际操作中通常仅作为城市规划的决策辅助工具，难以充分发挥它对城市建设精细化管理的支撑作用。未来一个时期，随着人们从“更多需求”向“更好追求”转变，告别平庸、提升品质将成为城市的努力方向，城市设计必将有更大的用武之地。该书通过大量的实践案例分析和总结，准确反映了城市设计在中国城市规划建设管理中的运用特征，依据中国经验，对比国际案例，大大充实了“城市设计”这个概念，除了在城市特色、城市形态等城市设计的传统领域提出独到见解和进行图文并茂的生动描述外，还在以下方面进行了重要补充和强调：

第一，扩充了“城市设计”的研究范围。城市设计是专有名词，但其方法并非为城市专用。该书把城市设计方法运用到区域规划与分析，延伸到区域设计的宏观领域；提出建设“城市－郊区－乡村”共荣体，把城市设计方法运用到城市毗邻区和乡村地带，是对城市设计在空间范围上的拓展。

第二，强调综合技术手段的运用。把城市亟待解决的交通、安全、公共服务、生态等问题综合起来考虑，用设计的手段整合相关学科的研究成果，成为更加复合、高效的工具，以应对日趋复杂的城市问题。

第三，用发展的眼光看待城市设计这个概念本身，赋予它不断自我完善的广阔前景。城市功能不断推陈出新，城市空间演变永不停息，城市设计将不断面对城市更新与空间创新问题，城市设计将是一门紧跟甚至前瞻城市发展的现实需求，不断滚动发展，充满活力的学科。

第四，预见到城市设计从物质空间设计转型为一种公共活动的趋势。城市设计辅助城市建设的各参与方达成和不断强化“共识”，帮助将这份共识转化成为管理工具或者契约，并通过不断的后续服务指导城市设计“蓝图”的实现。一方面，城市建设的主要矛盾已从科学与工程技术的短缺转化到复杂社会矛盾的解决，城市设计必须随之进化；另一方面，城市设计有能够直观表达发展愿景的独特优势，本身就是一种强大的沟通工具，具有与社会科学结合的天然接口。在城市规划建设管理中，推动城市设计向公共活动方向发展，能有效地凝结共识，同时运用城市设计综合多专业力量落实建设目标的强大工具，必将大大有利于城市发展。同时，作为一门源于城市规划和建筑学这类理工、艺术类专业的学科，城市设计与社会科学的结合，也将是学科发展的大趋势。

城市设计是一门与实践紧密相关的学科，本书基于大量实践、考察与分析，提出的“城市设计十二条认知”的确把握住了城市设计的核心价值和关键方面，对长期从事城市设计工作的人员进行专业思考很有启发，对规划决策和从事规划建设管理的相关工作者全面了解城市设计之用很有帮助。

中国城市规划设计研究院院长　杨保军

2015 年 6 月 1 日

前言

城市设计是个复杂的研究领域，也是最贴近人们生活的研究领域之一，它的目的是要去服务于城市、人和生活，我们应该向每一位热爱城市、热爱生活的人学习城市设计。城市和城市生活是最伟大的城市设计导师。每一位对城市有贡献、有需求的人都可能在城市设计领域教会我们某些东西，在这个领域，人人可为我师。

城市是生活的容器，城市因丰富的城市生活而存在，否则再伟大的城市也会走向衰落。四面八方的人们来到城市居住或停留，是为了更好的生活，而后感知它的美。人们按照现实生活或理想生活的需要建造了城市，城市又反过来影响城市生活和生活在城市中的人。这样循环往复，经历岁月，城市的物质和精神财富积少成多，城市文明日渐沉积，越发丰富。在这滚动前进的进程中，城市形态和城市生活又互为因果，相互推动，成为城市演变的引擎。如果说城市设计是一项追求城市之美的工作，那它应是以城市形态为工作对象，遵循美的规律去诠释城市生活。而这美的标准应是大多数人的生活之美，而非少数城市设计者心中的形象之美。

城市与城市生活要素庞杂，要素的分类也没有一定之规，本书把笔者认为最重要的内容归结于十二条认知，加上笔者考察研究的案例和亲身经历的规划设计实践，按照城市认知和城市设计工作的层次和逻辑，逐一叙述。本书内容涉及城市设计愿景、城市与区域、城乡关系、城市密度、秩序、特色、公共领域、城市演变、城市设计的实现等多领域的关键问题，而贯穿这十二条认知的是三个基本观点：城市整体认知的观点、要素广泛联系的观点和城市动态演进的观点。

城市像生命一样运行！它的活力，它的各种要素运行，以及我们对城市的体验贯穿了所谓宏观、中观与微观。城市植根于孕育它的区域，与滋养它的广大乡村融为一体，城市中路网的疏密可能影响它运行的效率，它的魅力又存在于与生活紧密联系的细节中。城市设计关注城市与区域、城市与乡村、城市内部的形态关系，但城市生活或城市体验是贯穿各个空间层次，赋予我们整体城市设计观的纽带。城市设计工作程序可以分层次推进，但所有这些人为划分的层次不应成为城市设计者思想的羁绊。因此，本书坚持的第一个城市设计观就是城市设计者应建立跨越区域、城乡、具体设计地段的整体城市观。例如：我们在讨论一个城市的形态时，应该把它置于所属的区域中和城乡关系中；讨论一个地段的城市设计问题，也应该把它置于整个城市环境中进行研究。还要特殊说明的是，城市设计是已为多数专业人员接受的专有概念，但城市设计早已超出了城市的范围，它延伸到了区域规划和城乡关系的形态研究中。一方面这些延伸大大促进了区域和城乡规划的发展；另一方面，城市的发展也越发难以脱离区域和城乡背景单独讨论。其实，区域设计、城乡设计、总体城市设计、片区城市设计、地块城市设计已经成为“城市设计”这一总称下的子项。本书的“城市设计”也指这一总称。

城市中没有绝对不相关的两个要素！城市设计专注于公共领域的设计和城市形态的塑造与改善。但城市设计并非以个人喜好进行艺术创作，而是遵循城市发展的经济规律、市民的生活需要、城市历史文化传统、自然生态要求等制约条件，带着枷锁起舞，完成追求美的工作。城市设计者面对的要素几乎是城市生活与运行的全部要素，它们有的相互促进，有的相互制约，有的看似疏远，但多少有着某种联系，哪怕非常间接。因此，城市设计者应随时准备应对要素间的联系，这些联系可能让我们的工作平添很多头绪，但它们也很可能是我们难得的机遇。城市设计专业也并非独立于建筑学、景观学、交通工程学、土地经济、生态学、社会学等专业的独立学科。如果有一门包罗所有相关知识的学科叫“城市学”的话，城市设计应该是以城市学为基础的形态学。如果没有这个重要的基础，城市设计的形态研究只能是建立在流沙上的大厦。城市设计虽然不能涵盖所有它所需的知识，但应建立广泛联系的观点，不孤立看待城市经济、文化、生态环境问题，而以形态为综合手段，致力于提供多元目标下的好答案。

城市在不断的演进中！建筑有落成之日，而城市不知哪天可以算是完工。有很多伟大的建筑家，但少有“伟大”的城市设计家。建筑可以署上设计者之名，而整个城市的设计不能署以一人之名。杰出的城市设计者如制定巴黎改建计划的G.E.奥斯曼，制定华盛顿第一版规划的皮埃尔·查尔斯·郎方，而他们的贡献也只是这些伟大城市生长、演进过程中的一个片段。城市设计者一定要有远见，一定要有愿景，但一定不能把当下设定的愿景指定为城市的终极状态，好的城市设计应该使城市可以继续生长。对城市而言，只有“变化”永恒不变。虽然城市设计常常会绘制城市的“蓝图”，但绘制在同一张“蓝图”上的要素应在城市设计者眼中清晰分解为“更易变的”和“更不易变的”，把应属当下的归当下，应属未来的归未来。很多城市设计实践证明，因为时间这个重要因素，很多当时看似华美的设计让城市吞下苦果，也有看似平淡的设计让城市受用长久。应理解城市演变的规律，时间将成为理解它的城市设计者的朋友，善用时间，像善用形态一样。

杨一帆

2015年5月10日

Foreword

As a complex domain closely related to people's daily life, urban design aims to provide service to the city, its people, and their lifestyles. It should be attentive to people who love the city and life. The city and its urban life are truly the greatest mentors of an urban designer. In fact, each individual who has contributed to the city or has need of the city can shed a ray of light upon urban design. For an urban designer, anyone can be a teacher.

The city is a container for life. A boisterous and colorful urban life is what a city subsists on. Without it even the greatest city will fall. People from all places choose to take a chance at city life because they see the opportunity of such a place. Only after building lives based on fulfilling needs or hopes for an ideal existence do they start to notice the aesthetic facets. City dwellers build the city based on their practical needs and hopes for an ideal life, but what they build also reciprocally influences their way of life. This constant interaction between a city and its residents propels the growth of wealth and culture, and it eventually enriches the urban environment. This cyclical process becomes a reciprocal causation of urban morphology and urban life, as well as a powerful engine for the evolution of a city. As urban designers beautify a city, they should choose urban morphology as the object of their work and design with the guidance of aesthetics embraced by the majority of citizens.

The elements of a city and its urban life are numerous and muddled, without a prevailing method of categorization. This book classifies elements the author deems essential for urban design into 12 key points:a vision of urban design, regional connections, the relationship between urban and rural areas, urban density, spatial order, the uniqueness of a city, public spaces and facilities, urban evolution, and realization, all of which build on three fundamental lenses of comprehensive cognition, elemental connections, and the dynamic evolution of the city.

The city is alive! Its vigor, moving parts, and the experience it bestows upon its dwellers exhibit all facets of life, from macroscopic to microscopic. Its roots are deeply embedded in the region that has bred it. It incorporates itself with the rural area, nourishing it. While the density of a city's road network can affect its efficiency, its glamour lies within all the details closely related to life. Urban designers should devote their attention to a city and its region's urban and rural areas and the morphological relationship between them, but they also need to keep in mind that urban life should act as the connection among all layers and elements of urban design. This is the key to the holistic perspective on urban design. While it is acceptable for urban designers to advance their work using one distinct layer at a time, they should be wary that those clear layers, invented by men, should not become the trammels constraining their minds. Therefore, the first urban design perspective that this book presents is that urban designers should establish a holistic point of view of the city that transcends different spatial scales. Urban designers should understand a city as a piece of the region in which it sits and give thorough reflection to its relationship with its rural surroundings when considering urban morphology. A project on any piece of the city should also be weighed in consideration of the whole city. Though urban design is a widely known blanket term for professionals, it has already extended to related fields of regional planning and urban-rural morphological studies. It is primarily because of this broadening use of terminology that the development of regional and rural-urban planning has moved forward. The development of a city cannot be discussed divorced from the context of its region and its relationship with the rural area. In fact, regional design, urban-rural planning, overall urban design, urban district design, and urban block design have all become sub-items for a generic term: urban design. "Urban design" as used in this book will adopt such a definition.

No two elements of a city are isolated from each other! Urban design focuses on the design of public areas as well as the shaping and improvement of urban morphology. Urban design is not an individual artistic creation. It must observe the rules of economic development, the needs of urban life, the traditions and history of a city, and the requirements of the natural environment. It is a dance in chains but still aspires for perfection. Designers have to deal with almost every factor of urban life and function. The factors can be mutually promoting and interacting, and they are more closely tied to each than they inevitably appear. Preparation for and strong observations of these connections are likely to bring about great opportunity for our work. Urban design cannot be divorced from architecture, landscape architecture, traffic engineering, economics, ecology, or sociology. If there were discipline called "urbanology," urban design would be a morphological study with comprehensive disciplines. Otherwise, this type of morphology is built only on sand. Though perhaps unreasonable to expect an urban designer to possess the knowledge of all interacting disciplines, they should at least adapt the view that all things are connected. They should not treat issues of urban economics, culture, and ecology separately, but should take morphology as a comprehensive method to find a satisfactory solution for all related goals.

A city is constantly evolving! Unlike a building, the construction of a city will never end. History sees many great architects, but has not seen so many “great” urban designers. Unlike buildings, a city cannot be named after one designer. Even for eminent urban designers such as Georges-Eugene Haussmann, who carried out Paris’ reconstruction plan, or Pierre Charles L'Enfant, who established the first plan of the city of Washington, urban designers’ contributions are only a brief episode in total urban evolution. An urban designer is supposed to provide foresight and visions of the future, but they should never regard their visions as the final state of a city. A good urban designer leaves room for a city’s continued growth. For a city, the only constant is change. Although urban designers often offer a “blueprint” for a city, in their eyes elements of the blueprints should only be classified as “prone to change” or “less prone to change”. Elements belonging to the present should stay in the present, while elements belonging to the future should await the future. As much practice in urban design has shown, the factor of time should always be respected: many once glamorous ideas have been translated into what ultimately became a dreadful memory for the city. Sometimes what appear to be ordinary plans ultimately benefit a city for a very long time. An urban designer should understand the rules of urban evolution. Time is a great assistant for an urban designer. Just as urban designers make good use of morphology, they should make good use of time.

YANG Yifan
2015.5.10

目 录

Contents

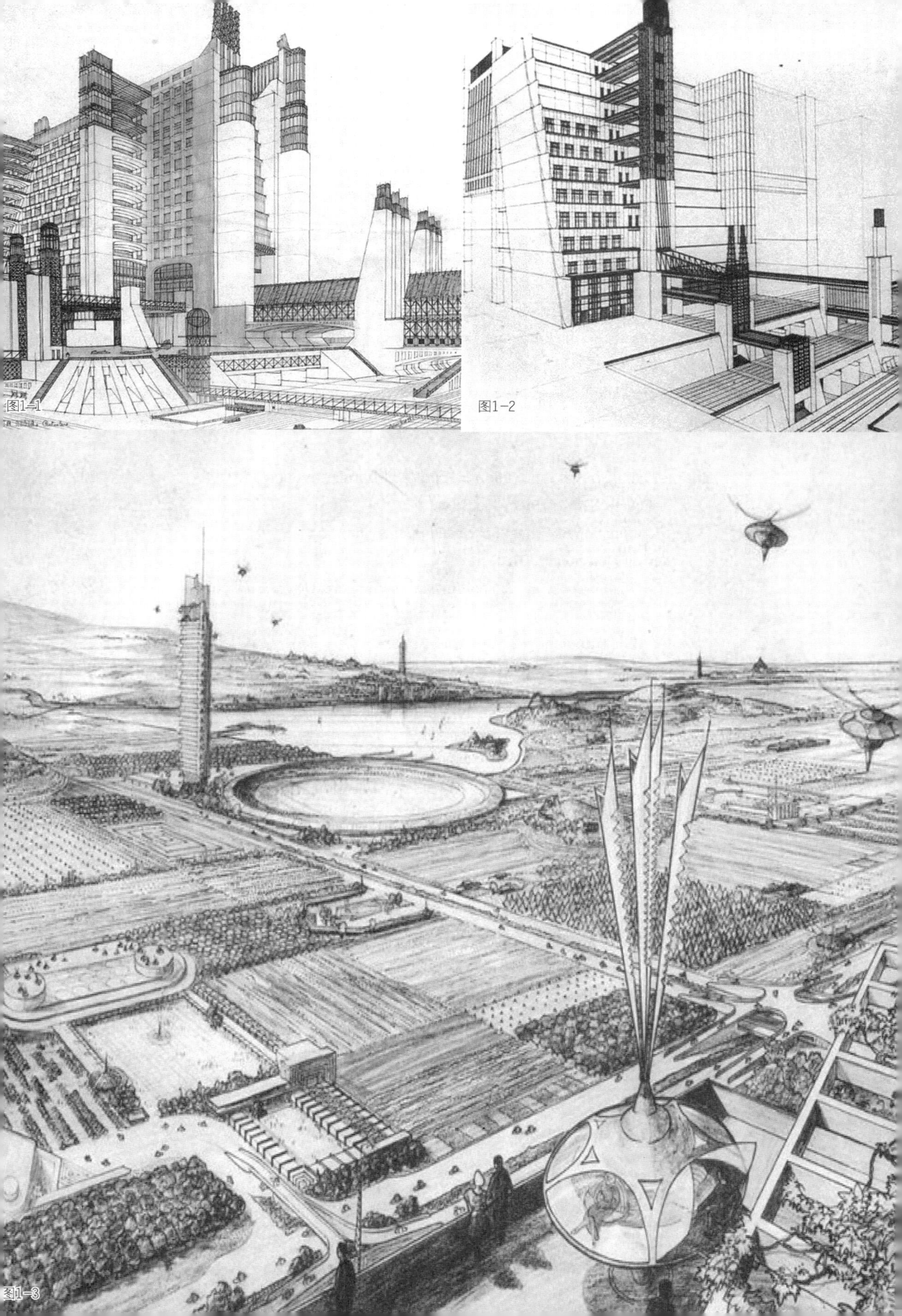

图1-1

图1-2

图1-3

第 1 章 田园城市仍然是城市设计梦想

Chapter 1 The Garden City as the Enduring Dream of Urban Design

图 1-1 “新城”构想草图，埃利亚。意大利建筑师安东尼奥·圣埃利亚（Antonio Sant' Elia）于 1914 年后陆续发表的一系列“新城”建筑绘画，主张人口集中，快速交通高度发达的城市，包括地下铁路，滑动的人行道和立体交叉的道路，作为一种崇尚机械文明的未来主义城市构想，对现代城市发展产生了深远影响。（图片来源 :http：//eng.antoniosantelia.org/）

图 1-2 “新城”构想草图，埃利亚。（图片来源：http://eng.antonio-santelia.org/）

图 1-3 “广亩城市”构想草图，赖特。美国著名建筑师 F·L· 赖特 1932 年提出的“广亩城市”反映了在汽车和电力工业推动下，人们分散城市功能，与庄园生活相结合的梦想，在美国一些州的规划中，曾把“广亩城市”思想付诸实践。（图片来源：http://blog.sina.com.cn/s/blog_6d32351901013usf.html）

导言

Introduction

霍华德在他的著作《明日田园城市》中提出建设兼具城市效率和乡村美景的“田园城市”，时至今日仍然是现代城市规划和建设者的梦想。只是经过 100 多年的探索，城市规划者遇到了更多的挑战也积累了更多的工具。同时，随着这一概念向全世界传播，各个地区有了自己的版本，西方多基于科学量化的理性主义思考，东方则更多融入人文诠释。

In his monumental work “Tomorrow: A Peaceful Path to Real Reform,” Sir Ebenezer Howard imagined a “garden city,” which combined urban efficiency with a pastoral setting. Even today, building a garden city remains the dream for urban designers and builders. After a century of exploration in the field, nowadays’ urban planners are faced with more challenges, as well as more methods to deal with them. Meanwhile, Howard’s idea was spread across the world and every region now has its own version of the garden city. Western cultures are more inclined to apply rationalism and quantitative measurement to designing the city, while Eastern cultures focus on cultural interpretations.

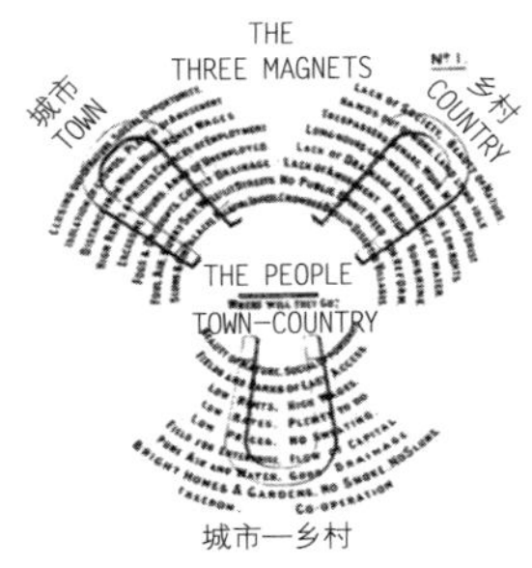

图 1-4 霍华德提出的“三磁极”（图片来源：霍华德著，金经元译．明日的田园城市 [M]. 北京：商务印书馆，2000.）

1.1 城市发展动力：三磁极的新诠释

霍华德的“田园城市思想”一直反映着现代城市规划和建设者对城市发展及社会变革的愿望。近代的城市实践大多以田园城市为根本理想，城市实践者也试图以城市与自然和谐相处的方式解决城市中出现的各种问题。霍华德在 1898 年出版的《明日：一条通向真正改革的和平道路》中提出的“三磁极——城市、乡村、城市—乡村”（见图 1-4）模型把理想人居模式概括为相互关联的空间模式和社会模式。霍华德的思想极大地启发了现代城市规划理论的发展。如今田园城市的人居理想依旧，但三磁极的表现形式已发生了变化。

1.1.1 霍华德的三磁极

三磁极理论，即“城市、乡村和城市—乡村”。这三个吸引人的生活空间被看作有力量的磁极，吸引人口和社会要素的聚集。当时城市这一磁极虽然提供高效的社会资源组织，但生活品质低下，乡村这一磁极虽然令人愉悦，但不能提供充足的社会功能。霍华德创造性地提出“城市—乡村”（或者说田园城市）这个当时还不存在的第三磁极，意在创造既能享用健康环境，又能实现社会职能的新型城乡模式，实现效率与环境间的平衡。霍华德的解决方案是把社会生产和管理机制结合到了空间布局的创新中，并且投放了大量精力在乡村社区发展问题上。三磁极的中心思想是，用城乡一体的新社会结构形态来取代城乡分离的旧社会结构形态，正如霍华德也在书中呼吁：“城市和乡村必须成婚，这种愉快的结合将迸发出新的希望、新的生活、新的文明。”[①]

霍华德建立了田园城市作为第三磁极（见图 1-5）的设计草图：一座田园城市要在大约 6000 英亩（约 24 平方公里）的区域范围内进行开发建设。建成区大约 1000 英亩（约 4 平方公里），形成直径约为 1.5 英里（约 2.4 公里）的圆形。核心部分由一座公园和一组公共建筑组成，并由放射状林荫道向外延伸。建成区由林荫道分割的居住区形成环状，而居住环又被外围的商业和工业建筑所环绕，商业和工业环在环形铁路岔道闭合，铁路起到与另一个田园城市或区域中心城市的连接作用。围绕城市区域外围是农业和公共机构用地。这样的城市规模适合任何一位居民在几分钟之内步行至城市核心区和外围的工作地，也大大减少了工业和交通的危害。快捷的轨道交通建立了城市间密切的经济联系，但在城市间的乡村地区不会有过多的经济活动，因此，生活在城市内的居民不会有大规模的通勤产生。城市内人口大约

① （英）霍华德．明日的田园城市 [M]. 金经元，译．北京：商务印书馆，2000.

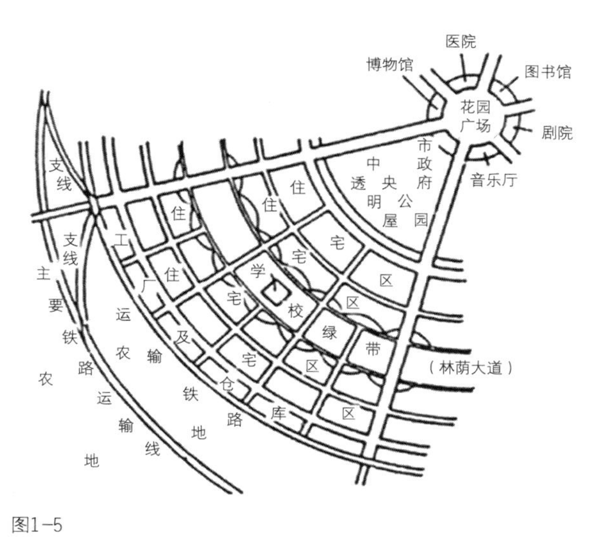

图1-5

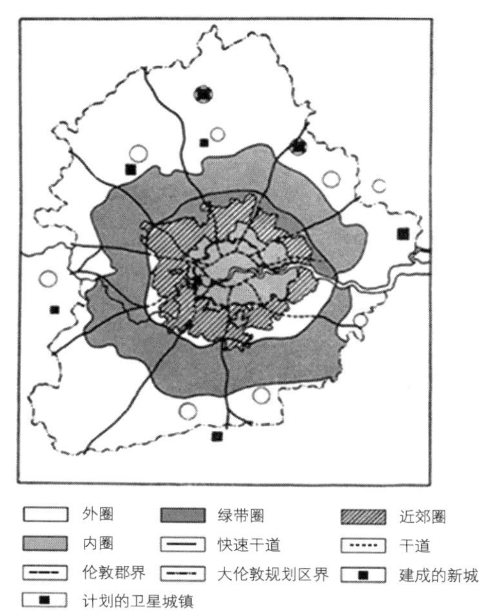

图1-6

图 1-5　田园城市模型图解（图片来源：霍华德著，金经元译．明日的田园城市 [M]. 北京：商务印书馆，2000.）

图 1-6　大伦敦规划示意图（图片来源：http: //www.baike.com/wikdoc/sp/qr/history/version.do?ver=2&hisiden=tAAREAwRXW,kFAWQIHBUIB,Ag）

为 3 万人，还有 2 千人生活在外围的 5 千英亩范围内。①

田园城市空间布局方案这种单一的理想模型不适用于复杂的城市实体，但霍华德提出的城市发展要点对此后的现代规划理论产生了重要影响。例如：快速交通对城乡结构的支撑，开敞空间在城市中的重要性，城市的公共服务，城市的适度规模等。

1.1.2　现代城市规划实践："城市—乡村"的磁极表现

尽管近代以来城市形式的表现不同，但主流规划理论体现了与田园城市理论相同的立场和价值观。城市—乡村这一磁极在城市规划与设计实践中扮演着重要角色。

为控制工业布局并防止人口向大城市过度聚集，伦敦于 1944 年开始逐步编制大伦敦规划（见图 1-6）。规划方案在中心区外围的绿带以外设置了 8 个新城，试图减轻中心区过度发展的压力。自 1946 年开始至 20 世纪 60 年代末，大伦敦规划实践陆续开展了三代新城的建设工作。霍华德的田园城市就是其重要理论基础之一。大伦敦规划部分实现了霍华德城乡结合，改善居住环境，以小城镇群代替大城市以及每个城镇保持职住平衡的理想城市目标。尽管大伦敦规划实践了在区域和城乡范围内考虑城市发展问题的思维方式和工作方法，并将生产力布局和区域经济发展问题与城市空间规划密切结合，但对田园城市思想的

① （英）霍华德．明日的田园城市 [M]. 金经元，译．北京：商务印书馆，2000.

运用仅局限于空间形态的模拟，而并未触及社会改革的实质。田园城市在发展中产生的问题表明大城市聚集效应向更大范围扩展。

面对城市中出现的诸多社会问题，城市规划师一直以改革先锋的姿态力图通过城市规划实践解决。以巴黎为例，19世纪70年代后期，伴随工业化与城市化进程，城市功能拓展的需求不断增长以及各种大城市病的出现，巴黎大区整治和发展规划日益迫切。同时，社会问题的不断涌现，如住房不足、失业人数增加、产居分离、乡村公共服务设施缺乏等问题成为巴黎大区规划的研究重点。巴黎大区规划的核心思路确定为保护旧城区，建设副中心，发展新城镇，爱护自然村。摒弃了建设单一城市中心的传统思路，使城市朝着多中心的格局发展。规划通过多中心的城市区域协作取得的效果可以称为部分实现了“第三磁极”的规划和社会理想。巴黎的新城集中在巴黎周边30 ~ 50公里范围内，距离巴黎市30分钟路程，一般选择原有城镇较为密集的地区率先发展，巴黎周边形成5个较为完备的新城，构成巴黎新的城镇格局。近期（2009 ~ 2014年）巴黎大区推进巴黎北部新社区及综合交通规划等工作（见图1–7）依然表明，区域协调发展仍旧是巴黎大区城市规划的重点。巴黎大区在区域和城乡空间层次不断的规划建设实践在某种程度上起到示范作用，对于依赖区域解决大城市发展问题积累了经验，成为田园城市思想的重要探索。

城镇群作为更大尺度的人居形态，成为第三磁极的另一种空间表现。在这方面荷兰西部的兰斯塔德城镇群（见图1–8）是一个典型的范例。兰斯塔德城镇群所在的区域面积约为830平方公里，占荷兰国土总面积的1/4，居住着全国45%的人口，为本国提供了近50%的就业岗位，是荷兰经济活动的密集区。这个由大中型城镇集结的城镇群跨南荷兰、北荷兰、乌德勒支和弗莱福兰4个省，包括了阿姆斯特丹、鹿特丹、海牙和乌德勒支等全国最大的4个城市及众多的小城市。兰斯塔德城镇群呈现“多中心”的有机结构，它把一个大城市所具有的多种对外职能分散到由大、中、小城市组成的城镇群中，形成了既分工又联系，相对补充和支持的和谐共生关系。在这个城镇群中，海牙是政治文化中心；阿姆斯特丹是全国金融经济中心；鹿特丹曾长期是世界第一大港口，也是重工业基地；

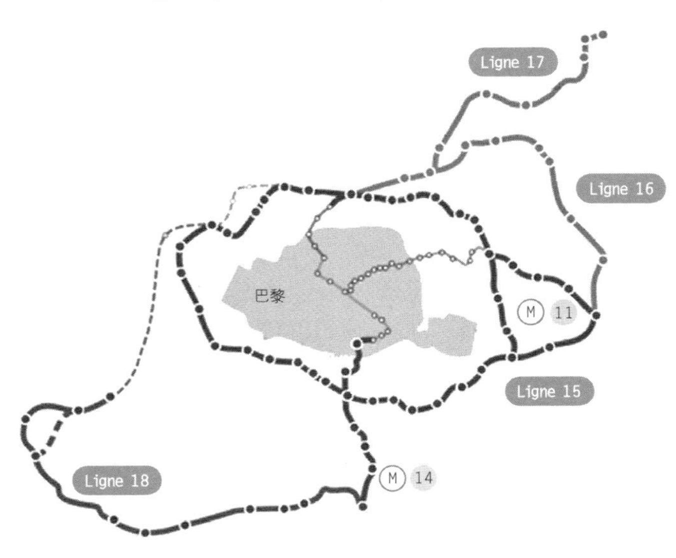

图1–7 巴黎大区地铁线路规划图（2014年2月）（图片来源：http://en.wikipedia.org/wiki/Grand_Paris）

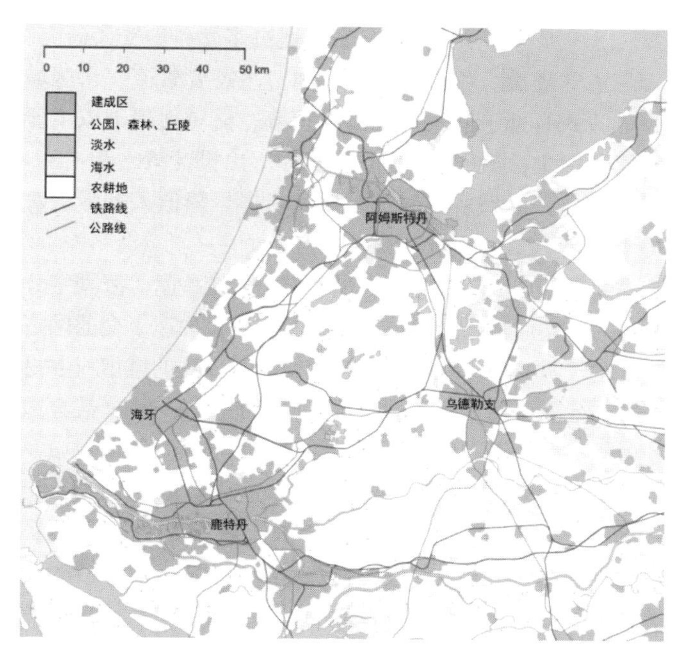

图 1–8　兰斯塔德城镇群空间布局图（图片来源：http://en.wikipedia.org/wiki/Randstad）

乌德勒支则是国家的交通枢纽。同时，大量的轻型加工工业则分布在莱登、哈姆勒以及围绕希尔维萨姆的赫特古伊地区。相对的城市分工使兰斯塔德城市群的内部产业布局不断优化，促进了资源的有效配置和城市在对外职能方面的专业化积累，利于整个城镇群参与国际竞争。经济得到发展的同时，交通拥挤、生态环境恶化等城市病得以缓解。尽管在规模及空间尺度上不同于霍华德的田园城市，但城乡一体的空间和社会结构与形态，使兰斯塔德城镇群成为现代城市格局中非常贴近田园城市理想的案例之一。

1.1.3　新的“三磁极”：“城市、乡村、流”

霍华德的三磁极理论给我们很多启发，但他固化的城乡空间模型不能适用于千变万化的城乡地区。老的“三磁极”向我们描述的更多的是一种静态的空间模型，很难解释日趋复杂的城市现象和问题。另外，处理好城与乡的关系也未必一定要创造第三种空间形态——“城市—乡村”。因此，可能有一种新的“三磁极”模型更加反映和谐人居环境的空间理想，这里用“流”替代了霍华德的“城市—乡村”。

新模型将城市这一磁极从单一城市发展至多个城镇间的区域协作；乡村也由原有的主要从事农业生产的空间载体演变成兼具生态及游憩功能的空间载体；被称之为“第三磁极”的“城市—乡村”，焦点同样由“田园城市”固化的空间模型转变为对多种“动态流”的关注，如人流、生态流、交通流、信息流、产业流等。

所谓人流，即是人的流动。伴随区域间资源流动的频率加快，不同地域乃至不同国家间人的交往也愈加频繁。更多样的流动空间以及既具有普适性，又具有本土特色的公共空间逐渐成为城乡活动的重要载体。而这些空间提供的职能和精神内涵通过空间设计得以展现。不同的族群可能有较为相似的物质需要和物理需求，但同时有更差异化的文化习惯和诉求。现代城市设计中如何在国际化背景下满足人们的普适性要求，同时保留和培育多样性成为重要课题。

生态要素的跨区域流动使城市与区域、城市与乡村的物质交换跨越了任何固定的城乡空间模型可以涵盖的范围，促使城市设计者跨出形态研究的藩篱，广泛地与各生态学科合作，通过多学科的交叉研究，不断修正对空间形态的理解。城市设计中，面对生态要素流，将区域作为流域来审视的方式有助于问题的分析和理解，流域边界则以主要生态要素运行范围来确定，分析生态活动规律并提出设计策略和措施。利用区域生态资源协作，对城乡空间进行优化，尽量降低人的活动对自然生态环境原有运行方式的干扰。

物流按照流动要素的性质与规模，在世界城市系统中呈等级网络分布。现代全球联系的日益加强，交通技术的不断发展，加速了交通网络的发育与重构，推动资源在城市间的共享越发便利。独立的城市或乡村不再需要提供完整的社会资源。资源的配置从单独的一城一乡，甚至霍华德提出的第三磁极“城—乡”中跃升到了“区域”层次。物流对城乡空间形态的影响也跨越了从区域到微观的城市节点空间等各个层次。

生产要素的流动使城市的供给不再仅局限于城市本身或周边乡村，区域协作所形成的产业分工在很大程度上决定了城市及乡村的空间形态。经济发展依赖产业，产业发展吸引资源与人口的聚集，又带来生态环境的压力，在一系列相互联动的关系中，城市形态与生产要素的流动不停地相互影响。在生活要素的流动方面，也早已跨越霍华德时代相对简单的城市与其紧密围绕的乡村地带可以基本实现互相补给的状态，独立于区域的“城市—乡村”模型已不合时宜。

随着通信技术和信息网络的飞速发展，城市物质空间的布局也越发受到信息流的深刻影响。信息流更使资源配置的空间维度跨越到了全球层次，它同时引导着人流、交通流、产业要素流的区域分布。虚拟空间的活动越发影响实体空间的构建。

伴随科技的进步，地区间交流的日益密切，世界资源的高速、高强度、大规模流动，城市与乡村问题不再局限于单一的个体。“流”这一广泛存在的现象左右着城市设计所关注的形态问题。由于霍华德以后，“流”这一现象的突飞猛进发展，我们越发认为三磁极中除了“城”和“乡”这两种基本的人居形态外，再难有第三个空间概念可以概括当今的人居状态——城乡、区域、全球这些不同层次的空间概念都只能描述真相的一个片段。因此，用“流”本身来补充现代“田园城市”梦想至关重要的第三磁极可能是最恰如其分的。

1.1.4 “流”对现代城市和城市设计的作用

“流”的作用和影响在从建筑到街区、社区、片区、城市或乡村、区域、国土、跨国地区、全球各个层次中展开。城市设计在这个空间序列中关注建筑以上和区域以下的空间形态。现代城市设计的目标就是为这些空间层次中各种“流”（包括人）塑造“舒适”的空间和形态，让它们尽可能和谐、有效、舒适地共处和持续运行。例如城市设计作为引导城市发展的一种手段，应研究如何使“流”更好地衔接城市与城市，乡村与乡村，城市与乡村。

城市设计从关注静态的、固化的城市形态，转向对活动和形态的相互作用的关注，推动城市规划与建设的工作方式发生根本性的进步。

1.2　西方理性主义途径：设计结合自然

西方近代城市规划与设计理论各有侧重，但思想渊源都根植于自亚里士多德以来的实证科学传统，尊重证据，尊重科学与量化的分析。就研究的主要内容来看，西方城市规划研究关心既要满足社会发展的功能需求，又能营造舒适宜人的生活环境，城市规划设计一直围绕着功能及环境展开。西方近代城市规划的理论及实践基础是基于对场地的理性分析，将环境作为城市的规划背景及设计前提。规划师通过对环境中影响城市的多重要素的分析解剖，去繁化简，从而将复杂的问题分解开来，逐一对应地处理问题，从而解决城市发展的矛盾。

1.2.1　西方城市规划理论的解题思路：“分解要素，逐个解决”

现代城市规划理论多是以问题为导向。在西方思维引导下发展起来的现代城市规划理论促进了规划、交通、环境等多专业的发展。但出于方便管理和建设的目的，严格的功能分区，严格的交通分流等简单的“分解”思维推动现代主义城市走向机械和非人本化途径。例如，勒·柯布西耶在 1925 年出版的《明日之城市》一书中提出的理想城市模型，既是针对城市过于拥挤，主张降低市中心的建筑密度，通过建筑向高层发展来容纳更多人口，增加道路宽度及两旁的绿地，甚至采用立交的方式显著提高交通的效率，同时给城市带来更多的绿地和休憩空间，彻底改变欧洲城市小街区、密路网、窄街道的传统结构与模式（见图 1–9）。然而在之后的众多城市实践中，书中提出的很多具体措施今天看来是不可取的，以这本书为集中代表的现代主义规划理论深刻地影响了 20 世纪人类的城市建设模式。如勒·柯布西耶曾说，“我们一定要杀死街道”，代之以纯供汽车使用的高速路，今天看来造成了很多城市区域活力的消退，钟摆交通，城市魅力的丧失等诸多问题。但柯布西耶对城市问题的回应恰恰体现了西方城市规划理论的解题思路：分解要素，逐个解决。

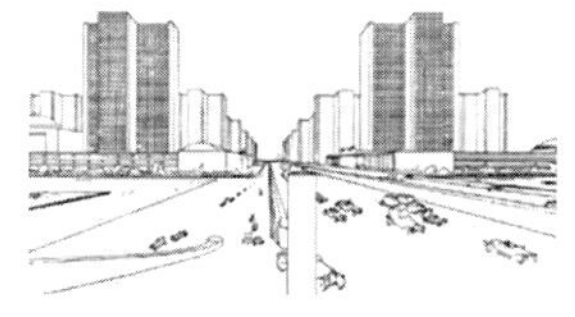

图 1–9　勒·柯布西耶绘制的明日城市图示（图片来源：李浩．理解勒·柯布西耶——《明日之城市》译后 [J]. 城市规划学刊，2009）

而同样针对城市膨胀而产生的“城市病”，伊利尔·沙里宁则提出了有机疏散理论。[①] 认为把城市功能有机疏解、合理分散人口与就

① 李浩．理解勒·柯布西耶——《明日之城市》译后 [J]. 城市规划学刊，2009（3）：115–119.

业有助于解决城市膨胀的问题，同时保护城乡优美的环境。然而无论是哪种理论实践都同样产生了其他的城市问题，例如有机疏散理论实践产生了能源消耗增多和旧城中心衰退等新问题。

将城市问题分解成不同现象，如环境现象、城市功能现象、交通现象等，再逐个地解答，最后才把这些分别独立的方法进行相互协调，提出整体的规划方案，是西方城市规划与设计的主流思想。

1.2.2 麦克哈格的《设计结合自然》

西方规划理论建立在尊重科学量化和验证的理性逻辑上。其中生态科学的不断探索和其思想对城市规划设计产生了巨大作用。

1969 年，麦克哈格出版的《设计结合自然》作为具有里程碑意义的规划设计专著，借鉴生态学原理，建立规划与设计的基本方法，将城市规划转向多学科综合的方向发展。麦克哈格所创立的生态规划方法，将规划与设计从单一关注社会科学，转向强调对生态科学的理论研究与实践。西方近代哲学中关注自然科学的核心思想在城市规划与设计中得以延展及运用。

麦克哈格认为“对土地必须了解，然后才能去很好地使用它管理它，这就是生态的规划方法”。《设计结合自然》在某种程度上试图将西方价值观从单一的人本主义——人类统治世界，转变为生态优先的环境价值观。在规划中建立生态资料体系，以此影响土地利用。然而，城市发展离不开对社会科学的应用，经济、社会很多层面与生态对立，麦克哈格相对弱化了对社会科学的阐述。但在其后的众多城市规划理论及实践的进程中，《设计结合自然》的主张在西方被广泛推广及应用，刘易斯·芒福德对其评价：“作者通过生态学和生态的设计，向我们展现了一副有机体获得繁荣和人类得到欢乐的图画，麦克哈格唤起了人们对一个更美好的世界的希望。”

1.2.3 从“分解”到“综合”成为西方多种城市规划理论的基本方法

针对现代城市中广泛存在的城市病和发展问题，人们对规划的基本任务进行了激烈的讨论，在 1933 年现代建筑国际会议（简称 CIAM）通过《雅典宪章》，将城市规划的目的归纳为解决居住、工作、游憩与交通四大活动功能的正常运行，并提倡进行功能分区，奠定了现代规划理论的基础，在世界范围内对现代城市规划和建设产生了深刻影响。以功能分区和机动车交通为基本特征的现代城市规划缓解了工业污染对居住区的直接影响，缓解了大工业时代城市卫生、消防等问题，使城市能够提供基本的休憩空间和社会服务，具有巨大的历史功绩。而人与人、人与车等复杂的城市要素关系，以及城市生活的丰富性被机械化、简单化地处理了，城市的历史文化受到严重冲击，原来有机的城市被机械的功能分区所禁锢，人们开始反思《雅典宪章》的机械主义和物质空间决定论。1977 年在秘鲁利马通过的《马丘比丘宪章》在此基础上进行更正与丰富，确定了城市文化在城市生活中同样重要的地位。不再为了过分追求功能分区而牺牲城市的有机组织，并且强调城市规划中公众参与的重要性。

针对城市环境改善的问题，一些西方规划设计理论和实践把视点放在景观环境上。如景观都市主义，认为景观取代建筑成为当今城市的基本组成部分，城市通过景观得以展示，将“景观基础设施”作为城市空间的重要载体，认为通过景观基础设施建设可以缓解城市拥堵、污染、噪声等负面影响。

将规划手段分解成简单的形式，通过直白清晰的规划思路再综合到城市建设的诸多方面。这种城市规划思维方法仍然可以从其他理论中找出，例如，20 世纪初的“城市美化运动”① 则是以城市空间美学作为基础，进而探讨空间形式以及建筑形态与组合方式，强调通过运用空间美学对城市的塑造来改善城市生活环境品质。然而缺乏对社会、经济和政治方面的考虑。

而“新都市主义”与“精明增长”的理论发展同样是针对第二次世界大战以后小汽车在现代城市中的过度使用，城市蔓延造成长时间的通勤交通，土地资源过度消耗，单一功能的土地使用造成的城市活力减退等现象提出的反思。规划理论以对交通模式的研究作为基础，提出“公交导向的发展模式”（Transit Oriented Development，TOD）及“传统邻里发展模式”（Traditional Neighborhood Development，TND）的理念。借助公共交通规划与社区设计的整合，引导城市空间结构优化，走“紧凑城市”的发展道路。新城市主义很快引起规划设计学界的重视，尽管对于土地管理机制以及地区差异的忽视一定程度上未能回应城市发展的问题，但“新都市主义”作为后现代城市规划理论的典型代表，在反思现代主义城市规划原理的基础上再次倡导土地的混合使用，城市中心区街道的人车混行，以恢复城市的活力，以适应城市原本丰富的需求和活动。

[TOD 的概念]

新都市主义代表人物彼得·卡尔索尔普提出 TOD（Transit-Oriented-Development）“以公共交通为导向的开发模式”这个概念，是为了解

① 城市美化运动主要指 19 世纪末、20 世纪初，欧美许多城市针对日益加速的郊区化倾向，为恢复城市中心的良好环境和吸引力而进行的城市“景观改造运动”。

决第二次世界大战后美国的“城市蔓延”而采取的一种以公共交通为核心、综合发展的步行化城区，以实现各个城市组团紧凑开发的协调发展模式。其中公共交通主要是地铁、轻轨、和公交干线，以公交站点为中心，以400～800米（5～10分钟步行路程）为半径，建立集办公、商业、文化、教育、居住等为一体的城区。TOD是一种在国际上广受推崇的城市社区开发模式，同时，也是新城市主义最具代表性的建设模式之一。

[TND的概念]

TND（Traditional-Neighborhood-Development）认为邻里是社区的基本单元，邻里之间以绿化带分隔。每个邻里的规模约16～81公顷，半径不超过0.4公里。这样的规模可保证大部分家庭到邻里公园的距离在3分钟步行范围之内，到中心广场只有5分钟的步行路程，邻里的中心还布置了会堂、幼儿园、公交站点等。每个邻里包括不同的住宅类型，可以容纳不同类型的住户和收入群体。邻里中以网格状的道路系统组织交通，可以为出行提供多种路径选择，减轻交通压力。

针对城市中景观、空间、功能、交通等多个构成要素的分解，我们都能在不同西方理论研究中找到类似的思想源起，人本主义和自然主义的哲学思想始终是西方城市规划设计的思维主线。尽管不同的理论实践未能解决所有的城市问题，但这些努力呈现螺旋式的推进状态，根据现实问题不断的总结和修正，推进城市规划及设计的不断发展。

1.3 东方智慧：自然格局的人文诠释

东方智慧的内容博大精深，从古印度的《吠陀》、《奥义书》到中国的《易经》、《道德经》、《论语》等，对人与宇宙（包括“自然”与“神”）、人与人、人与自己这三重关系的思索成为亘古不变的话题。东方智慧很难与西方经典的哲学进行简单的比对，更多地与伦理、宗教融合在一起，其中的精华部分展现出东方的世界观。从西方哲学的视角很难理解东方智慧，因为它看似混沌、多向、玄学，难以实证和校验，与西方的实证科学传统格格不入。但东方智慧是东方文化的基础和精髓，它深刻地影响了东方的人居习惯和建设模式以至城市布局。正由于东方思维不同于西方先分解再归纳、综合的方式，东方智慧大多从一开始就强调协调而不是分解，今天在现代城市规划中融入东方文化的智慧，对破除机械分析论的弊端，应有很好的启发。

以中国人熟悉的儒家和道家思想为例，儒家讲究“仁义”，强调人与人之间应注重和谐的关系，尊重自然规律，讲究融会贯通的人格发展。道家则是崇尚自然相处之道，强调"道"、"气"、"自然"等哲学概念是人类社会发展的根本。人与自然融合的发展观，人对自然应有所敬畏，人的行为应合乎自然法则构成东方思维的核心思想。纵观东方城市发展的不同进程以及人们对于生活环境的改造，我们不难发现，这种核心思想同样深入到城市的发展进程中。人对自然的改造，对大到城市，小到村庄和屋舍的建设，都强调以自然的平衡为前提，以社会的规制为准绳。从东方的世界观、伦理观出发的城市建设，一开始就把对"合乎自然"与实现"政通人和"作为规划设计的目标。

1.3.1　东方的智慧：天人合一的宇宙观

"天人合一"是中国哲学的基本精神，也是中国哲学有别于西方的最显著特征。"天"即是"自然"，"天人合一"有两层含义：一是天人一致，宇宙与自然是大天地，人则是小天地；二是天人相应，或天人相通。老子说："人法地，地法天，天法道，道法自然"，意为人与自然的一致与相通，一切人与事均应顺乎自然规律，达到人与自然和谐。人与自然合二为一，成为息息相通的一体，具有东方智慧的典型特征，是中国政治、伦理等社会发展的基本原则。

围绕天人合一的东方哲学，我们探讨在城市发展中东方智慧的运用。东方的规划思想多是以宇宙乾坤的精神世界展开。例如"一屋一太极"的思想，每一个空间都是独立运行的宇宙。城有城的乾坤，院有院的乾坤。一户有乾坤，一室也有乾坤。无论空间载体的大小，每个空间都有它的完整性和逻辑性。看城市，我们不仅看城市的实体，还要看区域格局，看自然环境，看人的感知等。看住宅，我们不仅看房子，还要看位置，看邻居，看环境等。空间构成的要素是多重的，东方智慧的运用则是能够多方平衡，统一协调。

而中国传统的建筑群体显示了明晰的东方智慧，表现出人和天地自然无比亲近的关系。中国的建筑艺术始终将人的诉求融入更宏大的自然之美中，从而追求人间现实的生活理想和艺术情趣，极致就是中国人居理想所追求的"天人合一"及"我以天地为栋宇"的融合境界。

同样，东方城市发展的过程基本以顺应自然，讲究人与自然的和谐共生作为根本。对城市的格局、自然的改造等多以平衡自然为前提，讲究顺应规律，道法自然。因此，对空间的塑造及调整多是以"经验"为导向，违背"经验"的实践则是违背从古至今形成的东方哲学，必然会出现矛盾冲突的现象。例如削山造城，填湖造地造成的格局破坏及自然破坏。而这里所说的"经验"则是一种朴素的科学道理：尊重山水格局，尊重自然环境，尊重伦理规范和人的心理感受。在城市建设中综合考虑多方面因素，因地制宜，分析城市自身的地域特质，判断城市发展中与“经验”所违背的内容，从而进行规划与设计，方能解决城市问题，支撑健康的城市活力。

1.3.2 “百尺为形，千尺为势”的空间认知

中国古代人们对理想生活的描述往往能够在风水文化中找到模型，去除风水学说中迷信的成分，其中蕴含了很多朴素的人居环境建设的经验总结。在郭璞《葬书》中“夫千尺为势，百尺为形，势与形顺者，吉。势与形逆者，凶。势凶形吉，百福希一。势吉形凶，祸不旋日。千尺之势，委婉顿息，外无以聚内，气散于地中。经曰：不蓄之穴，腐骨之藏也”。其中“千尺为势，百尺为形”思想的核心是对空间尺度以及形态的认知，它是中国古人把自然和人居空间形态与社会文化形态融合到一起进行判别的审美标准。对不同尺度的空间都存在“形”与“势”的整体判断，然而把空间协调性与完整性置于审美的中心，则是东方智慧在规划中的集中体现。空间的根本属性是尺度，在不同空间中所放置的事物都要合乎相应尺度中的“形”与“势”，从而合乎中国人的审美理论，合乎东方的世界观。中国山水画中“三远”审美体系——高远、平远、深远，就是“形势”审美的集中反映。

作为文人画主要题材之一的中国山水画大多是写意的，而非写实的，画的是心中之景，实际反映了中国文化对自然的理想认知，也由此可见“形势”在中国文化的认知体系和审美体系中的重要性（图 1-10）。

从古至今“形”和“势”成为中国人把经济社会发展要素融合之后的审美理论。像歌德所说：“我们固然不能说，凡是合理的都是美的，但凡是美的确实都是合理的，至少应该是合理的”。中国人建立了以形与势为核心的自然景观审美体系，其中融入了从江山社稷到宅前屋后的广泛社会生活意义。这个体系一旦建立，符合山水格局之美的规划，就是符合社会人伦之需的规划。

图 1-10 范宽《溪山行旅图》（图片来源：http://baike.baidu.com）

1.3.3 两个基本的东方城市规划模型："九经九纬，经涂九轨”及“城郭不必中规矩，道路不必中准绳”

“经涂九轨，九经九纬”出自《周礼·考工记》，“城郭不必中规矩，道路不必中准绳”出自《管子》。两者皆是中国古代城市规划发展在实践中颇有影响的理论模型。

“匠人营国，方九里，旁三门。国中九经九纬，经涂九轨。左祖右社，前朝后市，市朝一夫。”《周礼·考工记》作为我国古代城市规划理论中最早、最权威、最具影响力的一部著作，提出了我国都城的基本规划思想和城市格局。通俗地解释为：都城九里见方，每边设三门，

纵横各九条道路，南北道路宽九条车轨，东面设祖庙，西面设社稷坛，前面是朝廷宫室，后面是市场与居住区，反映了中国早期的都城布局与设计制度。这一规制一直影响着中国古代大城市的建设，最为典型的是唐朝的长安和北京城。清晰的街坊结构和笔直的街道，以及城墙和城门均反映了《周礼·考工记》中"礼"的思想。城市成为一种"符号"，这种空间秩序成为中国人的社会礼制的载体。以礼制为重，利用城市建设形态构建统一平衡的社会关系和秩序。

《管子》一书本是对社会管理学的系统阐述，但其中对城市学的理论研究则对后世城市发展产生了深远的影响。在城市规划领域,《管子》主张从实际出发，不重形式，不拘一格。要"因天材，就地利"，所谓天材，就是天然的资源，所谓地利，就是地理的便利。根据自然的条件来修筑城市，才能实现投入小而效率高的目的。所以，"城郭不必中规矩，道路不必中准绳"。同时，在城市与山水环境因素的关系上,《管子》也提出"凡立国都，非于大山之下，必于广川之上。高毋近旱，而水用足。下毋近水，而沟防省"。这里指出城市和水的辩证关系：城市应选址在山麓近水之处的高地之上，一来易于获取水源，二来能够防止水淹，三能把河流作为天然的护城河，四可以在城内修建水渠，使活水流动，防止疾病发生。这样才能兼顾到生产、生活和军事三方面，为城市功能的发挥提供最大便利。

《管子》中对城市规划的理论研究，在现代城市规划中我们仍能找到它的光辉。不难理解"城郭不必中规矩，道路不必中准绳"的核心思想，即是现代城市规划中所尊崇的"因地制宜"。

我们可以看出，对自然规律的尊重以及对礼制的重视，成为影响东方城市发展的基本手段。伴随社会的变革与发展，以礼制为重的社会管理思想在城市格局中的投影逐渐削弱。而"因地制宜"的规划手法则产生深远影响，人与自然的融合传承了东方文明。

1.4　城市设计愿景：融汇东西方之美的"田园城市"

在这里，我们所提及的"田园城市"并非简单的在城市周边建设若干卫星城，也非极端地削弱城市。"田园城市"更多的是人们生活之愿景。伴随时代变换、社会变迁，承载人居的空间通过城市设计手段呈现更加理想的环境品质，满足物质与精神的双重需求。

城市之便和田园之美是跨越东西方文明，人类共有的人居梦想。城市设计者综合运用西方式的城市科学工具和东方式的天人合一思想和智慧，规划设计和建设维护，融入自然，与自然友好，构建生活美好幸福、充满情感和意义的家园（城市和乡村）。让"新田园城市"成为传承历史、面向未来的人类文明载体。

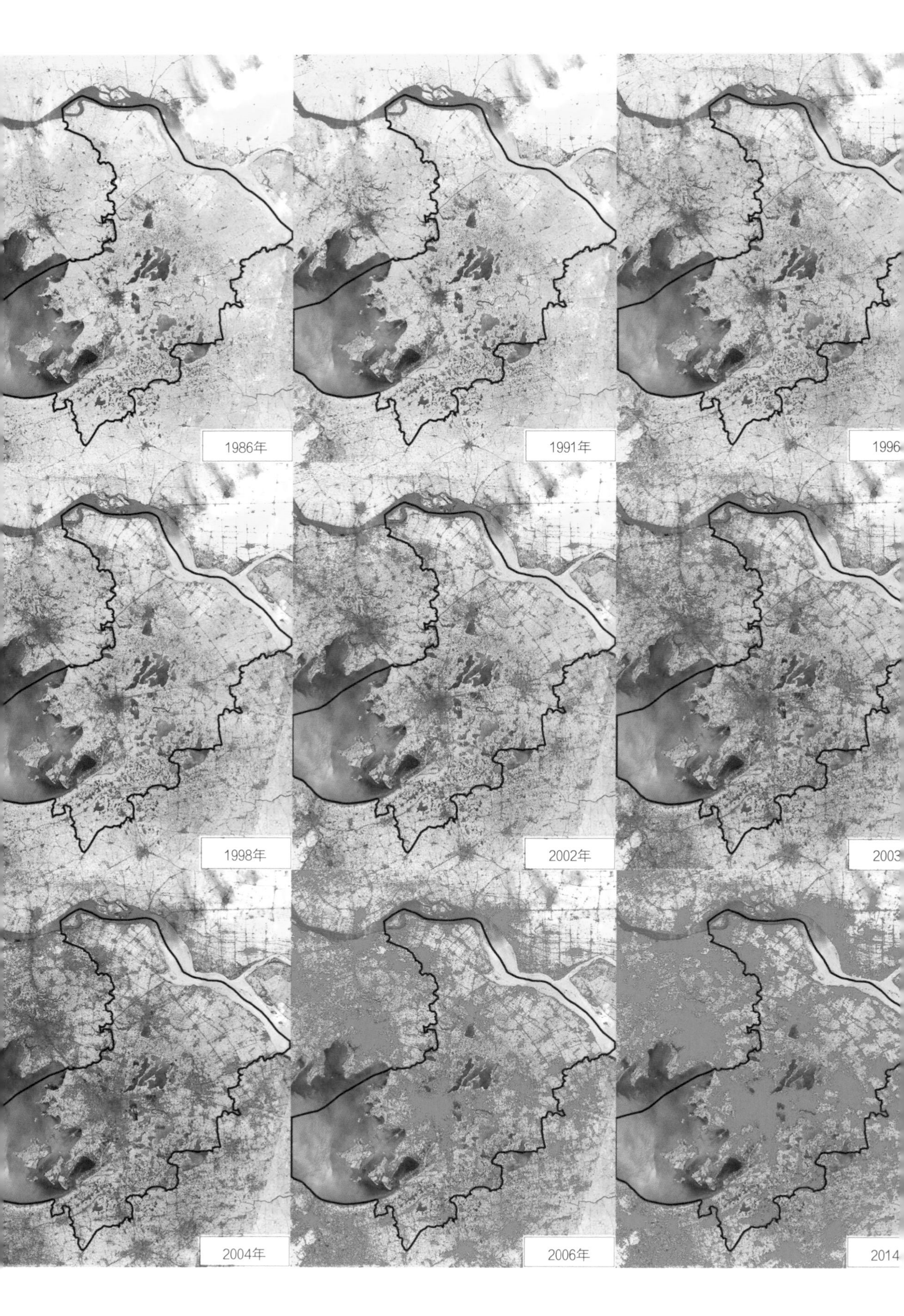
1986年
1991年
1996
1998年
2002年
2003
2004年
2006年
2014

第 2 章　从孤立城市走向区域互联互通

Chapter 2　From Isolated Town to Regional Interconnection

导言

Introduction

城市的竞争正逐渐转变为区域的竞争，单个城市的问题已经越来越难以脱离区域而依靠城市自身独立解决。城市携手构建适宜的区域格局，主动融入区域走廊和构建区域节点，是把城市编织进区域网络的关键方式。

正如北京的城市病只有放到京津冀区域中才能看到解决的希望，苏州、无锡等长三角的核心城市也要放到城镇群中才能维持持续的活力。大尺度城市设计应采用“广泛联系”的思维和“大地景观”的研究手段帮助协调城市与区域的关系。

Competition among cities has been replaced by competition among regions. A city's problems are unlikely to be solved in isolation. Rather, cities must examine problems through a lens that views a bigger picture. Cities should work together to build a suitable regional layout and actively participate in the regional corridor. This is the key to integrating a city into a regional network.

For example, many of Beijing's problems can only be solved with consideration for the entire region covering Beijing, Tianjin, and Hebei. Hub cities like Suzhou and Wuxi should view their development's impact within the Yangtze River Delta to ensure sustainable growth. Large scale urban design should adopt the point of view of "extensive connections" as well as the method of "landscape of earth" to coordinate the relationship between a city and its region.

图 2-1　1986 ~ 2014 年苏州城市空间拓展（图中黑色边界为苏州市域范围，红色图斑是城市建设区。从中可以看到苏州城镇化地区在 30 年中快速扩张的历程。）（图片来源：苏州市城市总体规划 2007 ~ 2020，中国城市规划设计研究院）

2.1 融入区域对城市的发展越来越重要

城市运营所需的主要物资供给来源于和它紧密相连的区域，城市生态环境的保育依赖它所在的区域，城市生活只有融入区域才基本完善，城市生产只有在区域中有效组织才能适应今天的地区间激烈竞争。

2.1.1 广泛联系和交流推动了区域多中心的形成

霍尔描述区域的“多中心”包含形态和功能两层含义：一是形态上的多中心，即区域城市网络中有多个中心城市；二是功能多中心，即存在多个基于城市“流”和联系网络的功能节点。形态多中心更关注节点特征，而功能多中心更关注城市之间的联系[①]（Burger & Meijers，2012）。

[彼得 · 霍尔：多中心巨型城市区域]

在全球化背景下，多中心巨型城市区域是当今世界一种高度城市化的新形式：由形态上分离但功能上相互联系的 10 ~ 50 个城镇，集聚在一个或多个较大的中心城市周围，通过新的分工合作显示出巨大的经济力量（Friedmann）。这些城镇既作为独立的实体存在，同时也是广阔的功能性城市区域的一部分，它们被铁路系统、高速公路和电信电缆所传输的密集的人流和信息流——即“流动空间（Castells）”连接起来[②]（Hall & pain，2006）。

改革开放以来，区域经济的发展不断推动着城市—区域向城镇群演化，霍尔所描述的“多中心”的现象在中国诸多的城镇群发展中得到了印证。其中，珠三角城镇群由于发展起步早、发展速度快，其“多中心”发展的趋势也最为明显（见图 2-2、图 2-3）。

图 2-2 珠三角城市群城镇体系结构（图片来源：2004 ~ 2020 珠江三角洲城镇群协调发展规划，广东省建设厅、中国城市规划设计研究院、深圳市城市规划设计研究院、广东省城乡规划设计研究院）

图 2-3 1992 年以来珠三角城镇体系的变化（不同城市人口的城市数量）（数据来源：1993 ~ 2013 广东统计年鉴，广州统计局）

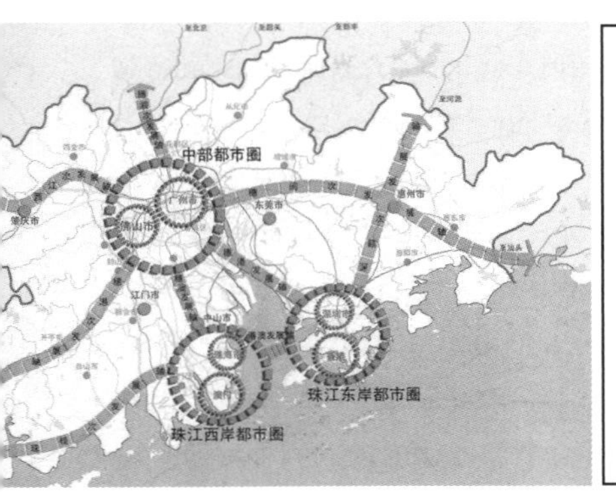

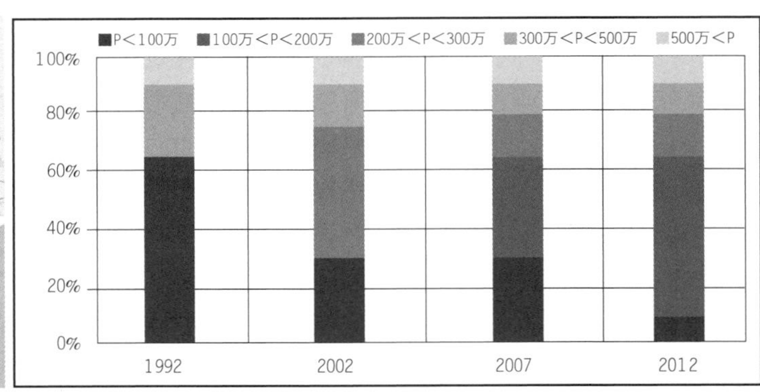

图2-2 图2-3

① Burger M, Meijers E. Form Follows Function? Linking Morphological and Functional Polycentricity [J]. Urban Studies, 2012, 49 (5): 1127-1149.

② （英）霍尔，佩恩．多中心大都市：来自欧洲巨型城市区域的经验 [M]. 罗震东，译．北京：中国建筑工业出版社，2010.

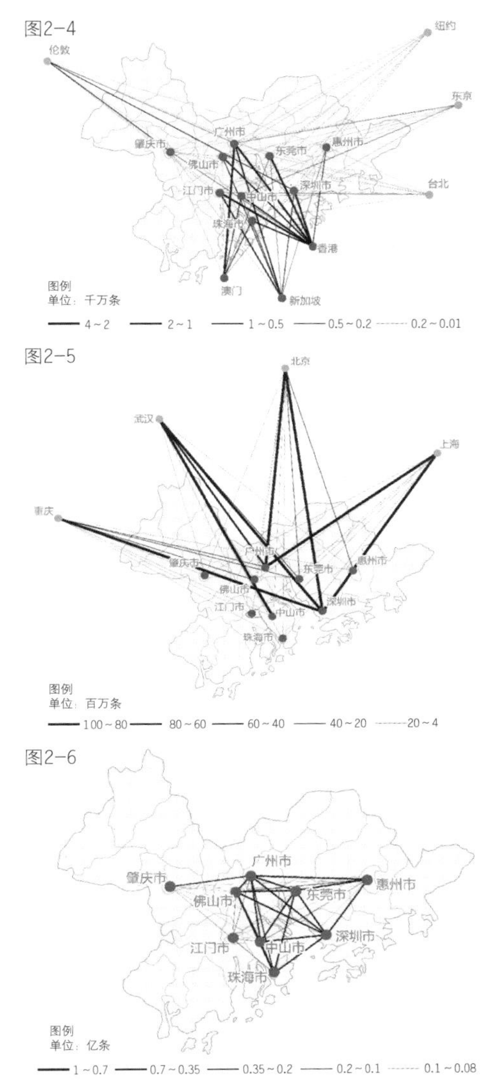

图 2-4　珠三角各城市与国外城市的国际联系强度

图 2-5　珠三角各城市与国内城市的联系强度

图 2-6　珠三角各城市内部的联系强度
（图片来源：基于“流—空间”视角的珠三角区域空间结构研究[D]，岑迪，2014）

珠三角“形态”的多中心主要体现在传统城镇体系结构的变化。1992 年以前，珠三角形成了明显的单中心集聚结构，除广州人口超过 300 万外，多数城市的人口在 200 万以下。随着市场经济的发展，珠三角大城市（如广州、深圳）不断发展壮大，中心城市（人口在 100 万 ~ 200 万之间）也得到了长足的发展。截至 2012 年，珠三角城镇群内部形成了东、中、西三大城市片区，东翼由深圳、东莞和惠州三个城市组成，中部以广州为中心，包括佛山（顺德、南海），西翼包括珠海、中山、江门三个城市。

与“形态”多中心不同，“功能”多中心更多强调区域的联系，这种联系与地理上的空间 / 时间距离并不相关，而是取决于城市之间的经济功能的依赖程度。珠三角的实证表明，由信息流所表征的区域功能结构与其形态结构存在明显的差异。

国内学者①研究表明城市名称的“共现率”能一定程度反映出城市之间的关联程度。网页中搜索出的“珠三角”、“广佛同城”等信息就是基于城市之间的“共同事件”，作为信息流的佐证。这样的信息流既能反映城市之间实体性的联系（如客运、货运、旅游交通等），也能反映虚拟的联系。基于“百度搜索”引擎，以两城市名称共同出现的网页数量来表征城市之间“信息流”，珠三角的功能多中心呈现三大特点（见图 2-4 ~ 图 2-6）：

第一，从世界联系看，珠三角的信息联系主要集中在东南亚，其中广州和深圳作为珠三角规模最大的两个城市，广州与伦敦、新加坡的联系较为紧密，而深圳与台北、东京的联系更为紧密，这表明广州与深圳在世界城市体系依托于不同的功能中心。

第二，从国家层面上说，珠三角城市与北京、上海的联系较为紧密，但整体上与国内城市的联系强度要弱于国外城市，这也证明了珠三角作为以外向型经济为主体的城镇群，其发展的核心动力来源于海外。

第三，从城市群内部的联系看，广州、佛山、中山、东莞和深圳五个城市的区域联系最为紧密，城市之间的产业和功能协作较为强烈。特别是与广州联系最为紧密的并非距其不到 20 公里的佛山，而是远在

① 岑迪．基于“流—空间”视角的珠三角区域空间结构研究 [D]．广州：华南理工大学，2014.

70公里之外的中山。

2.1.2 便捷高效的快速交通推动了区域同城化的进程

随着快速交通体系的建设，区域同城化趋势日益明显。城市日常通勤圈、一日通勤圈的范围不断扩大，为城市参与更大范围的经济活动提供了条件。

以长三角为例，2000年以来，随着沪宁、京沪等高速铁路（含城际铁路）的开通运营，润扬大桥、长江四桥等跨江大桥的先后建成通车，拉近了沪宁走廊各城市之间的时间与空间距离。依托沪宁高铁和城际铁路，南京至上海最快仅需67分钟。沪宁走廊西端的南京依托京沪高铁、沪汉蓉高铁和宁杭高铁，1小时的通勤圈北溯徐州，西至合肥，南抵杭州；走廊东端的上海向南借助沪杭高铁，50分钟可达杭州。

日趋多元与紧密的城市联系在城市群内部营造了一个开放的环境，使城际的社会经济交流和联系更为频繁。近年来，长三角地区出现了以沪—苏、镇—扬等为代表的省市跨界公交，以昆山花桥与上海安亭为代表的城际公交和轨道交通。催生了诸如“跨城职住”、“跨城购物”和“跨城就医”等跨区域流动的现象。值得关注的是，随着京津冀协同发展的起步，北京与周边的联系也日益频繁，出现了“定制公交”、通勤城际等新兴公共交通方式，为河北及北京远郊居民在北京中心城区通勤就业提供了更多的便利。

2.1.3 中小城市通过竞争优势的培育同样能深度参与区域分工

城市竞争力是指一个城市在竞争和发展过程中与其他城市相比所具有的吸引、争夺、拥有、控制和转化资源，争夺、占领和控制市场以创造价值，为其居民提供福利的能力[①]。Kresl（1995）认为城市竞争力包含经济和战略两类决定因子[②]，其中经济决定因子包括生产要素、基础设施、区位、经济结构、城市适宜度，战略决定因子包括政府效率、城市战略、公共、私人部门合作和制度弹性等。

需要指出的是，随着信息化时代的到来，经济决定因子的内部构成在逐步改变，除土地价格和空间可达性等传统的因素外，软性的生活质量、环境、文化服务水平和对知识的获取等要素日益受到重视[③]，

---

① 克拉索，倪鹏飞．全球城市竞争力报告（2007 ~ 2008）[R]. 北京：社会科学文献出版社，2008.

② Kresl PK. The Determinants of Urban Competitiveness: A Survey, North American Cities and the Global Economy[J]. Urban Affairs Annual Review No.44, 1995: 45-68.

③ Van Den Berg L, Braun E. Urban Competitiveness, Marketing and the Need for Organizing Capacity. Urban Studies, 1999, 36(5): 987-999.

并被作为影响城市竞争力的核心部分来看待。这也解释了为什么中小城市虽然不具备明显的地理区位优势，同样可以通过软性实力的培育，参与更高层级的区域生产活动。

[城市软实力培育的成功案例——昆山花桥国际商务城]

昆山商务城凭借与上海交接的区位优势，通过一系列城市软实力的培育手段，在成功截留部分服务产业的同时吸引大量在沪就业的人员定居花桥。其主要的培育手段包括以下几个方面：

首先，通过政策倾斜降低商务成本，商务城除享受省级开发区和江苏省发展现代服务业的优惠政策外，江苏省还在土地、资金、税收等方面给予进一步的优惠，并将昆山出口加工区物流保税叠加功能向商务城延伸。商务城对具有龙头带动作用的服务业项目，采取“一事一议”、“一企一策”等方法，最大限度地给予政策扶持。

第二，以满足“知识”经济需求搭建服务平台。一是提供国内外有影响力的财务、法律和中介咨询服务；二是提供技术研发、质量保证、测试、演示、知识产权保护等公共服务和政策、法规、产业等信息服务；三是通过引进大专院校和培训基地，为企业提供不同层次、不同专业的技术人才。

第三，高水平的宜居环境建设。一是建设包括直饮水系统、双回路一级环网供电系统在内的基础设施；二是营造包括中央公园、生态园在内的生态景观环境；三是配套包括星级酒店、综合医院、高尔夫球场和运动休闲中心在内的高品质生活配套设施。

第四，推动与苏南地市（尤其是上海）的同城化发展，依靠京沪高铁花桥站，花桥居民 15 分钟可直达上海火车站或者苏州工业园区。上海地铁 11 号线花桥站的开通使花桥居民到达上海市区仅需 30 分钟。来自上海的居民同样能够享受同城化带来的福利，目前（2014）近八成在花桥置业的业主来自上海方向，上海已经允许花桥居民申请上海电信网络和“021”开头的固定电话。

2.1.4　为培育城市核心竞争力提供空间支撑

在时空日益扁平化的时代，决定竞争优势的主要内容不是传统资源禀赋和区位优势，而是以城镇群为基础、以产业集群为主体的核心竞争力[①]（波特，2002）。对于大型企业（如跨国公司）来说，自身产业特性是企业区位选择的重要考量，同时地方化和经济专业化同样影响到企业对区位的选择（朱彦刚、贺灿飞，2010），相应的，企业的

① 波特．国家竞争优势 [M]. 李明轩，邱如美，译．北京：华夏出版社，2002.

空间集聚能够进一步推动地方专业化并带来集聚经济效益。

2010年的中国企业500强报告显示，长三角地区的中国500强企业大致呈现两大扩散趋势。第一大趋势是原本位于上海的500强企业向其他县市（区）扩张，这一过程中的研发、销售和贸易等服务功能逐步向次级中心城市（如南京、杭州、宁波、苏州、无锡等）的市区集聚；以零配件生产为主的功能向周边的县市（如昆山、常熟、张家港等）扩散；由于产业升级、改造引发的低端产业向苏北地区转移。第二大趋势是位于上海以外的500强企业向更高或更低层级的城市扩张，如宁波的企业在上海、杭州设置第二总部、研发中心和贸易资讯部门，同时又在宁波下属的奉化、慈溪等外围区县设立生产部门。（见图2-7、图2-8）

[基于区域发展竞争力的功能布局案例——杜邦公司在长三角的功能分布]

杜邦公司于1988年在深圳注册成立“杜邦中国集团有限公司”，成为国内第一家外商全资拥有的投资性公司。到2010年，杜邦在中国建立了50多家独资和合资企业，位于长三角地区的分支机构有19家，其中上海12家（涵盖地区总部、研发、贸易、采购等多个环节），位于常熟（2家）、无锡（2家）、黄山（1家）、宁波（1家）、张家港（1家）的主要是生产部门。杜邦公司在长三角的功能分工呈现出管理、研发与贸易等价值链高端环节集中在上海，价值链底端的制造环节分布在上海周边的常熟、张家港、无锡与宁波等地（见表2-1）。

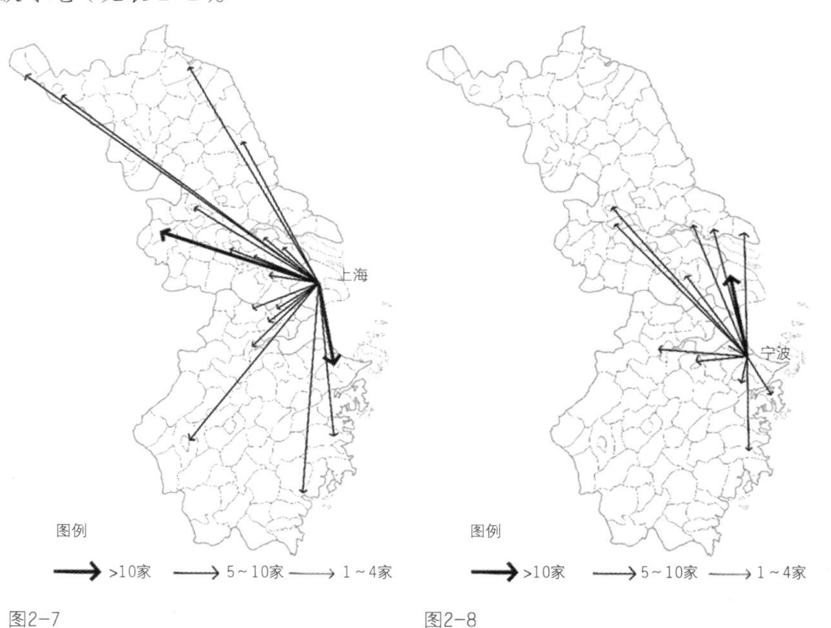

图2-7　上海的中国500强企业在长三角的分支机构数量（图片来源：长三角城市群空间演化研究[D]，毕秀晶，2014）

图2-8　宁波的中国500强企业在长三角的分支机构数量（图片来源：长三角城市群空间演化研究[D]，毕秀晶，2014）

杜邦公司主要企业在长三角的分布 **表2-1**

	企业名称	企业功能	分布
1	杜邦中国上海分公司	经营管理	上海
2	杜邦贸易（上海）有限公司	贸易管理	上海
3	丹尼斯克（中国）投资有限公司	投资公司	上海
4	丹尼斯克添加剂（上海）有限公司	国际贸易、转口贸易、贸易代理	上海
5	杰能科（中国）生物工程有限公司	新型酶制剂以及生物产品	无锡
6	舒莱贸易（上海）有限公司	国际贸易，转口贸易，贸易代理	上海
7	杜邦钛白科技（上海）有限公司	产品研发和技术优化	上海
8	杜邦（上海）采购中心有限公司	产品采收、销售、技术咨询培训	上海
9	杜邦（中国）研发管理有限公司	研发管理	上海
10	杜邦（常熟）氟化物科技有限公司	氟化物生产	常熟
11	杜邦高性能弹性体贸易（上海）有限公司	高性能弹性体产品供应	上海
12	孟莫克化工成套设备（上海）有限公司	环境友好的工程设备	上海
13	上海杜邦农化有限公司	磺酰脲类除草剂	上海
14	杜邦华佳化工有限公司	环氧树脂、聚酯树脂生产	黄山
15	杜邦华佳化工有限公司上海青浦分公司	粉末涂料生产	青浦
16	杜邦-旭化成聚甲醛（张家港）有限公司	聚甲醛生产	张家港
17	杜邦三爱富氟化物（常熟）有限公司	氟化物生产	常熟
18	杜邦兴达（无锡）单丝有限公司	单丝生产	无锡
19	宁波杜邦鸿基薄膜有限公司	薄膜生产	宁波

资料来源：根据杜邦公司名录和网络检索整理，http：//www.dupont.cn/corporate-functions/our-company.html.

2.1.5 推进区域基础设施的共建共享

随着信息和通信技术的发展，区域经济发展的驱动力正逐步转变为区域创新和改革的内生能力[①]（Jin & Stough，1996）。服务区域创新和交流的区域基础设施的建设是否完善直接影响区域发展动力[②]（Simmie，2004）。这些基础设施包括大型交通基础设施、信息和通讯基础设施、知识基础设施、密集的商业网络和制度性设施。上述基础设施提高了区域中人口和货物的可达性，为信息和知识迅

① Jin D,Stough R,Jin D, et al. Agile Cities: the Role of Intelligent Transportation Systems in Building the Learning Infrastructure for Metropolitan Economic Development[C]// Technology and Society Technical Expertise and Public Decisions, 1996. Proceedings., 1996 International Symposium on IEEE, 1996: 448-456.

② Simme J. Innovation Networks and Learning Regions[M]. London: Routledge, 2004.

速有效地存储、移动和交通提供平台，使知识的创造、交换、扩散成为可能。

2.1.6 实现区域发展的合作与协调

随着区域一体化、同城化的不断深入，城市之间的竞争已经逐渐让位于区域竞争。这一背景下，原本以行政区经济为主导的发展模式已难以为继，区域内的城市必须由对立竞争转向竞合协调，以获取区域优势资源的共享和实现存量资源的优化利用，进而提升城市自身和区域整体的竞争力（王兴平，2014）。

[起步较早并不断演进的区域合作与协调案例——长江三角洲地区]

长三角的协调发展历程最早可追溯至国务院于1982年成立的上海经济区实践，即长三角经济圈概念雏形。在区域的合作进程中，长三角地区出现了以上海、浙江、江苏两省一市省市长会议、长三角城市经济协调会、南京都市圈市长峰会等为代表的多种城市发展协调机制，编制了包括长三角区域规划、南京都市圈区域规划和宁镇扬同城化发展规划在内的一系列区域规划；涌现出多层级、多类型的区域行业合作商会等。有效的合作机制和手段推动了城市之间有目标、有计划的合作。正如芒福德所倡导的："如果区域发展想做得更好，就必须设立有法定资格的、有规划和投资权力的区域性权威机构。"

[实践案例：以空间结构调整支撑产业转型——苏州工业园区战略规划]

苏州工业园区战略规划于2006年编制，规划范围包括中新合作区和周边乡镇，共288平方公里。规划主要任务是：确定园区的发展目标、功能定位、重点产业、人口与用地规模、空间结构等。

资源瓶颈是影响园区抉择的重要因素之一。依据2000年后的土地出让速度，园区的土地存量从2006年起仅够维持3～4年，如何利用有限的用地余量促进产业持续和快速增长成为主要问题。劳动力价格提高和遵循产业发展规律的产业提升与转型要求是当时苏州工业园发展遇到的另一重要挑战。

规划提出以高效的TOD模式组织园区建设空间，提高土地利用效率，以空间结构调整带动附着于土地上的产业升级。规划延伸苏州市的M1线地铁至新昆山市中心，形成横贯苏州主城、苏州新城和昆山市的生产与生活性公共服务设施走廊。实现以交通为导向的城市开发模式。在公共服务设施走廊两侧形成依托地铁的混合土地利用地区，推动TOD发展带动工业用地的退二进三。

规划提出苏州工业园区未来的整体空间结构为"带状组团式"结

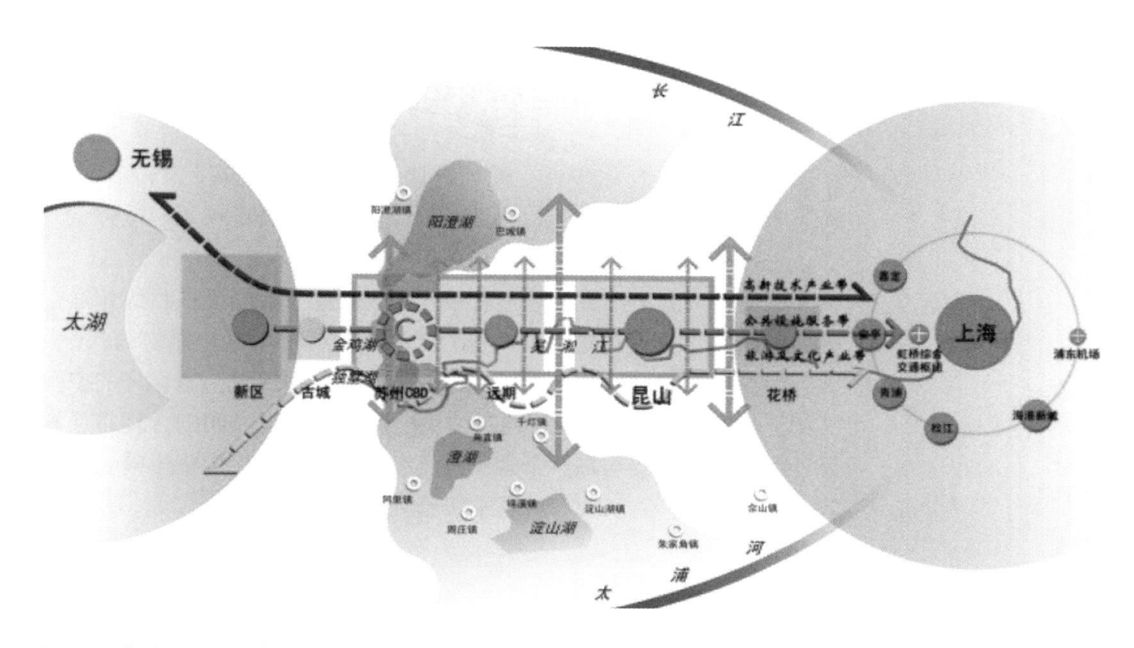

图 2-9　苏州工业园区空间结构规划图(图片来源：苏州工业园区战略规划，中国城市规划设计研究院)

构。这是将规划区放在长三角“区域中轴”上得出的判断，是把“苏州高新区—苏州古城—苏州工业园区—昆山—花桥—安亭—虹桥机场—上海老城区—浦东新区”看作长三角地区即将形成的都市连绵带来考虑的。在这样一条产业高度集聚，人流、车流、资金流、信息流高度密集的大尺度带状城镇空间上，以复合、大运量、快速交通走廊为中心轴线的城镇开发是最有效率的空间发展模式。

为连接南部“江南水乡古镇人文景区”和北部“江南水乡自然景区和生态农业区”，避免城市连绵建设地区面积过大，将苏州工业园区建成适宜居住的城区，该规划通过生态绿地和开敞空间的楔入，使整个城镇建设区形成组团式结构（见图 2-9）。

（编制单位：中国城市规划设计研究院。主要编制人员：董珂、杨一帆等。）

2.2　在区域设计中构建功能、生态和景观三大格局

在城市群内部，大都市区沿着交通走廊以原有大都市区空间为核心呈现向四周扩张的趋势。在这种空间扩张的趋势下，大都市区规模不断扩大并呈现出连绵化的态势。随着区域中各级城镇的不断扩张，城镇之间的生态缓冲越来越窄，城镇之间的功能与空间联系越来越密切，已经到了无法回避的程度，部分发达的城镇连绵地区已经从“农村包围城市”变为“城市包围农村”。

2.2.1　区域设计的引入和主要内容

西方国家在第二次世界大战后开始对城市的蔓延进行规划控制，

其手段由早期的政治层面增长管理逐步发展为区域设计。作为一种预测并规划的行为，区域设计的核心在于安排聚落并使之与区域景观相协调。它考虑一个城乡系统——城市、郊区、乡村是如何通过道路、运输、公用事业、通信线路等基础设施连接起来，又是如何通过河道、农田、公园、湿地等开放空间来相互隔离、缓冲的[①]（Neuman，2000）。

从设计内容上来说，通过有效地提供与经济社会发展目标相适应的公共服务，合理布局区域产业分工形成系统的区域功能格局；最大限度保护生态敏感用地和农用地，着力构建支撑区域生态循环的空间结构，形成区域生态格局；通过建设空间与非建设空间的合理布局和设计引导，将人文与自然景观系统进行整理，构建区域中影响长远的区域景观格局，对区域和城乡发展起到推动作用。

2.2.2 区域功能格局

随着区域竞争的日益频繁和深入，区域协作与分工越发重视产业集聚与强化区域联系，共同市场的培育，从而提高专业化水平和更高效的调配资源。基于资源禀赋、发展基础、发展目标、区域联系、行政管辖范围等要素形成的区域间“市场+政府”分工合作模式具有多样性，一般呈现垂直分工和水平分工两类基本模式。

区域间的垂直分工主要基于产业上下游关系，有两种主要形态。一种是供给原料或初级产品与提供终端产品的分工协作，如钢铁产业和汽车产业的分工。另一种是生产核心产品与外围产品或服务之间的分工协作，如改革开放初期长三角的大型企业与集体经济和家庭作坊的生产分工，指的是同一产业内技术密集程度较高的产品与技术密集程度较低的产品之间的分工合作，这些都是同一产业内部技术差距所导致的区域分工合作。

区域间的水平分工模式主要是在同一产业链中的同一生产环节，但在品牌、品质、规格、造型设计、价格或者售后服务等方面有所差异的生产者，进行的分工合作。例如同样生产汽车内饰的座椅面料，一个地区形成了皮质面料产业集群，另一地区形成了化纤面料产业集群，它们都属于同一跨国汽车产业链的同一生产环节，由于提供产品的相互替代性而存在竞争，又由于共同利益而存在合作基础。

产业分工合作是区域功能格局构成的主要方面之一，区域中城镇群的城市功能分工与合作也呈现类似的特点。例如泉州以民营经济为

① Neuman M. Regional Design: Recovering a Great Landscape Architecture and Urban Planning Tradition[J]. Urban Planning Overseas, 2000, volume 47(99): 115-128.

主的制造业发达，经济总量十几年保持福建第一，经济规模是厦门和漳州之和；而厦门是区域的门户，其承担的生产和生活服务职能辐射到整个区域，这种功能格局呈现垂直分工的特征。厦门机场和泉州机场虽然存在区域竞争，但也有形成航空组合港的潜力，从而提升区域整体航空服务水平，未来还有可能形成统一的空管机制，这又表现出水平分工的特征。

2.2.3　区域生态格局

构建区域生态安全格局应当考虑以下要素的保护：植被丰茂的大型自然斑块的生态保育，它们是区域性水源涵养地和动植物栖息地；有足够宽的廊道用于保护水系和满足物种迁徙的需要；在城市建成区范围内保留一些小的自然斑块和廊道，用以保证景观生态的异质性。

通过生态格局的构建最终实现生态平衡，逾渗理论认为当系统的成分或某种要素密度达一定值（逾渗阀值）时，系统的一些物理量的连续性会消失 。该理论在区域设计中的重要意义是强调建设用地面积占比的阀值。当城镇建成区面积达到区域总面积的 50% 以上时，城镇空间往往会加速连绵形成一体，这种不可逆的过程导致区域生态修复难以实施，导致无法估量的生态代价。基于逾渗理论研究分析的的城镇建成区规模一般应控制在区域总面积的 30% ~ 50%。

城市建设用地一旦超过逾渗理论的阈值，将打破人与自然的平衡，需要超水平的工程设施投入以维持同水平的人居生态环境，在过密化发展的都市连绵区（如苏州、东莞）都破坏了自身的自净能力，靠人工市政设施的高投入维持基本的生态底线。

[依靠生态环保的高投入维持城市的日常运转——苏州与无锡]

苏州和无锡市区是江苏省经济高度发达的两个城市，相距不到 40 公里，沿道路的快速扩张使两个城市的建成区已经接壤，连绵发展带来巨大经济效益的同时也使两个城市付出了高昂的生态成本。2012 年，苏州和无锡在节能环保上的财政支出分别为 41.8 亿元和 33.2 亿元，分别占各自财政支出总数的 3.75% 和 5.12%，当年全省约有 186.4 亿元（3%）的财政用于节能环保，苏、锡两市用于节能环保的财政支出占到全省的 40% 以上（见图 2-10）。

2.2.4　区域景观格局

Forman（1995）在区域景观格局的研究中定义了三种景观结构要

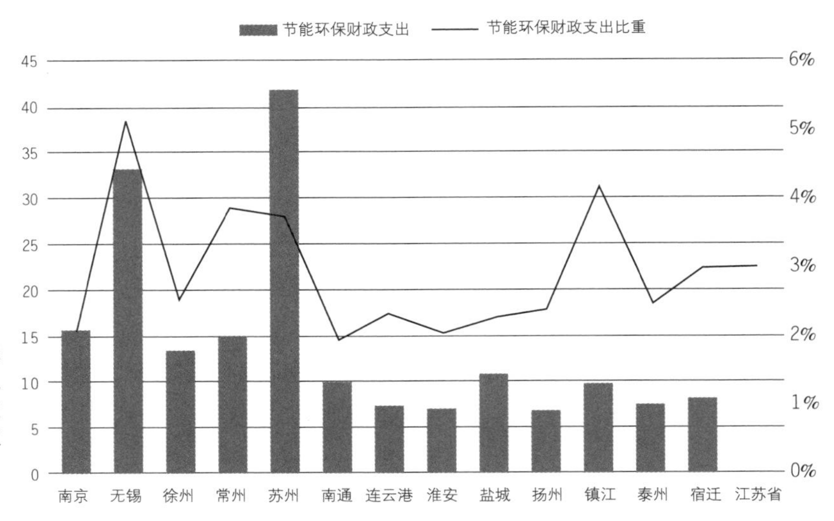

图 2-10 江苏各城市节能环保财政支出（亿元）及占财政支出的比重（2012）（数据来源：江苏省统计年鉴 2013，江苏省统计局）

素：斑块、廊道和基质，认为规划师应将土地利用进行分类布局，以大型的自然空间为基质，并在城市建成区范围内保留小型自然生态斑块，用生态廊道进行链接。同时沿大型生态斑块边缘布局一些人类活动的“飞地”，可以作为就业、居住和商业活动的集中区，由高效交通廊道连接这些人类活动地区形成建成区。

生态格局与景观格局既有联系又有区别。生态格局关注生态运行所需空间要素的保护，景观格局关注人活动的舒适性和视觉感受。

区域中的城乡景观，核心是大地景观中的建设区域与非建设区的空间关系，应该边界清晰、各自特征明显。在戴高乐机场上空拍的这张照片（见图 2-11），展示了明显的建成区和自然区的边界。在“斑块 - 廊道 - 基质”的模型中，建成区作为城市斑块镶嵌于自然之中。廊道穿梭于自然区和城市区之间。大片的绿地作为基质，为建成区的废物排放和能量消耗提供转换的空间。在此基础上，被赋予了历史和文化意义的景观叠加在大地景观之上，让区域生活更富人文意义。例如，区域性河道两侧林带和大型郊野公园，除了提供生态功能，还为居民提供了生活休闲娱乐的场所，因而具备了社会人文的意义。区域性的景观系统在大地景观和人文景观系统的编织下变得功能多样，内涵丰富。

2.3 让城市融入区域走廊

2.3.1 走廊地区是区域发展和扩张最为迅速的地区

城市化区域的集散主要沿交通干线进行，建成区扩展自市中心并

图 2-11　巴黎戴高乐机场区域航拍图（图片来源：作者自摄）

沿交通干线呈触角式增长，这种效应被称为城市廊道效应[①]。其强度随廊道等级高低变化，廊道效应在很大程度上决定着人口空间分布模式与区域景观结构。事实上，中国与世界上许多进入成熟期的特大城市景观结构是一种环射型蛛网结构[②]（见图 2-12）。大都市的融合是增长过程中的一个重要现象，这一过程不仅发生在不同等级的城镇群中，而且发生在 2 个或 2 个以上的一级大都市之间的廊道上。

廊道是区域性要素“流”运行的主要通道，廊道上的节点作为通道上的阀门，是最先接受要素哺育的地区。廊道在发展进程中逐步形成交通走廊、产业走廊、城镇走廊和文化走廊。

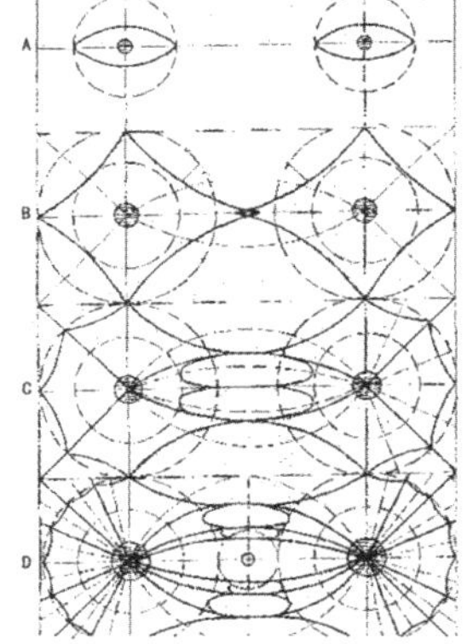

图 2-12　区域廊道形成的过程示意（图片来源：城市景观规划的理论和方法 [M]，宗跃光，1993）

[廊道地区的城市经济发展明显快于其他城市——长三角“Z”字形廊道发育]

长三角在改革开放以来的发展中，区域“Z”字形廊道[③]鲜明地反

① Taaffe EJ,Krakover S,Gauthier H. Interactions Between Spread-and-back Wash, Population Turn around and Corridor Effects in the Inter- Metropolitan Periphery[J]. Urban Geography, 1992, 13(6): 0-533.

② 宗跃光 . 城市景观规划的理论和方法 [M]. 北京 : 中国科学技术出版社 , 1993.

③ Webster D,Muller L. Challenges of Peri-Urbanization in the Lower Yangtze Region: the Case of the Hangzhou-Ningbo Corridor[M]. Washington D.C. : Asia/pacific Research Center, 2002.

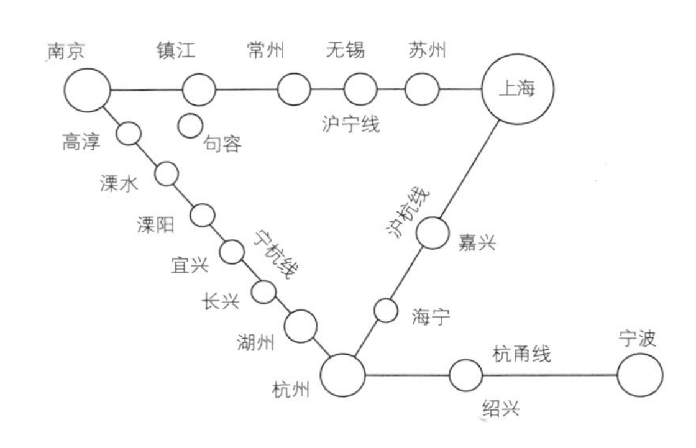

图 2-13 2003 年以前长三角的 Z 字形廊道（图片来源：作者自绘）

映了廊道对于城市经济的带动作用。2003 年以前，长三角以上海为主，杭州、南京为辅，连接沪、宁、杭三大城市的是沪宁、沪杭铁路和宁杭公路（见图 2-13），其中沪宁、沪杭廊道由于公路、铁路的双重效应，带动能力较强，它们和杭甬线一起构成了长三角的 Z 形廊道。廊道沿线交通基础设施完善、城市连绵，城镇化和城市现代化水平较高。宁杭公路沿线（宜兴、溧水、金坛、高淳、句容、长兴、安吉）由于远离中心城市（上海），经济发展相对缓慢。

2003 年宁杭公路沿线发展最好的宜兴市，其人均 GDP 只有无锡市的 50%，句容的人均 GDP 只有苏州的 28%。同处杭嘉湖平原的湖州和嘉兴经济发展的差距也显现出不断扩大的趋势。2003 年湖州的人均 GDP 仅为嘉兴的 85% 左右，在三次产业结构上，杭宁沿线地区第一产业的比重也明显高于沪宁线和沪杭线沿线地区（见表 2-2）。

2003年长三角主要廊道上城市的经济发展状况 **表2-2**

	人口（万人）	GDP（亿元）	人均GDP（元/人）	三次产业结构（一产：二产：三产）
南京	489.8	1453.1	29667	3.1：51：45.9
句容	60	79.4	13233	11.5：53.9：34.6
溧水	41	61.3	14951	13.7：52.8：33.5
高淳	43	62	14419	18.2：48.4：33.4
溧阳	78	121.2	15538	11.6：55.3：33.1
宜兴	106	262	24717	5.5：60.1：34.4
湖州	107.7	234.6	21783	9.3：53.4：37.3
长兴	62	108.1	17435	12.8：53.7：33.5
安吉	44.7	70.2	15705	13.6：52.3：34.1
德清	42.3	86	20331	10.5：56.8：32.7
杭州	393.2	1617.77	41144	4.1：50.5：45.4
嘉兴	79.8	201.77	25284	7.2：55.1：37.1
常州	213.4	681.2	31921	3.2：59.7：37.1
无锡	219.6	1063.1	48411	1.4：58：40.6
苏州	216.87	1010.5	46595	1.8：63.8：34.4

资料来源：各城市的统计年鉴（2004）。

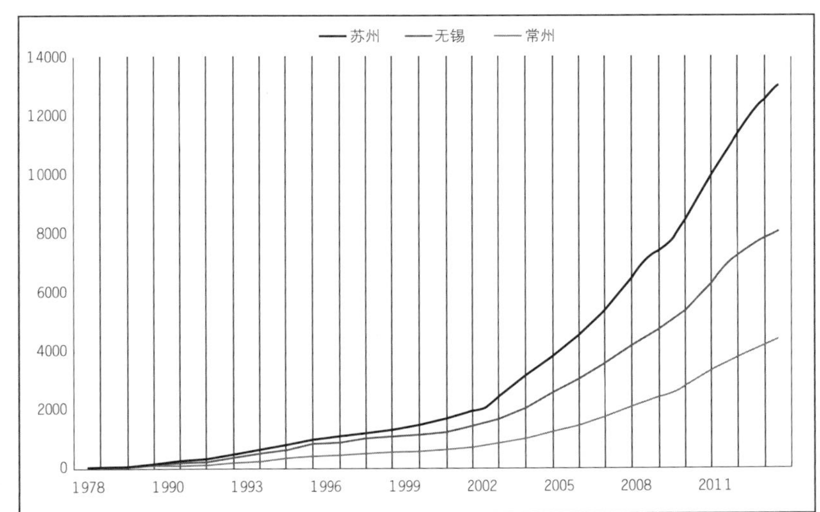

图 2–14 苏州、无锡、常州三市历年 GDP 比较（1978 ~ 2012）（数据来源：苏州统计年鉴 2013、无锡统计年鉴 2013、常州统计年鉴 2013，苏州统计局，无锡统计局，常州统计局）

2.3.2 通过空间整合使城市融入区域发展廊道

在非均质空间和近于理智的人类活动条件下，区域城镇体系和城市的空间结构受到主要经济联系方向的牵引，而呈现出一定的规律性，应该在分析城市与区域主要经济联系方向的基础上进行规划[①]。

改革开放之初，苏锡常依托沪宁发展廊道发展，由于产业竞争和行政区划等原因，三个城市均选择背离上海发展，城市之间经济相对高速发展的同时，并没有形成较大的差距。1992 年以后，苏锡常分别建立了自己的开发区，随着上海对苏南地区经济带动的影响日益凸显，苏锡常在开发区的选址上出现了分歧，苏州和无锡分别将苏州工业园区（1994）、无锡新区（1992）建在城市东侧，常州则选择在北部长江口岸建设新区。差异化的区位选择导致拉大了城市之间的发展差距。处于经济发展廊道的苏州和无锡长久保持着经济的高速增长。苏州由于临近上海，能获得更多的经济辐射，在苏锡常中的经济优势不断拉大。截至 2013 年，苏锡常三市的经济总量已经由 1978 年的 1.8∶1.6∶1 拉大至 3∶1.8∶1（见图 2–14）。

2.3.3 建设区域城市的锚固点：区域门户与功能节点

地方空间作为各种网络（不同空间尺度、不同内容的网络）存在的空间载体，与各种网络共同塑造了城镇化地区的空间形态以及城市

① 周一星．主要经济联系方向论 [J]. 城市规划，1998 (2): 22–25, 61.

在网络中的位序[①]（Castells，2010）。因此，中心城市连接周边城市的网络化过程推动了城市群的形成，也使城市区域化发展成为全球化与信息化时代背景下的新趋势。在这一过程中，中心城市不仅是沟通区域内外的枢纽，更是区域与外部联系的窗口和跳板。从城市发展史看，由于中心城市占据特殊的区位，他所产生的门户作用能使其以更快速度和更优质量向前发展壮大，从而使其对内对外更具吸引力和辐射力[②]。

随着城市连绵区的出现和不断发展，城市与城市之间的边界已日益模糊，对于门户的理解也逐步由城市扩展至具备门户功能或门户区位的城市功能节点，如城市商务区、高铁站点、科技新城等。对于不同的功能区来说，门户效应已有所差别，总体而言可以分为三大类，一是提供包括金融、证券、物流、商务、教育、政务等在内的现代服务业；二是能够整合和吸纳人才；三是捕捉市场信息。

对于国内的中小城市来说，高铁站点已经成为城市融入区域发展的重要交通门户，围绕高铁新城的功能拓展，能够充分体现门户的各类效应。比如福建省龙岩市，早在城市总体规划阶段就将高铁站周边地区划定为新的城市副中心，并将两条城市主干道引向该区域，在接下来的龙岩火车站北片区城市设计项目中，政府提出的任务十分明确：采用各种可能的手段，积极建立高铁站与城市间紧密的联系，形成一个面向区域的门户节点。针对这一目标，规划设计提出了包括高效集约的立体交通系统、高度复合的商务与商业综合体、顺畅宜人的步行流线和一系列景观环境手段在内的综合解决方案，尝试通过局部片区的建设促进城市与区域的对接。

[实践案例：区域性门户地区的建设带来跨行政区组合城市的发展契机——北京新机场的区域意义]

为强化北京在京津冀城市群中所承担的国际交流交往的职能，北京新机场选址于北京市市域南边界，核心服务圈层跨北京市与河北省行政边界，功能上直接辐射北京、天津、河北石家庄三个方向。新机场作为京津冀城市群的门户地区，将区域合作的思想贯彻其中，统筹协作，一是有利于平衡京津冀地区的经济产业差距，达到区域共同发展的目的；二是作为区域的活力激发点，提供了解决城市间

① Castells M. Globalization, Networking, Urbanisation: Reflections on the Spatial Dynamics of the Information Age[J]. General Information, 2010, 47(13): 2737-2745.

② 科特金 . 全球城市史 : The city: a Global History[M]. 王旭，译 . 北京：社会科学文献出版社 , 2006.

题的空间。比如，新机场周边以临空新城就业吸引北京城市、城郊人群的聚集，达到北京市人口疏散的目的。新机场作为区域性门户地区，为京津冀城镇群的空间整合，为城镇群内各城市的合作发展带来了契机。

（编制单位：中国建筑设计院·城市规划设计研究中心。
主要编制人员：杨一帆、张雨榴、胡亮、李真等。）

图3-2

图3-1

第3章 建设“城市—郊区—乡村”共荣体

Chapter 3 The Co-Prosperity Community of “City-Suburb-Country”

导言

Introduction

为迈向更加融洽的人与自然关系，城市、郊区和乡村应该成为具有同等品质，相互密切联系、支撑和促进，但各有不同功能、活动和景观，特色鲜明的地区。

城市繁荣繁华，紧凑发展，城市的规划和设计安排应该充分体现效率，交通的效率、土地利用的效率、生产组织的效率、公共服务的效率……而设计区别于规划的作用是：在恰当的布局安排之上，让城市中稀缺的空间资源获得更高的品质。

郊区不再是形态不清、功能混杂的城乡胶着地带，而应成为具有高品质环境与活动的独特功能载体。

乡村包括了围绕城市的广大农耕地区和自然景观地带，为城市提供物资和生态、景观、休闲等服务，同时具有独立的功能和生活。乡村的健康制约城市的健康，乡村的发展为城市注入活力。

图 3-1 阳澄湖旅游度假区核心区与苏州中心城区位置关系图（图片来源：阳澄湖旅游度假区规划，中国城市规划设计研究院）

图 3-2 阳澄湖旅游度假区核心区规划总平面图。（注：规划范围包含约3平方公里城镇建设用地、少量村庄建设用地和约15平方公里农用地，以及43平方公里水面。该区域的规划设计目标是在严格进行生态保护的前提下，为苏州中心城区和周边区域提供旅游休闲等高端服务，并同时保留农业生产的基本功能。编制单位：中国城市规划设计研究院。主要编制人员：杨一帆、伍敏、肖礼军等。图片来源：阳澄湖旅游度假区规划，中国城市规划设计研究院）

To establish a better relationship between humans and nature, the city, suburbs, and country should provide equally comfortable living for residents. They should closely connect, support, and promote each other, with different functions, activities, and landscapes.

The city is populous and its land scarce. The planning and design of a city should primarily enhance its efficiency: of transportation, land use, production, and public services. Urban design differentiates from urban planning in that, given reasonable planning, it seeks better-quality urban life in light of limited space.

The suburb should cease to be a mixture of urban and rural areas with ambiguous morphologies and functions. Instead, it should be a place with unique functions that provide high-quality environment and activities.

Rural areas support a city with farmland and natural landscape. They offer supplies, eco-system, landscapes, and entertainment to the city while maintaining independent functions and life. Strong rural areas enhance cities and inject vigor and vitality into them.

3.1 “城市—郊区—乡村”共荣体愿景

3.1.1 “城市—郊区—乡村”共荣体的含义

城市、郊区、乡村达到同等的发展水平，且各自保持鲜明的特色。“城市—郊区—乡村”共荣体不是拉大城市、郊区、乡村的差距，而是在自身特色的基础上达到同等的理想发展状态。城市具有紧凑集聚的特点，郊区具有高品质空间资源，乡村有自然的景观和自然肌理的空间形态。

我国现状城乡二元结构表现明显，郊区较为杂乱，农村发展滞后，要缩小城市、郊区和乡村之间的差距，应做到城市、郊区、乡村统筹，在经济、社会、自然环境、基础设施、公共服务设施等方面协同发展。

“城市—郊区—乡村”共荣体和整个区域的发展息息相关，不能自我封闭，否则容易在达到帕雷托最优后丧失继续发展的动力，即没有新兴要素的注入和有效的要素交流，该系统的活力将受到抑制。①

城乡发展的各自为政不但会造成一个城乡断裂的社会，甚至连城市本身的发展也会失去支撑和依托。乡村和城市在经济发展上的差距以及设施服务水平的差距导致乡村居民和城市居民生活水平、生活质量的重大落差，直接导致农业人口大量涌入城市，造成城市人口压力。与此同时，乡村人口的过度流失将导致乡村基本职能的退化。一旦失去乡村的物质供给支撑，城市自身的发展也将受到致命的影响，最终陷入两败俱伤的困境。

3.1.2 城市设计促进“城市—郊区—乡村”共荣的主要途径

首先，城市设计应倡导“城市更像城市，乡村更像乡村”的城乡异质策略。促进“城市—郊区—乡村”共荣并不是追求乡村的城市化，不是追求要把乡村建设得像城市一样，而是遵循各自的发展特点，形成各自不同的空间特色。城市的设计要体现城市的集聚本质，高效、集中、复合；乡村设计要尊重自然，强化山水田园意象，做到文脉延续，继承乡村文化特色，挖掘乡村特色的景观特质。

第二，城市设计应提倡设施和服务共享、产业相互支撑、生活相互交融的“城乡共荣体”。要逐步推进公共服务领域的城乡一体化；推动城市和乡村的设施配置标准趋于同等水平，推进城乡功能和产业

---

① 帕雷托最优（Pareto optimality），是经济学中的重要概念，指资源分配的一种理想状态。假定固有的一群人和可分配的资源，如果从一种分配状态到另一种状态的变化中，在没有使任何人境况变坏的前提下，使得至少一个人变得更好，这就是帕雷托改善。帕雷托最优的状态就是不能再有更多帕雷托改善的状态；换句话说，不可能再改善某些人的境况，而不使任何其他人受损，即资源已经达到了最优的配置状态。

互动，在风貌、功能、文化等方面不断强化城乡整体特色，实现“城乡共荣”。

第三，城市设计应实现城乡整体生态环境保护，改变疏忽农村环境保护的倾向，按照可持续发展的要求将城市化地区与农村地区的生态环境统一纳入到一个大系统中来规划、发展。城乡之间既互相联系，又相互制约，只有建立平衡协调的城乡关系，才可能实现生态城市目标。城市坐落于广大的乡村中间，乡村是城市的载体，城市是乡村的轴心。城市与乡村的山、水、空气、土地、交通、人流、物流、废物流是相互贯通的，生态环境和生态平衡也相互依存。

另外，城市设计对土地的利用应力求分类引导，优地优用。土地是最终落实空间发展策略的空间载体。梳理不可建设用地与可建设用地的关系，使人的活动与自然和谐共存。从地质、地形、水文、交通、生态敏感性、生态资源、景观资源、人文历史资源、农田保护、现有土地利用等方面综合判断土地的适建性，明确划定禁建区、限建区、适建区，提出各类地区的可建内容和控制要求，由此在空间上落实多层次、多内涵的土地保护要求。将土地按照门户地区、文化资源富集区、滨水地带、山前地带、一般地区等资源特征进行分析，提出与资源特色相对应的利用策略。并在土地适建性划分工作的基础上进行规划用地布局，目的是充分发挥每一块可利用土地的优势，物尽其用。

最后，城市设计应促进资源节约、设施提效。在市政设施建设方面，运用一些生态技术替代或辅助常规工程方法，可以不同程度地提高设施的运行效率，节约造价，提高城乡整体生态安全水平，配合适当生态旅游建设，实现生态与社会效益的协调发展。

3.2　城市增长的管理

3.2.1　城市增长管理的重要性及策略

城乡空间发展矛盾和冲突主要来自城市的无序蔓延。城市的无序蔓延导致城市和乡村功能区边界和范围模糊不清，自然资源得不到保护，低密度的土地开发，出现空间分离、单一功能的土地利用，农业用地和开敞空间被侵蚀，造成环境污染，增大交通压力等问题。

管理城市增长是协调城乡关系的关键。管理城市增长不是简单控制城市增长，而是引导城市走高效的发展模式。城市增长管理主要是应对城市蔓延问题而产生的。通过科学的城市增长管理可以有效地控制城市无序蔓延，更好地利用城市未来的发展空间；促进中心城区的再开发，形成高效的土地利用模式，鼓励内填式、紧凑型开发；促进

图 3-3 以树枝状道路为特征的郊区增长模式（蔓延增长侵占了缓坡及自然景观）（图片来源：gate.sinovision.net:82/gate/big5/news.sinoversion.net/）

基础设施的有效利用；保护农地，保护城市的开敞空间（见图 3-3）。

针对“城市蔓延”问题，美国提出“精明增长”对策。美国 Smart Growth Network 组织出版的研究报告“ Getting to Smart Growth Ⅱ：100 more Policies for Implementation ”中提出了“精明增长”十项原则。在比较研究四个对城市发展持不同态度的群体后，从 14 个因素中得到“精明增长”的 4 个基本要素，分别是：（1）保护开放空间和环境质量；（2）中心城区的再开发与填充式发展；（3）为城市规划设计方面的创新排除障碍，包括在城市和新市郊；（4）创造更好的社区氛围。精明增长强调对已开发城市空间的利用，反对城市增长无序向外蔓延，提倡一种集约的空间增长模式和紧凑的空间形态（Anthony Downs，1997）。

可见精明增长并不是限制城市的发展，而是要恢复建成区环境的生机和活力，并且在区域边缘培育更有效的发展模式。

精明增长是一项综合的应对“城市蔓延”的发展策略，目标是提供更多样化的交通和住房选择来努力控制城市蔓延。它包含一系列的措施和规划手段，例如：充分发挥已有基础设施的效力，规划建设紧凑型社区，提出“城市增长边界”（Urban Growth Boundary）、“TOD”（Transit-oriented Development）发展模式，提倡城市内部废弃地的再利用（Brown field Redevelopment）等，它还是一项将交通和土地利用综合考虑的政策，促进更加多样化的交通出行选择，通过公共交通导向的土地开发模式将居住、商业及公共服务设施有序布置在一起，并将开敞空间和环境设施的保护置于同等重要的地位（Geoff Anderson，1998）。

1997 年，D.Porter 将城市增长边界归纳为：“将城市增长限定在围绕某一聚落的特定范围内，遏制土地开发向周围农村地区蔓延。目的在于促进有效的基础设施利用和铺设，鼓励更为紧密的开发，并保护农村地区的空地和自然资源。”

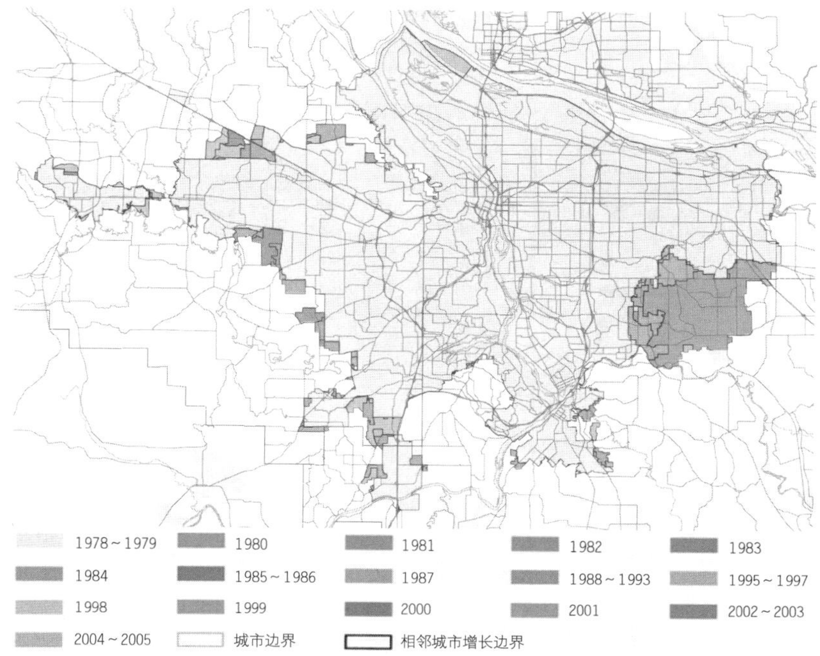

图 3-4　俄勒冈州波特兰都市区“城市增长边界”（UGB）历史变化图（图片来源：http://www.oregonmetro.gov/tools-partners/data-resource-center）

美国规划协会（APA）1997 年提出建议，城市应该建立城市增长边界来推动紧凑、连续的空间发展模式，使公共服务更有效的支撑城市发展，保持和保护公共开放空间、农业用地和环境敏感的地区；城市增长地区应该包括已经发展和将要发展的土地，且应有足够的利用强度，从而使城市能够在未来的 20 年里得到有效的增长。

[刚性空间管理中的弹性调整——波特兰城市增长边界（UGB）的成功实践]

波特兰市人口增长较快，所引发的城市发展和农用地保护问题是波特兰市引入城市增长边界的主要原因。通过内部挖潜和存量用地盘整，从 1975 年至 2005 年，波特兰人口增长了 50%，而用地只增长了 2%，成功地将以住宅开发为主的城市建设限制在了边界以内，成为实践城市增长边界的成功案例之一。但城市增长边界并不是静止的，波特兰自首次划定以来，城市增长边界已经历了 30 多次调整，大多数调整增加的土地不到 20 英亩（约 8 公顷）（见图 3-4）。

[提升核心吸引力—圣迭戈发展规划]

美国圣迭戈 1989 年更新的《发展规划》和《总体指南》重点在于城市增长的管理，以及将不同地区指定为城市化地区、城市化筹划地区或未来的城市化地区。规划通过减免开发费用，鼓励在中心城区内进行开发；而在乡村地区，则用免收固定资产持有税的方式鼓励乡

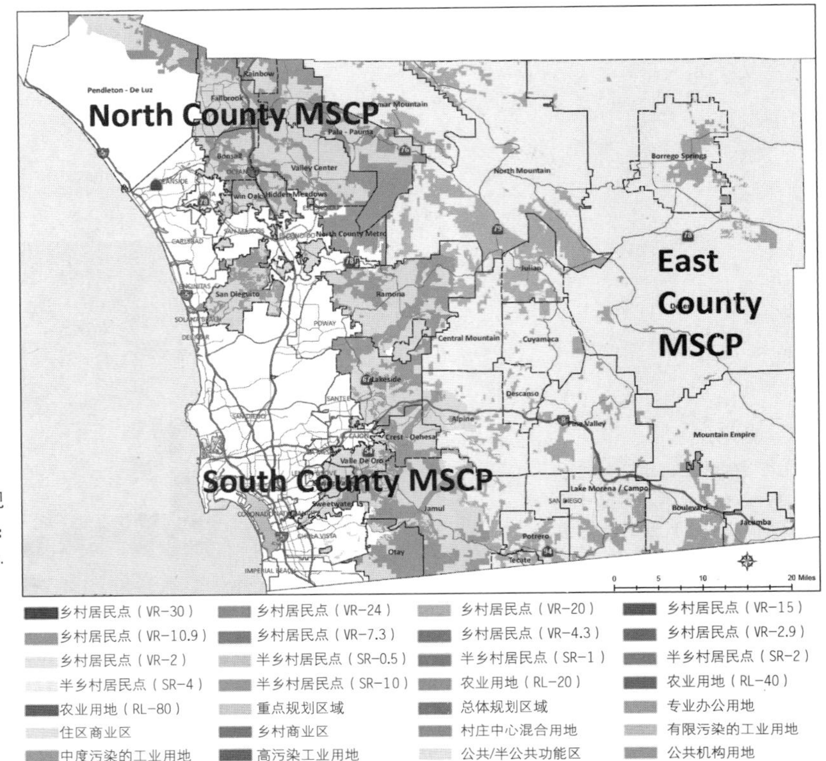

图 3-5　圣迭戈市土地利用规划，2010.（图片来源：http://www.sandiego.gov/）

村地区保留农业用地（见图 3-5）。

规划中应强调提升中心城区吸引力，提倡集约型城市发展模式。以内涵集约型城市发展模式，推进与就业、服务和公共设施关系密切的未来增长，填充式发展，以最大程度利用现有基础设施，保护空地和自然资源。规划方案将郊区的增长减半，总体规划的建设用地 60% 是针对现存的城区。

规划中强调对新发展的地区提供充分的维护。1993 年圣迭戈地区政府协会（San Diego Association of Government，SANDAG）组织一项区域增长管理战略，强调对新发展的地区提供充分的维护，为这些增长地区提供就业机会，同时也要保护环境敏感地区和水资源。

3.2.2　城市增长管理的规划工具

城市增长管理的规划工具分为编制手段和落实手段。以俄勒冈州增长边界的编制过程为例，城市政府通过综合比较，初步形成城市增长边界，并结合土地利用现状、服务中心和主要街道的位置、环境敏感区和不适宜开发用地的位置等要素对城市增长边界进行细化，上报州规划委员会审批。而俄勒冈州针对增长边界的落实手段主要有两种。

一种称为管理落实手段，例如建立资料信息库、确定现状要素的地理位置和权属，以确保所有资源要素都建立了准确的记录，再制定法律规划条款对这些资源要素进行管理和保护。第二种称为地段实施手段，包括用地、规划和工程许可，以及对建设过程提供技术服务。

俄勒冈州在增长边界的管理实践中，在划定城市增长边界、通过公共设施布局引导城市建设以及保护资源用地政策等三个方面的经验颇具借鉴价值。

1973年，俄勒冈州首次通过州参议院100号法案（Senate Bill 100），要求所有的城市都要编制城市总体规划，并划定城市增长边界UGB（Urban Growth Boundary）。城市增长边界应该在空间上区分城市建设用地与非城市建设用地，边界范围内应预留足够的城市土地供给，以满足至少未来20年的城市发展需求；每5年评估一次城市增长边界；城市增长边界应该根据过去5年的发展速度来调整。若发展需要扩展边界，则按优先性考虑：一是城市保留地，二是特殊土地（废弃地），三是边际土地（贫瘠地），四是农场和林地。

城市边界的调整可通过配置公共设施布局来实现。例如提出基础设施服务边界，指政府所能够提供城市公共服务的最大范围。因为城市的增长必须伴随着配套公共服务设施的建设，所以城市基础设施服务边界被认为是一种可以通过对城市公共服务设施建设来引导城市发展的有效手段。

美国俄勒冈州为保护资源用地，建立了覆盖全州的规划体系和“资源用地”保护政策，特别是立法保护农田和森林用地，并且建立了税收刺激和土地利用规划两类基本的推动资源用地保护的方法与工具（见图3-6～图3-8）。

图3-6　俄勒冈州的一处大地景观，可以清晰地看到林地作为生态走廊，农田作为生态基质，湖泊和建设区作为斑块（图片来源：作者自摄）

图 3-7 美国俄勒冈州一处典型的郊区化社区（图片来源：作者自摄）

图 3-8 巴黎郊区城镇与田野清晰的边界（图片来源：作者自摄）

3.2.3 城市增长管理的城市设计工具

发展不应使城乡空间界限消失，在城市设计中，结合城市增长边界的划定，以明确的自然地理元素或人工建设元素为界限，如地形要素、农田、分水岭、河流、海岸线、道路、林带、湿地等地形要素，并在设计中加强对界限要素的保护。研究城市生态要素，划定基本生态控制线，保障城市生态安全、防止城市建设无序蔓延（见图 3-8）。

永久性的绿色开敞空间可作为城市增量发展的约束。城市绿色开敞空间指的是城市一些可提升城市景观品质的保持自然景观的地域，或者是自然景观得到恢复的地域，包括游憩地、保护区、风景区等。包括多中心城市空间结构的隔离带，间隔在各个功能组团中间，以防止各个组团连绵发展的非建设用地区域。绿色开敞空间隔离带以多种形态

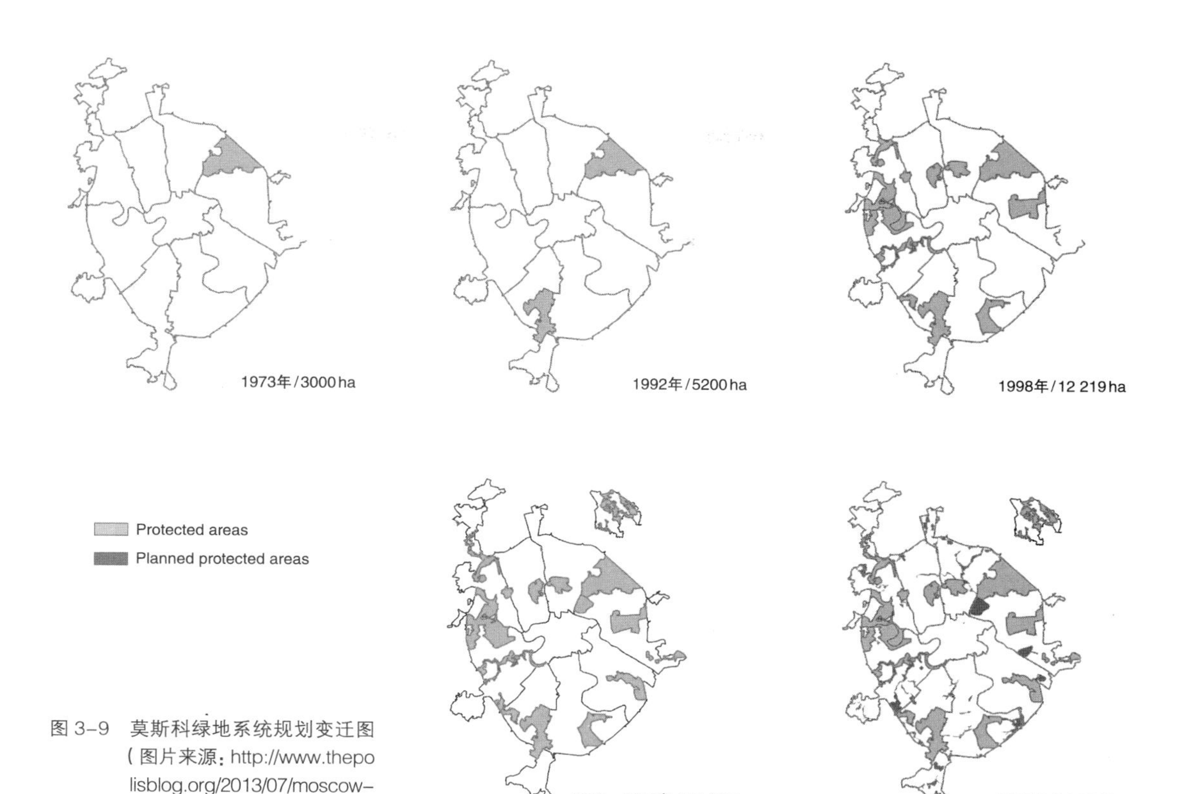

图 3-9 莫斯科绿地系统规划变迁图
（图片来源：http://www.thepolisblog.org/2013/07/moscow-nature-reserves.html）

和方式存在，比较常见的是楔形、带状等线性形态。在分区之间的楔形大面积绿化区插入城市建设区，将规划分区相互隔开（见图 3-9）。

提倡郊区设计和乡村设计，把郊区设计成高品质的地区，而不是等待城市去扩张和侵占的低品质混杂地带，乡村设计与自然高度融合，彰显郊区和乡村的特质和魅力。当乡村被建设成为“美丽乡村”，郊区建设成为高品质的社区，就不易被大城市侵占。

3.3 建设繁荣的中心城区

3.3.1 中心城区发展愿景

紧凑城市理论主张“采用高密度的城市土地开发模式，一方面可以在很大程度上遏制城市蔓延，从而保护郊区的开敞空间免遭侵占。另一方面，可以有效缩短交通距离，降低人们对小汽车的依赖，鼓励步行和自行车出行，从而降低能源消耗，减少废气排放乃至抑制全球变暖。另外，高密度的城市开发可以在有限的城市范围内容纳更多的城市活动，提高公共服务设施的利用效率，减少城市基础设施建设的投入。”（徐新，2010）

图3-10 图3-11

图 3-10 温哥华过去的运煤码头——煤港改造后形成的高强度地块开发和滨水区公共空间（图片来源：作者自摄）

图 3-11 温哥华中心区假溪一侧的滨水区城市景观（注：温哥华采用紧凑发展的模式，中心区开发保持了较高的建设强度，提高土地的集约使用效率，同时通过对滨水区的改造，建立了连贯的公共空间系统，保持了整体良好的生活品质。图片来源：作者自摄）

紧凑城市理论的核心内容是提倡紧凑的城市形态与良好的生态环境、高效的经济活动以及丰富的社会生活。主要的实现手段包括：促进城市中心区的复兴，在新建区中借鉴欧洲传统城市的一些做法，采用较高密度开发的方式，提倡功能混合的用地布局，发展公共交通，明确建设区边界，抑制城市蔓延，保护生态系统和农地等。

发展紧凑型的中心城区的同时，还应注重中心城区的吸引力和活力。中心城区的吸引力体现在功能的构成、交通的效率、环境的品质和有魅力的空间设计等方面。城市的吸引力越大，核心竞争力就越强，对经济、人口等要素的聚集效应就越突出。

[充满活力的中心城区——温哥华中心区建设]

温哥华在城市发展建设中，遵循"精明增长"① 的理念，走发展紧凑型都市区之路。通过刺激中心城区的人口增长，促进就业岗位和住宅数量之间达到平衡。避免低密度的城市扩散及其对佛斯河谷地的威胁。

在规划中运用"集中增长模式"，在划定范围内统筹公共设施建设及其他城市服务；加强公共交通，防止低密度扩张，集约和"精明"地使用土地。通过贯穿整个中心城区类型多样的开敞空间体系，将建成区分为若干独立规划的居住组团，实现居住高密度（见图 3-10、图 3-11）。

① 2000 年，美国规划协会联合 60 家公共团体组成了"美国精明增长联盟"（Smart Growth America），确定精明增长的核心内容是：用足城市存量空间，减少盲目扩张；加强对现有社区的重建，重新开发废弃、污染工业用地，以节约基础设施和公共服务成本；城市建设相对集中，空间紧凑，混合用地功能，鼓励乘坐公共交通工具和步行，保护开放空间和创造舒适的环境，通过鼓励、限制和保护措施，实现经济、环境和社会的协调。

3.3.2 中心城区紧凑发展策略

中心城区功能的强化与提升强调土地功能混合使用，在进行城市中心功能和空间布局时合理分配商业设施、住房及其他公共服务设施形成商业、办公、娱乐、居住等功能的混合与空间共享。通过互补功能的相互促进提升经济活力，使城市中心区一直保持较高的人气，从而提高了空间利用的效率与效果。

雅各布斯曾指出“为了城市活力，规划必须珍惜和呵护已经形成的基于功用多样性的城市区域，避免某种强势功能排斥其他有共生关系的弱势功能，导致其向功能的单一化趋势演化。”[①] 保持城市空间多元混合的特征，使城市生活能够在更高标准和更高效率的空间上保持多样化的活力，是空间资源整合的核心目标。

中心城区交通发展应以城市公共交通为主导，增加交通多样化格局中不同交通方式应有的合理生存空间，使出行者有自由的交通方式选择权。

城市中心区的有机更新应从城市总体发展战略出发，从宏观层面研究合理的改造方案。要实现城市中心在更新过程中更有效地为城市整体结构服务，实现中心功能的分化，明确各个城市中心区的布局思路，对主要城市中心和特色化地区进行系统组织，对不同功能进行合理分配。

3.3.3 中心城区的完善与提升措施

综合运用规划和城市设计手段可以引导中心城区向紧凑型方向发展，其主要目的是使城市空间结构趋于合理，设施利用有效，城市综合环境品质得到提升。例如，具体的紧凑型中心城区完善与提升措施包括但不限于以下内容：

第一，提供与时俱进的公共服务。城区的公共服务要与时俱进，主动更新、升级服务，最大限度满足使用者要求，提高城市运行效率，具有均好性的公共服务同时也可减少交通压力，有利于提升城区品质。

第二，培育有魅力的场所。城区的建设要增加有活力的滨水空间、有内涵的广场、生态的景观带、人性化的街道空间等有魅力的场所。

第三，建设有品质的环境。注重城市生态环境的保护，把生态系统与市民休闲系统、城市景观系统的建设联系起来，建设绿色、实用、美观的城市环境。

第四，提供城市安全保障。在规划中要以地质勘测安全为基础，以城市防灾减灾为先，注重抗震防灾、消防、人防等方面的设计，保

---

① 雅各布斯 . 美国大城市的死与生 [M]. 金衡山，译 . 南京：译林出版社 , 2006.

障城市的安全。

第五，提供多样化和便捷的交通解决方案。交通运输多样化、人性化、系统化，能提升中心城区的运行效率，完善中心城区的空间形态结构。

第六，建设健康的社区。在城市社区建设中，要以人为本，设计人性化的空间，注重社区环境的设计和社区的完善配套。

第七，延续城市文脉。设计中要注重传承文脉，延续城市记忆，塑造富有魅力和本土特色的城市景观。

以上措施中城市设计可以做出的主要贡献将在以后的各章中分别叙述。

3.4 建设有魅力的郊区

3.4.1 郊区发展愿景

郊区发展应实现空间与功能同步发展。通过郊区的空间规划引导产业集聚，以产业发展充实郊区的核心功能，同时带动郊区的居住与就业平衡发展。要促进郊区的居住与产业同步协调发展，需增强郊区的服务功能，加大对产业的支持力度，同时提高吸纳就业的能力，带动郊区经济的发展，使郊区具有持续的活力和发展动力。

郊区发展应开辟具有自身产业特色的发展之路，把发展特色产业作为提升区域竞争力的重要手段，如建设特色产业基地，发展郊区特色旅游休闲设施、建设高品质产品园区和生活社区等。

郊区相比城市而言，有着更为宽松的空间、更优质的自然环境、更少的交通压力和各种污染，也有条件成为更高生活质量的空间载体。郊区不应是城市把低端功能外推形成低品质空间的结果。中国大量存在的“城乡接合部”顽疾地区现象是中国城乡二元的社会结构导致的。当城市与乡村不再有高下之分，现代化程度达到同等水平，郊区可能成为最有魅力的地区，它可兼得城市之便与乡村之美，实际上就是霍华德所说的田园城市理想。

3.4.2 一般郊区的建设与改造策略

一般郊区的建设应控制大城市无序蔓延，促进中心城区部分功能向郊区转移。优化城市功能必须协调好中心城区与郊区的关系。中心城区需要合理引导新增人口和经济活动，逐渐将部分城市经济功能向中心城区之外的周边郊区转移。郊区将成为承载城区部分人口和经济活动的主要区域，协调中心城区与郊区的关系，要根据中心城区以及周边郊区的要素禀赋，主动引导城市功能的合理分工，避免被动的大城市的无序蔓延。

一般郊区的建设需要增加公服配套设施，提高郊区公共服务设施配套标准，合理设置配套设施指标与要求，提出公共服务设施建设均等与共享原则，提高相应的服务能力，从而满足郊区居民生活需求。

一般郊区的建设应增强公共交通的通达性和交通效率。有条件的郊区可设置公交专用车道，公交专用车道按照道路运行的方式不同，可以分为三类：公交专用路、公交专用道和公交优先道。“新都市主义”提出的 TOD 模式（公交导向的发展模式）适用于郊区的规划设计，其核心是以区域性交通站点为中心，以适宜的步行距离为半径，以步行和慢行活动方式为基本出发点，合理布局从城镇服务中心到城镇边缘步行五分钟的距离（约 400 ~ 500 米）内的功能路网和建设强度，重新唤回以人为本而非以车为本的传统城市生活。

一般郊区的建设应强调生态郊区理念，注重环境建设。郊区常常为城市生产和生活涵养水源，为城市扩展提供空间，有比城市更新鲜、清洁的空气，是市民休闲度假的主要场所，郊区生态环境建设对中心城区的功能和生态环境优化有着极其重要的意义。在有条件的郊区应提倡造林绿化，包括作为生态缓冲的绿化隔离带，城镇社区的景观绿化，进行河湖治理、湿地修复，提倡适宜生态技术和清洁能源运用等方面的措施。

为促进居住与就业的平衡，郊区应有选择地培育与其发展定位相一致的产业，同时完善产业配套服务，进而提高郊区的发展动力和要素集聚，以产业带动吸引人口集聚。

一般郊区的建设应注重生活方式，增加公共空间。新城市主义提倡小尺度、有适当密度、具有传统特色、亲近行人的建筑空间。建筑风格采用体现当地风俗、习惯与文化的建筑形式。住宅组团围合出一些公共空间，在这些公共空间周边布置一些唤起传统记忆的文化设施、零售商业，营造出亲切的社区氛围。

一般郊区的建设应注重多元的住宅类型建设。多元的住宅类型建设有利于吸引更多的人到郊区居住，使居住人口的层次更多元化。美国一些新城镇（New Towns）在住宅设计方面，采用多种不同户型混合的方式，既有独立住宅，也有高层住宅，提供多元选择，是北美目前发展得很好的一种新型的社区设计模式。

[通过加密或疏解实现协同发展——巴黎城市建设]

20 世纪 60 年代以前的巴黎以市区为中心，呈同心圆状向外逐渐扩展，市中心集聚程度高，郊区发展缺乏动力。市政府为扭转日益扩大的中心与城郊差距，促进城市协调发展，提出“大巴黎计划”，采

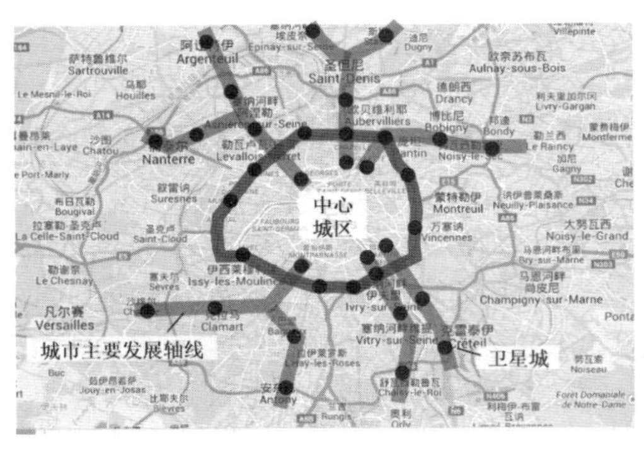

图 3-12 法国大巴黎发展结构图（图片来源：作者自绘）

取的主要措施有疏解城市中心人口、利用城市近郊区发展多中心城市结构、沿城市主要发展轴和城市交通轴建设卫星新城、建设发展区域性交通运输系统等，实现中心城区功能的疏解，同时带动周边地区的发展（见图 3-12）。

3.4.3 高端郊区的兴起

现代城市由于小汽车的普及，郊区高速公路和其他快速交通的发展，为市区人口移居郊区提供了条件，一些大城市出现了郊区化的现象，一些中高收入家庭从喧闹嘈杂、污染严重的城市中心区迁往环境优美、空间适宜的郊区居住。随着我国城市化进程、人们居住理念和生活方式改变，一些大城市周边也出现了“主动城市化”的高端郊区，例如一些有品质的居住区、一些高端的健康养生养老社区、一些总部基地等。高端郊区具有较高的建设标准，包括较好的环境品质、完善的基础设施，交通畅通，生活便利等。

高端郊区发展要以精明发展为指向，要集约、集聚、高效率，推进公共服务的均等化。形成和发展新型郊区文化，构建一种新的生活方式，配置购物中心、休息餐饮和娱乐等设施，营造优质生活。郊区生态办公园区在欧美发达国家和地区已经成为越来越多企业的优先选择，在我们国内一些城市也逐渐发展起来。

[花园式科技企业总部与社区——微软总部]

微软总部位于华盛顿州雷德蒙市，距离大都市西雅图约 15 公里，共有 120 多栋建筑，分组穿插在绿树之中，绿化掩映，看起来更像是一个生态小镇。微软总部拥有舒适的自然环境与花园式的草坪、篮球场、比尔湖与足球场；总部内的配套设施完备，自成一体；并将土地的使用与交通投资联系起来（见图 3-13、图 3-14）。

[实践案例：高端郊区功能载体——怀柔总体城市设计]

为落实中央和北京对城市建设发展的新要求，为顺应城市建设从量变到质变发展的客观规律，怀柔新城总体城市设计着重推进城乡空间统筹和城市设计引导，力求建设高品质的城市郊区，作为积极融入首都职能的承力点。

依据 2005 年《怀柔新城规划》，历经十年的城市建设，怀柔已经从过去的集中建设模式转变为多组团共同发展的城镇空间发展格局，

图 3-13　微软总部实景图(图片来源：作者自摄)

图 3-14　位于西雅图都市圈远郊，绿荫掩映下的微软总部(图片来源：作者自摄)

支撑和培育起雁栖湖国际会都、中国(怀柔)影视基地以及中科院研究集群等一系列高端功能，成为高端郊区建设的典型案例(见图3-15)。

伴随着发展，怀柔在城镇化过程中也显现出一些城市建设的问题，比如各组团分工不明确、发展水平不一，城乡风貌混杂、建筑高度失控、城中村问题突出等，与怀柔国际会都的定位差距较大。因此，开展城市设计工作是适时适当之举，通过总体城市设计构建城乡生态格局，

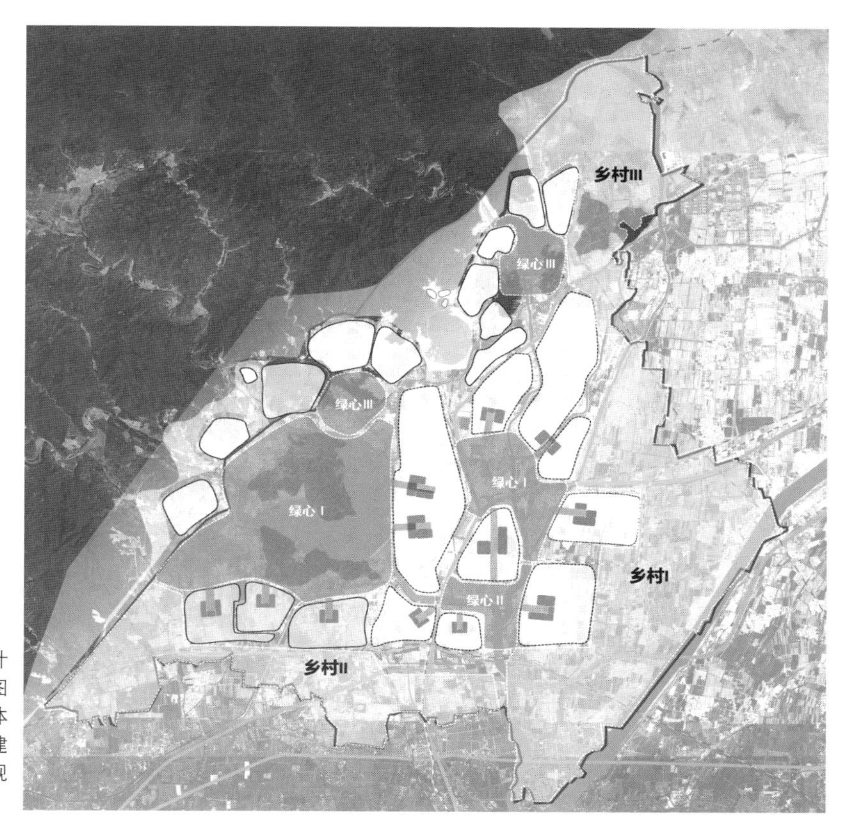

图 3-15　怀柔总体城市设计的城乡共荣格局(图片来源：怀柔总体城市设计，中国建筑设计院·城市规划设计研究中心)

营造城镇空间特色，指导怀柔新城从增量扩张向存量提升转变，以对物质空间要素的精细管理实现城市的精明增长。

怀柔新城总体城市设计注重协调山、水、城、园、村各要素之间的关系，做到城市建设活动与山水格局保育的协同发展，以城乡发展盘活山水资源，以山水乡愁反哺城市文明，凸显“怀山柔水”的自然风貌特色；严守城市增长边界，以减量提质为契机改善城市与自然的割裂关系，使人工环境与自然环境协调发展，营造宜人的城市空间品质，让居民望得见山、看得见水、记得住乡愁。

设计坚持“小巧、精致、闲适”的地域城镇空间特色，充分考虑传统与现代、继承与发展的关系，强调对“小街区、微循环”等传统空间尺度特征的保护和延续，确保新的开发项目具有人性化的尺度和本土化的风貌特征，与整个新城地区的地域文化气质相符合，提高城市空间整体艺术性。

（编制单位：中国建筑设计院·城市规划设计研究中心。
主要编制人员：杨一帆、盛况、王倩、胡亮、何文欣、王振茂等。）

3.5 建设美丽乡村

3.5.1 乡村的基本功能和都市性功能

城市是城市生活方式的载体，农村是乡村生活方式的载体，在乡村，人们有更多机会接触自然，乡村的生活舒缓而平和。乡村的基本功能是从事栽种、收割、捕鱼、放牧、采摘蔬菜与水果等农业活动，为市区及自身提供新鲜、卫生、营养的蔬菜、水果、禽蛋等农产品。乡村的大面积农用地和绿地可以为城市形成生态屏障，丰富的乡村自然资源还起到调节气候、涵养水源等功能。

此外，乡村还越来越多地参与到都市文化和休闲活动中。乡村为市区及郊区居民提供接触自然、体验农业生产和感受特色民居文化、乡村观光、休闲与游憩的功能。农村成为人们亲近自然的场所，农业成为一种景观。景观农业作为生产性与审美性相结合的产业，不仅满足着人们的物质需求，而且满足人们的精神需要（见图 3–16 ~ 图 3–18）。

3.5.2 美丽乡村和特色乡村的规划设计策略

乡村的规划设计应服务于经济社会发展。现代型的农村功能不仅仅是为村民简单地提供居住，还要考虑日渐丰富的乡村经济活动，支持适于乡村发展的生态服务型经济。在村镇产业规划设计中，要以市场为导向，集聚资源优势，因地制宜，推进农业持续发展的同

图 3-16　位于旧金山北部远郊的纳帕溪谷聚集了众多的葡萄酒庄，酿酒的同时也提供休闲服务（图片来源：作者自摄）

图 3-17　位于旧金山北部远郊的纳帕溪谷聚集了众多的葡萄酒庄，有的极具艺术气息，这处就由美国著名后现代建筑大师格雷夫斯设计，庄主还收集了大量现代艺术大师的雕塑作品（图片来源：作者自摄）

图 3-18　美国科罗拉多峡谷地带一处湿地映衬下的小镇（图片来源：作者自摄）

时适度发展农业生态旅游、森林生态旅游、城郊休闲度假，发展绿色食品、中药材等特色产业。鼓励农业与文化、科技、生态、旅游的融合发展，促进农村产业结构由单一型向多元型转变。提升农村产业的附加值，形成一村一业、一村一品、一村一景的新格局。

乡村的规划设计应注重村庄环境的治理和景观化。中国很多地区由于大多数村庄缺乏建设规划指导，村庄建设往往杂乱无章，村庄环境较差，缺少公共活动空间，建筑风貌盲目模仿城市，出现一些不伦不类的建筑。部分村庄因“空心化严重”，乡村公共服务设施和民居年久失修。一些村庄垃圾处理设施不足，村庄环境脏乱差，急需整治。在设计中要尊重村庄与自然环境及农业生产之间的依存关系，注重保护村庄地形地貌、生态环境、历史文化，体现田园风光、地方特色和乡村风貌。对村庄的重要节点，设计应体现本土文化内涵，提供休憩、娱乐、交流等公共场所，改善农村生态和生活环境，提升村庄面貌品质。

乡村的规划设计应注重完善的基础设施配套。设计中着重改善对村民生产、生活影响较大的公共服务设施，重点完善乡村供电供水、废水和垃圾处理等现代化基础设施，加强医疗、文化、教育、交通等公共服务设施建设，改善生活条件。

乡村的规划设计应注重景观生态格局的保护和建构，保护乡村景观的完整性。设计中依托山、水等自然风光，处理好地理、气候、生物、资源、人文等要素之间关系；避免在乡村复制城市景观，保持田园风光特色，并注重生态群落的保护。

乡村的规划设计应注重发扬地方文化特色。对村庄中具有传统建筑风貌和历史文化价值的住宅，进行重点保护和修缮，传承和发扬地方传统文化。充分挖掘和总结当地民居的建筑特色，塑造具有浓郁地方文化特色的乡村风貌。

[整合乡村产业——日本的“一村一品”]

日本“一村一品”的“一品”，主要指优势特色农产品，或文化、旅游等项目独树一帜，形成品牌。

图 3-19 日本岐阜县白川乡“合掌造”村落（图片来源：http://gzdaily.dayoo.com/html/2013-04/21/content_2220857.htm）

“一村一品”，就是按照区域化布局、专业化生产和规模化经营的要求，因地制宜地发展具有鲜明地域特色的主导产品和主导产业，进而形成产业集群，最大限度地实现农村劳动力的就地转移，促进农民增收，建设美丽乡村（见图 3-19）。

[实践案例：因山就势的聚落空间——海南南平农场养生产业园规划设计]

海南省在发展养老养生产业方面具有得天独厚的自然环境优势。海南南平农场希望凭借自然环境和在区域中特有的温泉优势，发展养生养老产业。

基地浅丘与谷地农田指状交错，形成独特的自然生态骨架。规划以绿色浅丘为基底，原生农田为廊道，自然水系为轴线，进行建设空间组织。设计中叠加现状植被分析、水系分析和地形分析成果，避让指状生态廊道，规划“葡萄串”型的建设组团，让疏密有致、尺度宜人的组团自然生长在基地天然生态骨架之上，借助山水相融的自然风光，塑造环境优美、生机勃勃的产业和人居聚落（见图 3-20）。

（编制单位：中国建筑设计院·城市规划设计研究中心。
主要编制人员：杨一帆、倪莉莉、盛况、张天元、赵楠、袁迪等。
技术总指导：崔愷。）

图 3-20　海南农垦养老养生产业园效果图（图片来源：海南省陵水县国际养生疗养开发区概念规划与城市设计，中国建筑设计院·城市规划设计研究中心）

3.6　新城：勇敢的跨越门槛和避免新城陷阱

3.6.1　何时建设新城：跨越门槛

波兰学者鲍·马利什于 1963 年提出“门槛理论”，指出当城市发展到一定程度时，常常遇到一些阻碍城市规模继续增长的限制性因素，这些城市规模增大到一定阶段所遇到的发展极限，便是城市发展的门槛。当遇到这个门槛时，传统的渐进式增长便不能满足需要，而需要进行一个跨越式的增长。就城市形态结构而言，则需要进行结构性的变化，衍生出新的形态。

启动新城建设就是一种通过跨越式发展引起城市形态发生结构性变化的典型情况。门槛理论可以帮助我们判断何时启动新城建设。启动新城建设一般有以下几种原因：单中心城市的人口规模急剧增加，给城市的正常运行造成了巨大压力；城市产业发展产生新的空间需求；统筹安排区域重大设施的需要；追求自然健康的环境和良好居住条件等。

当依靠原有渐进发展方式推进城市建设区扩展的效率已非常低下，或使原城市组团规模突破合理的范围，而城市有大规模扩展的需求时，可以考虑建设“新城”。

3.6.2　新城规划建设策略

新城规划建设首先要有可持续发展的区位选择，与大城市有便捷联系又适当分离。规划要注重多元化的特色塑造，公共服务设施的合

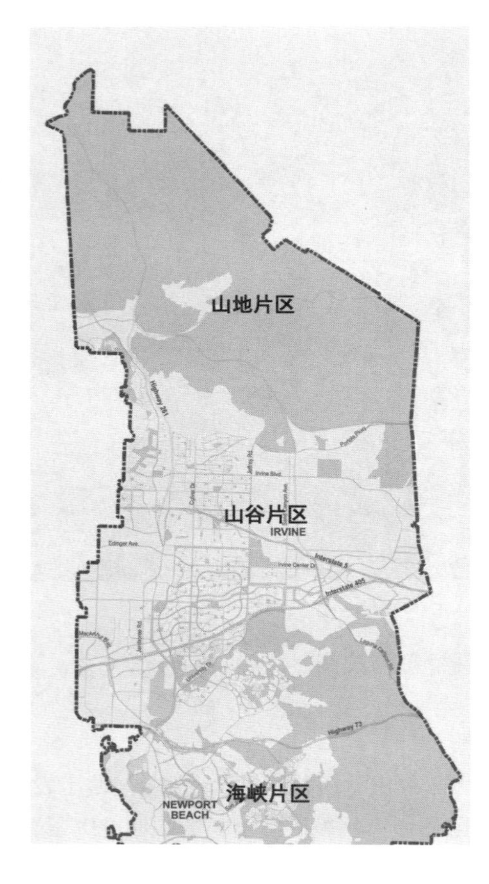

图 3-21　尔湾新城总体布局图（图片来源：https://www.irvinecompany.com/）

理配置，混合集聚的空间布局，低碳出行的交通模式，并在建设中传承文化和特色风貌、合理规划和引导新城社区的建设。

[新城区产城融合发展——尔湾新城]

尔湾市是位于美国加州的一座新兴城市，建市于 1971 年，前身是由尔湾公司掌管的农场。尔湾快速发展的缘起是加州大学尔湾分校的设立，之后经过详细周密的规划，在大学周边形成居住社区，经过 40 年的建设，建成一座服务完善，环境优美，充满活力的新城，也成为新城区产城融合发展的典型案例（见图 3-21）。

3.6.3　避免新城陷阱

新城在缓解中心城压力、提供产业发展空间、完善城镇功能等方面发挥了很大的作用，但新城的建设中也存在很多问题。

20 世纪 90 年代以来，中国新城的建设还包括了“园区”、“新区”、“大学城”等多种类型，新城建设成为地方彰显政绩和带动经济增长的常用模式，出现了有些地方盲目的“造城运动”。有些新城存在招商乏力、土地拿而不建，大量闲置，人口增长缓慢的问题，即“新城陷阱”。

新城陷阱出现的原因存在于多个方面。例如：战略定位不清，区位选址不当，新城与中心城区联系不畅，新城难以在短时间内集聚发展动力；难以聚集生产要素，产业发展缓慢；新城功能单一，尤其是居住就业发展不平衡，职住分离；新城过分强调功能分区，城市功能缺乏有机整合；新城服务配套设施缺失，或发展缓慢，难以聚集人气。如果规划本身存在问题，还遇到新城房地产开发量超前，供大于求，严重失衡的时候，就会出现大量的空置房，严重消耗新城发展动力，长期难以恢复，陷入新城陷阱。

城市规划设计工作中要避免新城陷阱，培育新城产业和配套设施两个方面的工作尤为重要。

新城规划设计应引导实现产城一体，以空间规划引导产业集聚，以产业发展充实新城功能。规划工作要力求实现新城建设与产业同步协调发展，增强新城的综合服务功能，加大对产业的支持力度，同时提高吸纳就业的能力，带动新城经济的发展。

公共服务设施是新城建设的重要组成部分，较高的生活品质和完善的服务体系是吸引人口和产业入驻的重要前提条件。设施配套在新城开发中具有导向性作用，并能引导新区功能和用地开发的有序推进，积极推动城区功能和空间资源的重组与整合，促进新城城市职能和形象品质的全面提升。

[建立完善的新区规划体系并坚持执行——苏州工业园区经验]

苏州工业园区于1994年5月开始启动建设，中新合作区面积为70平方公里，在建设之初就摒弃了单一发展工业的模式，把园区作为一座产业新镇进行布局。借鉴新加坡城市规划建设经验，编制完成富有前瞻性的总体发展规划，并先后制定300余项专项规划，形成了完善的规划和建设管理体系。

苏州工业园区在规划中强调对短期内难以明确用途的地块实施弹性控制，引入“弹性绿地”、“白地”、“灰地”等理念，有效提高土地开发效益和集约利用水平。

园区坚持以规划引导建设、以城市设计指导地块开发，强调规划执行的权威性与强制性，对不符合规划要求的项目，坚决实行“一票否决制”，科学进行规划编制，使产业、居住、公共服务基本实现平衡的发展；严格落实规划，使苏州工业园区一直保持着高水平的建设质量。

[实践案例：走向城乡共荣的生态发展之路——安吉中部两镇一乡协调发展规划]

我国大多数山区县苦恼的是县城和集镇对乡村的带动作用弱。而安吉情况却有所不同，“全国美丽乡村”早已名声在外。节假日乡村中随处可见江苏、上海、杭州的旅游大巴和私家车四处游玩，但这些游客往往绕过县城和集镇，一些会议、度假酒店、主题公园等区域性高端需求也“绕过”城市。多数到过安吉的人都觉得安吉的乡村山林秀美，竹海无边，是名副其实的“世外桃源”，但城市中难以感受到山林之美，缺乏特色和亮点，山水景观特色被埋没。同时，乡村的基础设施和公共服务也有很多不完备的方面，与城市服务标准有一定差距。可以看到，安吉的确存在一定程度的城乡分离状况。

安吉的城乡协调策略坚持和鼓励“城市更像城市，乡村更像乡村”的城乡异质策略；同时，提倡设施和服务共享，产业相互渗透，生活相互交融的“城乡共荣”策略（见图3-22）。由此提出在城乡之间逐步推进：

第一，公共服务均等化——分级配套，公共服务设施“城市化”。

图 3-22 安吉天荒坪一处竹海中的村落（图片来源：作者自摄）

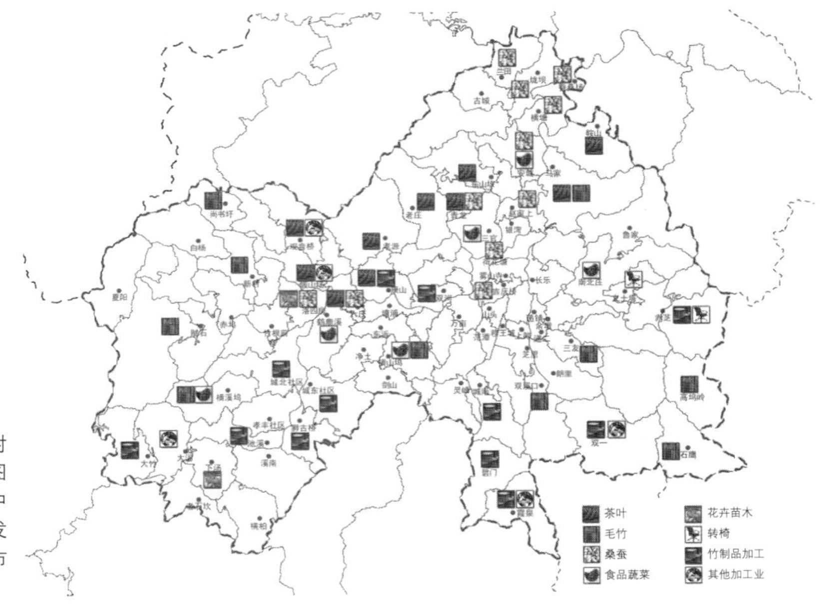

图 3-23 安吉县中部分区村庄规划特色引导图（图片来源：安吉中部两镇一乡协调发展规划，中国城市规划设计研究院）

第二，基础设施现代化——给水、污水、环卫等市政基础设施的对接。

第三，社会福利共享——社会保障（医保、低保、养老、失地补贴）、就业等方面的均等化。

第四，城乡交通系统一体化——完善城乡道路系统，城乡公交系统化，城乡旅游交通网络化，城乡交通设施管理一体化。

第五，功能和产业互动——鼓励农民进城工作与学习，城市居民到乡村休闲疗养，打破传统的城乡功能布局观念，项目选址方面宜城则城，宜乡则乡。引导乡村工业向城镇集中，鼓励农村具有特色的一产和三产的发展（见图 3-23）。

第六，整体保护城乡生态环境——整体研究城乡生态系统结构，划定山林、湿地等各类生态保护用地范围，确定保护标准，提高全域生态涵养能力。

第七，城乡风貌设计与引导——明晰城乡边界，突出城乡空间特色差别，保持农村自然景观、人文风貌。运用城市设计的手段，引导城市空间布局和形态与山林水系相结合，塑造山水城市特色；推进乡村景观设计，鼓励乡村"大地景观化"。

第八，发展乡村特色经济——有意识地引导各乡村根据自身条件走特色化道路，在美丽乡村基础上，建设特色生态农业村、特色工业村（手工技艺村）、旅游服务村、宜居示范村、文化产业村、工业商贸村。

第九，发展特色文化——挖掘与重构（本土、乡村、传统、民俗、民族、餐饮）文化，保护与挖掘人文生态，推动文化策划与文化营销。

第十，推进安吉特色的生态乡村建设——推广适宜的乡村生态技术，例如生态节能的市政技术、乡土生态建筑、生态种植和养殖方式等。

以上措施都具有切实的可实施性，且在安吉已有一定的工作基础。例如安吉本地农户自发建设的"生态屋"主要运用当地乡土材料和工艺，冬暖夏凉，长期积累的技术数据显示能够比一般住宅节能20%左右，而且更加舒适，境内外50多家媒体都曾进行报道。可以在生态乡村建设中大力推广"生态屋"建造方式，形成生态村落，既节能舒适，发扬了生态文明，还可以发展特色旅游，一举多得。

（编制单位：中国城市规划设计研究院。

主要编制人员：杨一帆、肖礼军等。）

图4-1
图4-2
图4-3

第4章　城市形态：选择适于本地的“精明密度”和“适宜尺度”

Chapter 4　Urban Morphology: “Smart Density”and “Proper Scale” Accommodated Locally

导言

Introduction

评判城市密度和尺度是否合适的标准主要来源于该城市形态是否在三个方面符合城市发展要求：经济繁荣，环境品质和生活质量。

选择恰当的密度和尺度可以促进这三个目标的实现，正如上海中心城和纽约曼哈顿的小街区有力地支撑了这两个城市上百年的商业繁荣和文化的多样性，而我们新建的很多宽马路、大广场却缺乏持续的魅力。

The three standards for evaluating whether urban density and scale are suitable are economic prosperity, environment, and life quality.

Selecting the right density and scale can enhance these three objectives. For instance, small blocks in city centers of Shanghai and Manhattan have provided support for thriving business and diverse cultures for over a century. In contrast, many of the newly-built wide roads and oversized squares of other cities have not attained such sustainable charms.

图 4-1　华盛顿郊区一处典型的低密度郊区住宅区（图片来源：作者自摄）

图 4-2　欧洲佛罗伦萨新城（图片来源：作者自摄）

图 4-3　上海陆家嘴（图片来源：作者自摄）

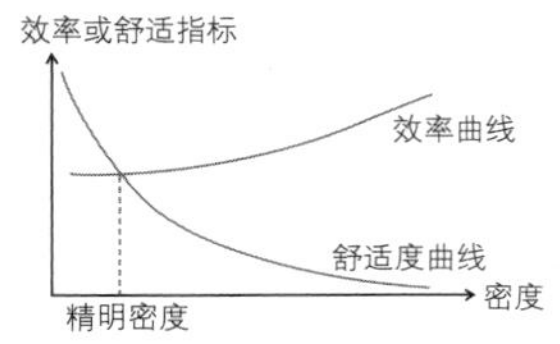

图 4-4 适于某个特定城市或片区的精明密度（图片来源：李茜绘）

4.1 选择适于本地的“精明密度”

何为“精明密度”？一般来讲（这也是从多数经验总结提出的一般规律），城市的效率指标（包括经济活力、文化繁荣、能源效率、公共服务水平等）随密度增加而提高。而城市的舒适指标（生态环境、绿地空间、景观质量等）随密度增加而降低。上行的效率曲线和下行的舒适度曲线的交点就是“精明密度”，城市密度越接近属于自己城市的这个点就是越优越（见图 4–4）。

[密度的概念]

密度或城市单位面积的开发强度（通常用容积率指标表述）是城市的客观指标。密度：在城市规划中，密度通常指单位土地面积上的建筑、人口或就业岗位的数量。对于开发控制而言，密度通常是指开发强度。早期的开发强度控制以建筑高度和建筑覆盖率作为主要指标，1961 年的纽约市区划条例首先提出 floor area ratio（简称 FAR，在我国称为容积率）作为开发强度控制的主要指标。目前，世界上的大部分城市都采用 FAR 作为开发强度控制的主要指标，但各个城市的密度控制体系有不同的特点。

4.1.1 典型的城市密度模式

中国、日本、韩国、印度、马来西亚等东亚、南亚、东南亚国家的多数城市面临“人多地少”的突出矛盾，如上海、东京、香港，多呈现人口和建筑高密度集聚状态，虽然由于其发展阶段不同、资源条件各异，城市形态紧凑度差异较大，但基本归为高密度模式。美国、俄罗斯、加拿大等“人少地多”的国家，大多数城市呈现低密度状态，如洛杉矶、华盛顿、蒙特利尔等。中密度模式即城市或片区密度介于东亚高密度与北美低密度模式之间，多见于欧洲，其土地开发强度相对不高，而城市整体形态相对紧凑、土地利用混合度相对较高（见图 4–5）。不同密度模式下的城市居民对于拥挤或宽敞的判断立足于传统习惯和文化价值观上的认识，具有很大差异，如吉姆·托马斯研究了苏格兰爱丁堡老城，把它作为紧凑城市发展中的一个成功实例，但其人口密度大概仅为 57 人 / 公顷，大大低于香港市区 203 人 / 公顷的人口密度。

国家和城市的人口规模和土地总量及其发展趋势，国家的文化价值观、社会经济整体水平、城市的发展阶段和自然条件限制等因素都在引导着城市密度模式的产生和演变。

不同密度模式对城市生活和城市运行的影响不同。如果城市密度过高会使城市过于拥挤，人均绿地过少，污染加重，生态环境退化，

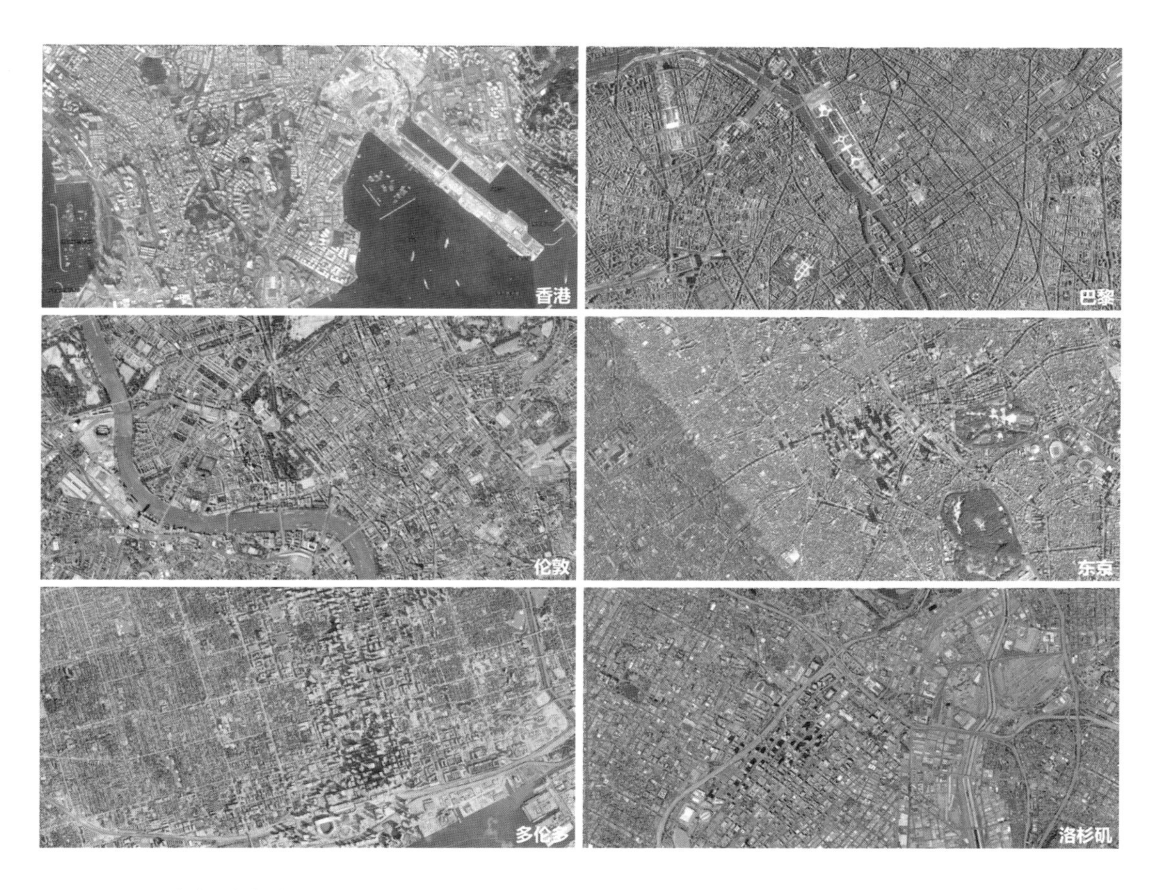

图 4-5　6公里高度城市鸟瞰图（图片来源：谷歌地球）

增加疾病传播的可能以及社会治安管理的难度。交通压力增大，加重道路交通堵塞，延长通勤时间，导致生活质量降低。相对的，如果城市密度过低，会导致土地浪费，城市蔓延，耕地被占用，区域生态环境受冲击。城市消费人群密度不足，降低了就业机会及教育、商业、娱乐等公共设施的利用效率，不利于城市繁荣。缺乏有效的规模经济，使城市基础设施的利用率和服务效率降低，尤其是增加了管线、道路等设施的服务距离，不利于减少资源和能源消耗等。表 4-1 反映了目前国内外一些城市的密度水平与优化的水平之间所存在的显著差距[①]。

现有的及优化的城市密度　　**表4-1**

城市	GRD	NRD	资料来源
香港	293	879	纽曼和肯沃西（1989年）
东京	105.6	316.2	同上
伦敦	56	168	同上
巴黎	48.3	144.9	同上

① 迈克·詹克斯，伊丽莎白·伯顿，凯蒂·威廉姆斯．紧缩城市——一种可持续发展的城市形态[M]. 北京：中国建筑工业出版社，2004:140.

续表

城市	GRD	NRD	资料来源
洛杉矶	20	60	同上
墨尔本	16.4	49.2	同上
多伦多	39.6	118.8	同上
优化			
公共交通	30～40	90～120	纽曼和肯沃西（1989年）
步行	100	300	纽曼和肯沃西（1989年）
可持续性城市		225～300	地球之友
中心城市		达到370	

注：1. 所有的数据单位为人 / 公顷。

2. GRD：毛居住密度，按地理区域分区的人口。

3. NRD：净居住密度，不计算开阔空间及无居住人口的区域。

4.1.2 城市密度是一个跨越宏观和微观层面的城市策略

从上至下的城市治理和从下往上的市场推动，两种机制同时决定城市宏观和微观密度，同时两层面的内容也相互产生影响。

在宏观层面，密度决策的根本因素是“人—地”矛盾，实质上是土地供需问题。在供给方面，主要限制要素是这个城市发展占用的土地面积和可以利用的资源总量。在需求方面，主要有两个要素，第一，人口规模；第二，人口的生活标准或品质。第一个好理解，第二个例如人的生活水平提高，对用电量、食品品质和多样性，对休闲方式的要求都在提高，人口规模不变，随着生活水平提高，城市的空间需求也在增长。

在供给方面，影响用地规模的生态环境因素主要包括地形地貌因子、水资源因子等自然地理因素。应对这些资源的约束，应明确生态敏感区域，明确生态保护重点，划定城镇主要建设区，引导人口集聚。同时，交通因素也显著影响着城市的用地规模。通常情况下，土地如被交通要道（铁路、高速公路等）所切割，由于生产和人员的流动受到影响，城市拓展将会受到限制。并且大型交通设施占用城市建设用地，使城市用地紧张加重。

在需求方面，环境容量控制是为了保证良好的城市环境质量，对建设用地能够容纳的建设量和人口聚集量做出合理规定。建筑密度过高，超出城市自然环境容量，会使城市的自然环境质量下降，比如对生态环境的人为影响、噪声、拥挤、空气和水的污染，对城市绿地的占用等问题加剧。

在宏观层面，对于一般城市规划密度的测算有多种方法。例如：中国住房和城乡建设部科技司于 2007 年 4 月 19 日颁布《宜居城市科学评价标准》，对生态宜居城市提出了定量的评价标准。其中涉及城市密度和规模的人均宜居指标主要有以下四项：人均城市建设用地面积、人均居住建筑面积、人均公共绿地面积、人均道路用地面积。在设计中，可以以国家相关标准和规定为依据，基于生态宜居城市科学评价标准，并以涉及人均宜居的指标数据对未来城市建筑总量进行预测，但最重要的还是因地制宜的分析，从而确定城市密度。

人口规模和居住建筑标准综合影响着城市密度。利用反映居民生活水平的居住用地指标，均衡人口数量和居住面积二者之间的关系，依据比例确定建筑总量。如可参考住房和城乡建设部“全面小康社会居住目标研究”（2004 年）课题组的研究，2020 年城镇人均居住建筑面积 35 平方米 / 人，进而推算建筑总量。

人口与公共设施标准对城市的密度具有导向性。城市中教育、医疗、卫生等是重要的公共服务设施，其规划布局有相应的国家标准。尤其是中小学建筑比较有代表性，相应的等级规模和人均指标在设计规范中比较明确，因此可以作为建筑总量测算的依据。综合人口、教育设施、建筑总量三者之间的关系，预测未来发展的均衡点，确定城市密度。

在微观层面，地块密度的确定应将公共设施服务条件、交通条件、环境条件、生态与安全要求和美学要求等方面的影响考虑在内。

公共设施服务主要指城市级和社区级服务中心。城市中心和城市副中心为城市级中心，涵盖了大部分城市级公共服务设施，对步行出行距离即 500 米范围内的地块密度产生显著影响。一般越靠近公共设施中心的街区，其服务能力、经济活动越繁忙、土地价值越高，密度越高。

交通条件影响地区的可达性，影响居住密度、就业密度，一般交通条件越好，街区密度越高。从开发角度讲，交通条件指的是道路或轨道交通的服务水平，它影响开发地段的土地价值，具有较高交通便利性的地段往往具有较高土地价值，其周边的地块往往获得较高强度的开发，并且有着“在步行范围内形成峰值”的规律（见图 4–6）。

对区位很敏感的商业、娱乐、办公等功能倾向于向公交节点或是轻轨站点的服务半径内和公交线路沿线地带集中。以轨道交通 TOD 的一般密度分区为例，随轨道交通影响的大小，可将站点周边用地分为三个圈层，300 米以内为高密度复合开发的核心圈层，300 ~ 600 米之间为中密度开发区，600 ~ 1000 米之间为低密度开发区，开发强度随用地与车站距离的增加而递减，商业应尽量建于核心圈层。

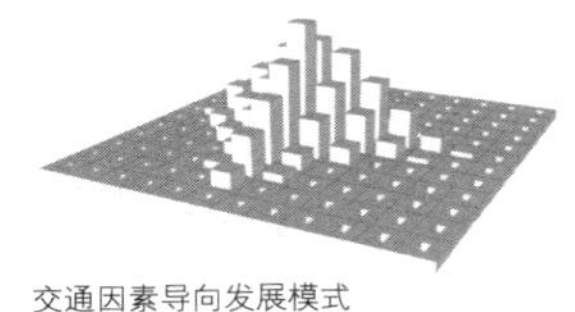

交通因素导向发展模式

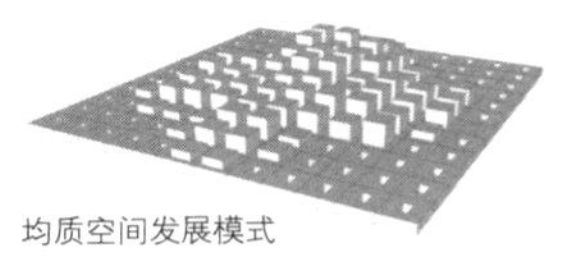

均质空间发展模式

图 4–6　交通因素导向发展模式与均质空间发展模式对比图（图片来源：李茜绘）

环境条件指公共绿地、公共空间、自然景观等周边环境和景观影响土地价值，一般环境条件越好，街区密度越高。由于人们出于对自然环境的追求，往往毗邻公共绿地和大型城市开敞空间的土地价格较高，特别是周边有大型公园、休闲广场、滨水景观的地块有更高的土

图 4-7 临近维多利亚公园的香港铜锣湾城市中心是世界上城市开发强度最高的地段之一（图片来源：谷歌地球）

地价值。一些市场经济发育成熟的地区，滨水区的土地价值甚至会比城市其他区域地块的土地价格高出 6 倍以上。土地价格的上涨往往导致地块开发建设强度压力较大，开发强度增高（见图 4-7）。

在生态与安全方面，一些特殊城市地段，由于生态保护或安全原因，限制城市开发。如受地形地质条件影响的特殊地区，水源地、机场和垃圾填埋场周边等，一般会对城市建设的密度提出限制性要求，如对各级安全防护控制范围内的用途、高度或密度限制等具体要求。

从美学角度出发，为塑造城市景观，对城市的建设形态需要提出具体的指导性或限制性要求，如对有关节点、轮廓线、视线走廊、景观带的空间形态，需要进行控制与引导。密度与建筑的类型、形态和组合方式等因素相结合，将对城市形态产生巨大影响。如在城市天际线设计中，城市核心区常常是城市天际线的峰值所在地，常用的设计方法是通过提高该区域的建筑密度、减小地块大小、加密路网，提高建筑高度等方法，充分实现该区域的土地价值，与城市其他区域在形态上产生强烈对比。

4.1.3 探索“中国城市密度范式”：紧凑的适宜高密度模式

城市的许多环境问题都与其较高的人口密度有着这样那样的联系，但是，发展中国家激增的城市人口和有限的土地资源，使得分散蔓延的城市发展对可持续发展造成更大的危害。鉴于我国目前的城市环境质量和有限的基础设施投资能力，选择“紧凑的适宜高密度模式”更有利于区域整体环境的保护和市民生活水平的提高，对节约土地、保护资源等方面具有重大现实意义。

英国牛津布鲁克斯大学建筑学院的三位学者编著的《紧缩城市——一种可持续发展的城市形态》一书中提到：对于城市地区“紧凑”一词的含义，并不存在一个确定的数值确定一座城市是否紧凑，但在国内外有关紧缩城市形态的提议中，典型的共同之处包括以下几方面：适于步行，开发区的中心距边缘的步行距离大约 5 ~ 10 分钟的路程（400 ~ 600 米）；社区活动集中于中心地区；中心地区的住宅是高密度形态等。

“紧凑城市”应当作为一种实现城市可持续发展的手段，即紧凑的空间发展战略，例如通过适当增加建筑和人口密度，从而加大城市经济、社会和文化的活动强度，提高公共交通效率，保护区域生态保育区等。

适宜高密度有利于经济繁荣，刺激需求。在一定限度内，适当提高密度可以带来聚集效益，节省各种服务设施和基础设施的投资，促进经济社会交流，增加就业机会，扩大市场需求等。在规模经济效益的吸引下，同样的投入可以获得更高的产出，从而刺激资本、技术、人才等生产要素的流入，推动城市经济社会的快速发展。

适宜高密度有利于提高公共产品的服务效率。在中国的特大城市中，城市人口密度和服务设施的空间密度分布有较强的正相关性，例如在人口密度相对较高的城市，单位面积建成区上的医院、小学和商店也会更多，居民更方便就近满足就医、上学和购物等日常需要，从而减少交通需求。这与多数西方学者的研究结果一致，他们认为在“紧凑城市”，规模经济效应更容易实现，因为提供某项公共服务所需的临界需求容易在较小的地域范围内满足，从而提高服务设施的总量和分布密度。

紧凑的城市模式，有助于遏制城市蔓延，利于保护广大的乡村和自然地区。中国的城市用地呈不断扩展的趋势，据《中国城市统计年鉴（1987—2001）》中的数据表明，从 1986 年到 2000 年，中国城市人口增加了约 55%，但是城市建成区面积却增长了 125%。由于城市用地盲目扩张带来的耕地流失占到我国全部耕地流失总量的 18.52%，是造成农业和生态用地流失的第二大因素。在这十几年的城市化过程中，已经有大约 185 万公顷的土地被永久地转化为城市建成区（陈海燕，贾倍思，2006）。

中国稀缺的土地资源不能支撑低密度的城市扩张。除了耕地资源流失和粮食安全问题，粗放扩张的城市用地吞噬周围的绿地、林地，破坏了区域的整体生态环境。

遵循较高密度发展的总体思路，可以容纳更多人口和促进基础设施的高效利用，从而降低土地扩张的需求，有助于减少城市对周围生态环境的侵蚀，保流更多的乡村和自然环境用地。

紧凑的城市发展建设模式，促使能源和其他自然资源消费和污染最小化，有助于缓解工业污染的扩张，以及不可再生资源日益稀少（包括矿产资源、生态资源、土地资源等）等各种环境问题。

紧凑城市优先发展公共交通，减少因为私人交通而引起的空气污染、石油能源消耗以及城市土地资源消耗；以更短的通勤距离和更小的通勤流量降低了道路交通的负荷，有助于减少交通阻塞、噪声污染。

另外，紧凑城市转变独立工矿区用地模式，变粗放发展为集约型发展，提倡在工业生产中推行循环经济。

[紧凑的适宜高密度模式的现实意义——香港城市建设的紧凑模式]

香港的可建设用地十分有限，在有限的土地资源上进行开发的结果是导致其土地价格高昂，采用高度密集的发展模式成为一种必然。整体建设密度全港最高的都会区（港岛及九龙），城市空间呈密集发展状态，集中了大量高层及超高层楼宇；外围新市镇也同样遵循高密度发展的原则，除了容纳更多人口和提高基建设施利用效外，更有利于保护郊区大面积的开敞空间和自然环境。建成区范围的高强度开发带来的一项直接效果是香港土地面积中超过 70% 仍保持为非建设土地，约 40% 成为不容许建设的郊野公园。伴随高密度的空间使用，香港城市的一大显著特点是混合使用的立体化格局——各种功能空间在竖直方向上的叠加。各种城市功能联系紧密，加强了各部分空间的可达性，使各种社会经济活动得以高效地运行，并使土地的商业价值最大化。同时，香港拥有高度发达的公共交通网络。交通系统与其他功能高度复合，大大提高交通系统的服务效率。香港地铁系统长期成为世界上少数赚钱的城市轨道交通系统。由于城市各部分可达性较强，这在一定程度上减少了整体环境的交通能耗和碳排放。

4.2 城市密度的优化

城市密度优化的目标是通过功能调整、支撑系统建设和设计优化等手段，使城市密度符合当地的使用需求和发展目标。

4.2.1 用地功能调整与密度优化

不同的城市功能对效率和舒适度有不同要求，例如工业、住宅、金融、办公等功能都有不同的密度要求。城市空间也随功能的更替产生变化，应在保护城市公共利益的前提下，遵循市场经济规律进行功能调整，从而推动城市密度的优化。

随着城市的发展，原来的滨水仓储区改造为休闲娱乐区，城郊工业用地改造为居住社区，城中心居住用地搬迁改造为商业区，都是城市功能调整，同时带动城市密度调整的常见例子。在实践过程中，城市设计者应从公共利益出发，通过缜密的交通、绿化、公共设施、人文景观等相关配套设施容量测算，把城市密度控制在适宜区间；从市场角度出发，可以通过现状开发容量评估、区域房地产市场供需分析、用地内生需求模拟等方法，测算未来开发总量，并进行多情景三维模拟和极值推演，综合确定整体开发强度。

4.2.2　城市空间结构调整影响密度分布

优良的城市空间结构能使城市土地资源的配置效益最大化，社会资源被有效利用，促进城市可持续发展。

对于中小城市，由于人口规模不大，主要公共服务聚集在城市中心区，城市呈现单中心土地利用模式，可以对中心区采取较高强度开发，即在满足卫生、通风、采光等建筑物理环境以及尊重区域周边环境的前提下，适度提高建设强度，使建设强度真实反映空间经济规律。同时注意对城市中重要发展廊道的功能和建设强度引导，对重要公共空间和景观界面周边的建设强度控制。

对于大城市，人口与就业呈现多中心状态。“总体上看，所有大都市地区在形态上都趋于多中心，这是一个非常清晰的发展趋势。”（彼得·霍尔，2000）对于多中心结构，应在中心体系类型、等级分析的基础上进行建设容量控制和引导，避免各片区盲目发展，恶性竞争，造成市场供应过剩或不足，损害城市经济发展。

4.2.3　技术提高对密度的支撑

高密度综合开发需要良好的城市管理和城市机能相配合，在规划层面上更要求有良好的交通模式和完善的城市基础设施的支持，比如高效交通组织、支撑功能混合的工程技术、环保技术、消防和安保技术、数字技术等。

交通技术方面，城市交通和土地利用模式是紧凑城市应用的关键要素，城市交通与土地的密切关系会对城市的未来发展产生重要影响。紧凑城市可以分为不同空间尺度的发展形式，不同层次的绿色交通也需要不同空间层次的紧凑发展来支撑。在城市整体层面，绿色交通体系的核心是提高城市轨道及城市公交与自行车、步行交通的使用和换乘效率。在城市空间形态上，可完善多中心服务体系，倡导组团式的紧凑发展，实现公共交通节点与城市中心服务体系相匹配。在城市街区层面，可强调城市功能混合，提倡组团内部交通主要通过自行车、步行交通来解决，实现绿色出行。

由于土地的极端匮乏，香港市民已经认同高密度的城市模式，而良好、完善、高技术的配套设施使密集的居住环境得以改善。香港高效率的交通运输网络和运输体系，有效地配合了土地使用和日常运行，其公共交通体系承担了全港 90% 的客运出行量。香港地铁是世界上少数充分利用且盈利的地铁之一，围绕交通枢纽站的高强度开发，使基础设施得到充分利用，市民出行十分便捷，同时大量的客运需求又促进了公共交通运输系统的发展和效益回报。对比几个发展相对成熟的地区及国家，香港的人均道路长度、车辆数及道路交通意外的伤亡数都非常少，反映出香港道路及车辆良好的运作状况，充分显示了香港交通运输网络的效率。

能源与环保技术方面，贯彻以低碳为导向的绿色建筑设计，突出节能、节地、节水、节材及环境保护的绿色环保理念。例如，建筑节能可以通过城镇供热体制改革与供热制冷方式改革实现。地源热泵技术利用地下浅层地热资源（也称“地能”，包括地下水、土壤或地表水等）形成既可供热又可制冷的高效节能空调系统。积极推广应用可再生能源和在建造过程中使用再生材料，降低生态足迹等。

数字技术正在深刻影响现代城市设计的发展。以虚拟现实，地理信息系统等为代表的辅助设计的数字技术方法，为探讨城市密度分区划分提供了新的量化方法，为规划编制与城市管理提供有力支撑。例如基于 GIS 平台，利用交通、服务、环境等影响因子建立城市密度分区的基础模型，依据生态、安全、文化等修正因子建立修正模型，依据城市总体规划确定的功能分区及城市发展控制要求等建立扩展模型，综合模拟城市的密度分布，有效引导城市空间资源的使用。

4.2.4 立体城市促进空间高效使用

立体空间利用是对城市地上、地面与地下空间资源的全方位使用，是城市集约发展的一种形态，能在有限的空间中促进城市“量”的提升，和城市“质”的优化。城市功能立体布局可以提高单位用地的功能容量，集多种功能于一身的高层建筑，和以城市交通、商业、娱乐以及储藏为主要功能的地下建筑大量涌现即是城市功能立体布局的具体表现。

城市立体空间利用不只是能够扩大城市空间容量，更为重要的是通过缩短相关功能间的时空距离，而大大提高活动效率。立体城市在重视地面空间使用的同时拓展了地下与空中资源，使城市有更丰富的容量去化解有限城市空间内多种城市活动之间的矛盾，提升城市效率，创造新的城市环境特色，成为化解城市高容量与高质量环境之间矛盾的

图 4-8　波士顿中心区 Copley Place 的过街连廊（图片来源：作者自摄）

有效方式，从而推进城市可持续发展。立体城市还引导城市功能向建筑内部延伸，使两者的功能和空间顺利过渡。如在建筑内部设置城市步行通道、城市休憩中庭及交通转换站等，鼓励公众停留使用，从而导致其公共性逐步增强，建筑与城市之间的界限趋向模糊。

4.2.5　用空间设计消解人对密度的感受

高密度城市中心区的开敞空间越来越小型化，我们所要解决的是如何更好地利用它，让狭小的空间使人产生良好的心理感受。在高密度城市中心区的开敞空间设计中，我们可以采用弱化高密度的环境因素和社会因素的设计策略，尤其是弱化人们对较小的开敞空间、庞大的建筑物体量等消极要素的直接感知，并以此为切入点，讨论各种设计手法。

高度连通的城市中心区步行系统是个很好的例子。城市高强度开发，需要对步行空间进行正确引导。越高强度开发的地区有越高的活动强度和人流，建立多路径高度互通的步行连廊系统，既合理分流了步行与机动车交通，又通过把以露天的街道空间转化为全天候室内通道，提高步行安全和舒适度（见图 4-8）。

[高度连通的城市中心区步行系统——美国明尼阿波利斯市]

美国明尼阿波利斯市从 20 世纪 60 年代起按照中心区改造总体规划，在中心区建立了一个空中连廊步行系统，贯穿 15 个大小街坊，街坊之间通过全天候过街天桥连接，空中连廊两侧布置商店、旅馆、银行和办公楼等各类公共建筑入口，并与地下车库直接相连。在空中连廊系统内部，每隔一段距离都设有一个较为开阔、自然采光、各具特色的活动中心，从而在建筑内部、建筑与建筑之间形成一个四通八达、连续、变化丰富的城市公共空间网络（见图 4-9）。

图 4–9 美国明尼阿波利斯市中心区鸟瞰（图片来源：http://en.wikipedia.org/wiki/Minneapolis）

另外，越高密度地区越需要对微小的公共空间进行组织，形成系统。不成体系、可达性较差的城市开敞空间由于独立分散、破碎度较大，更加容易被侵占。此外，狭小封闭的空间容易造成拥挤的心理感受，建立各种城市公共开敞空间（公园、广场、绿地等）相互交织、相互沟通、共同组成的网状系统是城市开敞空间设计的发展趋势。政府可积极地运用经济激励，如容积率奖励、转移开发权等手段，鼓励企业投资建设更多的公共空间。

城市设计可提供适应日常交往功能的复合开敞空间。与周围的公共和商业建筑紧密结合，鼓励公共户外活动和社会生活，提倡开敞空间的多功能使用，符合紧凑城市的建设理念，设计使公共空间系统成为住宅、零售、办公、服务、娱乐与其他功能的黏合剂，使复杂功能在有限空间里有机共生。

4.3 尺度决定了一个城市的基本气质

尺度[①]与尺寸是完全不同的两个概念。衡量尺度的尺子不是刻有刻度的皮尺，而是人体，更确切地说是人体的感知。尺度是人们在城市空间中活动，并通过自己身心来感知空间，所得到的心理和生理上对空间大小、形状等的综合感觉。尺度（尤其是城市标志性公共空间的尺度）奠定了人们对一个城市特色的基本认知。采用宏大尺度和亲切尺度都能找到伟大城市的案例，也有众多失败的教训，关键是选择适宜、得体、符合自己城市精神和内涵的尺度（见图 4–10）。

---

① 尺度是人们对城市空间大小的主观感受，来源于对周围建筑与空间的形状、高低、大小，与人之间的对比。

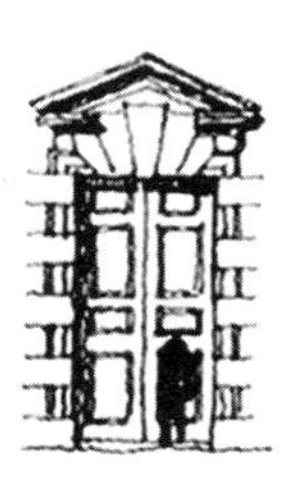

图 4–10　尺度的概念——同一比例尺绘制的各种不同形式的门（图片来源：建筑形式美的原则 [M]，托伯特·哈姆林，1982）

4.3.1　尺度作为城市空间气质的核心要素

城市气质源自人对生活场景的感受。一位土耳其诗人说，人的一生有两样东西不会忘怀：一个是母亲的面孔，一个是故乡城市的面孔。而城市的面孔，实则是这座城市彰显出的气质，是一种文化认知的复合体，基于与人们生活密切相关的城市场景带来的空间感受。

“城市尺度是指我们如何在与其他形式的对比中去看一个城市要素或空间的大小；城市尺度的合理与否直接影响到城市形态的塑造、人的心理与行为活动，人们通过对客观形态的感知在心理上形成某种印象，又通过行为反馈给社会，收取到信息的载体会对功能重新调配从而支撑城市形态的改变。”（金广君、邱红，2005）城市精神和城市生活是形成城市尺度的最重要基因，城市尺度同时也最能反过来影响城市生活方式和城市精神。这些基因包括居住模式和习惯、工作方式、交通方式、游憩方式。

例如小街区可在有限区域内产生最大数量的街道和临街面，这样的街区结构能促进商业的繁荣，而大型街区往往抹杀了这种城市活力，却舍本逐末地在街区或巨型建筑内部修建室内步行空间，繁华的内部活动更突显了城市公共空间的衰落。我们常常发现在街区尺度较小的旧城区和许多小城市，生活远比大城市方便——居民能很方便的到街上购物，满足日常所需。相反，住在北美大型郊区社区里的人们却不得不耗费大量精力，开车到大型购物中心里进行“一站式购物”。

如上所述，城市尺度的失调会造成严重的后果，城市不再成为一个协调发展的整体，从而导致了自身难以调和的种种矛盾，并且令每一个热爱城市生活的人感到迷惑和痛苦。

“尺度”的设计要点是处理城市与人的关系。城市设计是一门关注如何处理城市与人之间的关系，以及研究这种关系给人所带来的感受的学科，尺度感是其中非常重要的方面。

4.3.2　宏大与宜人

宏大与宜人是城市空间尺度表现的两个方向，都有成功的案例。宏大尺度的成功案例多用于政治性和大型公共活动场所，在一般城市空间中不宜采用，否则不仅浪费土地资源和建设成本，还不利于使用并使人感觉冷漠和不得体。宜人尺度的运用非常广泛，因为适于日常活动而深受喜爱。

宏大尺度

城市发展面临着人们追求效率的生产行为与追求悠闲的生活行为的双重挑战。在效率优先的思想指导下，片面追求“高、大、快”的城市发展，易于产生大尺度、大空间的城市环境，人们仿佛置身于巨人国一般，空间感受很不舒适。车行化的城市尺度强化了区域联系，却忽视了社区内部联系，人的活动空间受到严重挤压，人的惬意生活受到了极大的挑战。

“大”的表征一：快速交通网络

现代城市运行大量依赖汽车和快速路，现代城市规划也常常将道路的通行能力摆在首位，以提高车行效率为目的而修建的标准化道路空间改变了原有人行空间的尺度。设计规范中对快速路和主干道两侧建筑物的开口及建筑后退道路红线的距离进行了严格限制。道路等级提升的同时，两侧的城市空间形态及使用性质同时被限定，城市居民的行为模式也被“规划”。随着道路尺度的加大，步行方式所依附的物质空间逐步消失，相应的许多城市生活经验也将不复存在。

高架、立交、有宽阔绿化隔离的城市快速路不只联系城市各功能片区，也同时在切割城市，把城市原本连续的空间，切割成不能步行通达只能驾车前往的片片孤岛。

这些由大型产业园区和居住区形成的“城市孤岛”占据大片土地，承担大量居住人口和城市生活，但却疏于联系。为方便管理而尽量减少的出入口设有门卫把守，四周有围墙隔离，虽然政府不能完全提供的公共安全由此得到了缓解，但同时也斩断了街区间的自然联系。在这种“城市孤岛”结构中，城市的干道承担了联系城市与园区或居住区的巨大压力，也阻隔了相邻街区间的步行联系。当城市人口和车辆数目增加后，就简单的通过扩宽道路缓解交通矛盾。

我国城市建设中“宽而稀”的大街区路网规划屡见不鲜，其不合理的路网结构，缺乏可替代的绕行道路，制约了交通流的有效组织。因而很多城市提出加强支路建设，降低道路间距，增加可替代路径的数量。设法打开孤岛一样的住宅区，将孤岛的内部道路系统融入更大范围的城市网络中。更为根本的是，应该强化组团间的联系，使之成为功能互补、联系紧密的有机体。

“大”的表征二：超大公共空间

超大尺度的公共空间具有特殊的空间震撼力，往往服务于特殊的政治和商业意图。一些经典的超尺度空间的确在人类建城史上留下了辉煌的记忆。

[追求超尺度视觉效果的广场——1893 年哥伦比亚世界博览会]

1893 年，美国为庆祝哥伦布发现“新大陆”四百周年，在芝加哥举办了一次规模盛大的世界博览会。世博会选址在密歇根湖畔的杰克逊公园，占地 278 公顷，这是截至当时世博会中面积最大的。在新古典主义风格的影响下，博览会总体上追求超尺度的视觉效果，场馆及广场规模庞大（见图 4–11）。芝加哥人用这种超尺度的巨大空间和华丽建筑向世人展示自己的城市已从 1871 年大火后的灰烬中走出，再现商贸繁荣。宏大的空间尺度的确赋予世博会强烈的震撼力，但在实际使用中，由于与周边建筑体量比例失衡，公共空间缺乏内聚、亲切的环境氛围；景观设计没有层次感、单调无变化，服务设施不完善，使开敞空间缺乏私密和围合感，缺少人气。缺乏亲民尺度的广场，四周车水马龙，绿化越来越少，让真正使用它的市民产生距离感和疏离感。

尤其到了夏天，广场由于缺少高大乔木，市民更不可能在暴晒下进入其中，难以发挥其休闲、观赏、游戏、健身的功能，成为城市的“露天车库”。会期结束后，整个园区被逐步拆除。

具有地标性质的宏大公共空间可以为数以万计的游客提供活动场地，但除了整治和大型公共活动的需要，这种宏大尺度的公共空间很少适用于一般城市。以“人的尺度”为空间的基本标尺，广场、

图 4–11 1893 年芝加哥纪念哥伦布发现新大陆 400 周年世博会，占地 280 公顷，图中为当年的荣誉广场（图片来源：http://en.wikipedia.org/wiki/World%27s_Columbian_Exposition）

图 4-12 位于芝加哥市中心，有芝加哥前院之称的格兰特公园，占地 129 公顷，包含了多种休闲和纪念功能，深受市民喜爱。这是其中的千禧公园，市民们正陆续赶来，准备观赏一场大型露天演出（图片来源：作者自摄）

公园等公共开敞空间并非尺度越大越好，那些贴近居民、小而精致的公共空间，往往更能赋予人们安全感、舒适感、亲切感和人情味，成为群众喜闻乐见的活动场所。例如在设计中充分考虑人的适宜步行距离，视觉尺度；着力研究建筑围合的广场或道路，建筑高度与空间宽度应有的适宜比例；供行人使用的环境设施如座椅、雕塑、游乐设施等的形式和尺度应符合使用者的多样性要求等（见图 4-12）。

“大”的表征三：超尺度建筑

在经济上，投资者往往关注的是城市局部地段的项目开发，而疏于对城市进行整体的考虑；在社会和文化层面上，后现代意识强烈反对现代主义的单调均质，强调建筑和城市空间的个性表现。如此种种的社会背景和设计理念下，业主和设计师常常热衷于树立标志性建筑，建筑个体意志的自由表达导致整个城市肌理紊乱，城市也因此显示出分裂的空间形态。现代建筑技术的发展和超大规模资本的注入，推高了建筑自我表现的冲动，往往以高、大形态展现。如被大型停车场包围的大型购物中心，缺乏围合感与近人尺度细节设计的超高层建筑等。

1968 年，马塞尔·布劳耶在华盛顿特区为美国住房和城市发展部（HUD）设计的办公大楼（见图 4-13），统一的方格窗布满了这个超大建筑的立面，是典型的现代主义超尺度建筑。冰冷的建筑表情更加重了大型政府机构的官僚主义气氛（见图 4-14）。

“大”的表征四：城市空间与建筑缺乏细节与变化

汽车城市有和步行城市不同的规模与尺度。在汽车城市中，人们

图 4-13　华盛顿美国住房和城市发展部（HUD）办公大楼（图片来源：左 / 作者自摄；右 / 谷歌地球）

图 4-14　华盛顿行政办公区一处由超大尺度建筑围合而成的单调的街道景观（图片来源：作者自摄）

更多的是坐在车里观看城市。要使快速运动的人看清物体，就必须将这些物体的形象进行夸张，标志和告示牌都必须巨大而醒目。因为无暇去观赏细部，建筑物往往是缺少细部处理的庞然大物。体型简单，简化细部，注重视觉冲击力的车行城市设计理念助推城市空间向大尺度方向发展。

宜人尺度

面对城市空间越发高大的特征，应和着充满张力和快节奏的现代生活，现代人对“低、慢、小”的城市生活和空间感觉的怀念愈加强烈。

传统的步行城市和现代车行城市作为不同时代的产物，都有它们产生的深刻历史背景。城市设计作为一种动态的过程，应当寻求人与车的平衡，生活与速度的平衡，让人既可以慢下来享受生活，又不影响城市高效的运行。在车行尺度的冷漠中注入人行尺度的亲切感和舒适度，是营造宜人的新城市空间所要努力的重要方向。

宜人尺度的设计准则一：把人的尺度作为空间量度的标准

心理标尺——空间富有层次性和可识别性，使人们在一些城市空间，如居住区内部、街道内部等空间中活动时能保持自身的安全感与和领域感。

行为标尺——为普通市民提供一种符合人的步行习惯的小尺度城市空间。这种空间十分朴素，具有人的尺度和亲切感（见图 4–15、图 4–16）。

尺度应该与其空间的内涵、特征、结构，空间中的速度与节奏之间具有一致性，符合邻里生活中人们对环境空间特征的心理认同。“步行”的尺度为营造悠闲的、松弛的、舒适的邻里生活节奏提供了一个基础，能够进行自我放松，真实的体验人与自然和谐相处的乐趣。

宜人尺度的设计准则二：使空间具有持续的活力

关注日常生活——以城市环境与实际生活的互动为出发点，以普通人的日常生活为核心，对其中的社会生活给予支持，使其发展。这方面我们应该更多地向历史学习。如欧洲中世纪城市按照生活的实际需要来安排空间，反映当时基督教生活的有序化和有组织性，以及按照世俗生活毫不夸张地布置他们的生活环境。城市中新旧参差的建筑、大小不规则的广场、曲折幽深的街道，非常平凡却又富有韵味。中世纪城市设计没有堂皇的大理论，但其每一条街道和每一处广场的建设都体现出一种对日常生活的回应和艺术气息。

宜人尺度的设计准则三：向传统的城市肌理学习

尊重城市居民对所熟悉的街区的感情，继承城市的传统和地方特色。传统空间形态长久以来是与相应的自然条件和社会背景相适应的，是人的精神的物化和表现，其空间和形态营造符合人的尺度，在城市肌理自然生长的漫长过程中，街巷与院落构成了城市肌理的基本结构。作为传统城市公共空间的街巷承载了丰富的公共生活，体现出了强烈的人文精神和场所精神。

图 4–15　西班牙小镇龙达的一条小街（图片来源：作者自摄）

图 4–16　西班牙小镇龙达的一个尺度宜人的小广场（广场不大，周围的建筑为广场提供了恰到好处的围合感，建筑有丰富的细节让人感到亲切。图片来源：作者自摄）

图4–15

图4–16

图4-17

图4-18

图4-19

图 4-17　巴塞罗那西尔达时期城市肌理（图片来源：谷歌地球）

图 4-18　巴塞罗那 19 世纪新建区城市肌理（图片来源：谷歌地球）

图 4-19　巴塞罗那现代主义时期城市肌理（图片来源：谷歌地球）

尤其值得注意的是，传统街巷以其宜人的尺度、曲折的界面、丰富的空间，大大丰富人们的步行体验（见图 4-17 ～图 4-19）。

4.3.3　尺度的三个层面：城市尺度、街区尺度与建筑尺度三个层面共同影响着城市形态

城市尺度

城市尺度作为一种人们对城市整体空间的印象，需要从宏观的角度去考虑，与区域、乡村和周围自然景观背景的关系，与社会文化背景（如：首都的政治需要，地方文化特点）等相协调，体现人们对城市总体建设强度、规模、密度、高度、开敞度等形态要素的感知。

街区尺度

理想街区尺度的确定与多方面的因素有关。它包括街区和建筑群体部分的尺度感知。从土地使用的经济合理性角度，1966 年出版的《土地使用和建造形式》一书通过实践总结和理论推导，提出方块街区边长的理想值是：40 ～ 150 米。而从城市可持续发展的角度，C·莫丁在《城市设计：绿色尺度》一书中分析了欧洲传统街区，提出适宜的街区尺度在 70 米 ×70 米与 100 米 ×100 米之间。

地块功能极大地影响了街区的合理尺度，不同功能所需的街区规模不同。比如，商业街区受城市规模及城市级差地租的影响，小尺度的商业街区意味着更多的临街界面，更多的街道转角空间，这大大的增加了商业效益，也创造了更丰富的沿街界面和宜人的空间尺度。

城市空间的尺度可能随时间有所变化，受城市发展策略影响，随社会、政治、经济以及法规上的变化而变化。

例如美国旧金山叶巴贝纳（Yerba Buena）中心区有两个明显的发展阶段。第一阶段主要的开发策略是城市更新和再发展，整个中心区的设计遵循典型的现代主义理念，在手法上则以大尺度为主并体现出浓郁的未来主义色彩（丹下健三、SOM 等方案设计），街区、建筑尺度宏大、庄重。在随后数十年的发展中，这种现代主义式的设计思想已无法适应城市在社会、政治、经济以及法规上的变化，于是叶巴贝纳中心区在 1977 年开始了第二阶段的城市设计，将

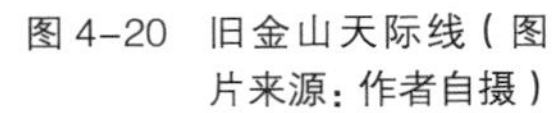

图 4-20 旧金山天际线（图片来源：作者自摄）

图 4-21 旧金山渔人码头：39 号码头改造后形成尺度宜人的商业街。二层连廊既提高了二层的商业价值，又丰富了立体的空间感受，提供了丰富的建筑细节（图片来源：作者自摄）

图 4-22 旧金山叶巴贝纳花园广场（图片来源：作者自摄）

图4-20

图4-21

图4-22

人性化设计为设计着力点，创造更为亲切的空间形态和尺度（见图 4-20 ~ 图 4-22）。

建筑尺度

建筑的体量关系，对街道、广场等公共空间的围合状态，建筑在近人空间的细节处理，高层部分对公共空间的退让等，都影响到人们对微观尺度的感知。

在城市尺度、街区尺度和建筑尺度三个层次的划分中，街区尺度是人们认知的核心和主要部分。虽然我们人为地对认知划分了层次，但连续的建筑立面围合了街道，丰富的街区组成了城市。人们在城市中的尺度认知随时在跨越我们划分的层次。

4.4 城市尺度的人性化

在这里我们有一种明显的价值观，城市设计工作围绕人的使用与感知进行，无论城市设计在城市、街区还是地块层面工作，都要促成人性化空间的形成。

4.4.1 城市尺度层面

“城市层级的尺度，是指在城市区域环境中，各构成要素（自然环境和人工环境中的山体、水系、天空、绿地、广场、建筑、道路、桥梁、大街、小巷等）之间形成的空间对比关系，以及给人的感觉。”（郝鹏，2007）

推进山水城市建设是在城市层面促成人性尺度的一种设计策略。

图4-23

图 4-23　美国西雅图滨水区建筑由低到高的三个明显的层次（图片来源：作者自摄）

图4-24

图 4-24　美国西雅图非常有层次的天际线（建筑逢水跌落，既保障了滨水区的城市空间亲切宜人，也更加强化了山势。图片来源：作者自摄）

山水城市的整体三维尺度的控制应以呈现自然生态特征为主，禁止破坏自然景观界面，以充分体现“依山傍水”的城市空间特征，在发展的同时延续城市与环境的和谐关系（见图 4-23、图 4-24）。体现城与水的关系，建筑高度宜近水低、远水高；体现城与山的关系，对作为开敞空间保留的山体建筑高度宜近山低、远山高，对建于山体之上的城市反而可以低地低建，高地高建，强化山势，但都应结合重要视廊严格论证建筑高度。划定视廊的控制区域，视廊控制区内和近廊的建筑相对较低、视廊控制区以外和远廊的区域建筑可逐渐增高。

在平面布局上协调车行与步行空间尺度关系。将城市的交通网络划分为“街”与“道”两种类型。“街”满足生活性的需要，“道”满足交通性的需要，并为两种尺度融合过渡考虑设置偏交通性道路和完全生活性道路，通过道路分类来控制区域内的道路尺度。这种划分方式是基于人、车使用方式考虑的，强调生活服务属性时，以“人”的行为尺度为主导，对“街”的车行采取某些限制，强调对人行的保障；追求效率时，以保障车行的“道”为主，道路畅通，实现不同性质的交通分流布置。另一方面交通干道设计中要控制车道数和车道宽度，以提供更多样的交通方式。机动车道在断面中比重的减少可以为人行、自行车和公交车停靠提供更多空间。

[实践案例：依据水系肌理的城市空间尺度控制——苏州漕湖周边地区规划]

苏州环漕湖地区作为“苏相智港”，是产、城、游一体化发展的城市新区。规划在不同的功能版块营造不同的空间体验——垂直集约高楼林立的综合服务片区、宜居宜业秩序井然的生活生产片区、粉墙黛瓦小桥流水的旅游度假片区，共同形成风格多样、风貌协调的城市空间（见图 4-25、图 4-26）。

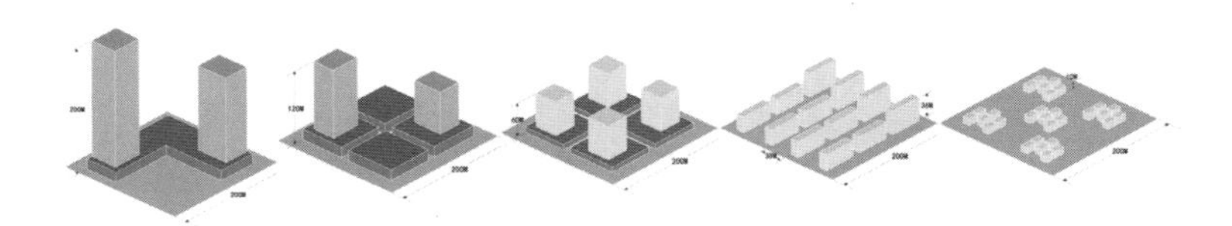

分区	一级控制区	二级控制区	三级控制区	四级控制区	五级控制区
决定要素	景观性城市入口门户	城市入口门户	城市开放空间	综合开发适宜性	生态控制区
高度	标志性建筑引导区 平均>100M且<200M	高度非须一致 平均<120M 天际线活跃	高度基本一致 平均<80M	控制高度 平均<36M	严格控制 平均<10M
肌理	高层建筑群体 大尺度公共建筑 混合功能街面	肌理丰富，建筑空间活跃生动 大到中等尺度 商业功能街面	肌理整齐 中等尺度 部分商业功能街面	小体量小尺度建筑单体或组合	分散布局的小体量小尺度建筑
密度	高	高	较高	较低	低
强度	最大	大	较大	较小	小

图 4-25 不同尺度街区的设计指引（图片来源：苏州漕湖周边地区规划，中国建筑设计院·城市规划设计研究中心）

图 4-26 苏州漕湖周边地区规划总平面图（图片来源：苏州漕湖周边地区规划，中国建筑设计院·城市规划设计研究中心）

综合服务片区以密路网、小街区架构起高强度开发的空间网络，城市垂直向上发展，并围合出环湖地区最宏大的集中滨水开放空间，体现出城市新区的开放与包容。

生活生产片区以城市干路网为骨架，内部结合绿化水系、慢行路径和具体功能划分出尺度适宜的城市街块，强调引绿、引水入城，除局部滨水地块可建设高层楼宇外，其余地段均维持适中的高度和宜人尺度。

旅游度假片区水路纵横，以传统肌理交织自然斑块，以石板窄巷、亭台拱桥形成沿河步道，以传统水乡建筑作为边界创造连续的商业水街，充分展现出江南水乡传统的人文和自然风貌，创造优雅、闲适、慢生活的空间体验。

（编制单位：中国建筑设计院·城市规划设计研究中心。
主要编制人员：杨一帆、王倩、肖烈等。）

4.4.2　街区与建筑群体尺度层面

路网密度与街区规模

合理设置街区内支路网密度，控制街区大小。随着路网密度的增加，街区数量增加，大尺度的街区被分解，街区整体尺度划小。针对个别尺度过大的街区，提出在街区内部增加适于步行和生活的“街”系统，把微循环系统纳入路网系统中，通过这种方式建立小尺度的街区空间。

充分考虑不同功能区支路网密度的差异。人流密集，活动繁忙的地方，如商务、商业区，街区可以小一些，形成以步行为主的，具有宜人尺度的空间形态，满足人们的生活需求；工业区尺度可以相应的大一些，以车的出行为主，满足产业发展、高效联系的需要。国内经常采取的经验值为：商务、商业开发地块的面积宜小于 4 公顷，居住区开发地块的面积宜小于 12 公顷，工业区开发地块的面积宜小于 25 公顷。但视具体情况可以适当调整。

黄烨勍在《街区适宜尺度的判定特征及量化指标》的研究中提出，在城市设计中对街区适宜尺度的选择应倾向于把街区的合理规模尺度控制在 200 米以内，其中，边长 50 ~ 150 米的街区规模相对更符合现实生活需求。

街区内公共空间

对开放空间的设计，是提高城市空间环境质量的重要手段，应将分散的城市公共空间放在城市整体结构中，进行系统、全面的分析与研究。尤其是分散于街区内部的小型广场、绿地等“点”状开放空间，更需要结合城市空间中的其他相关要素，进行合理布局和因地制宜地设计；在建立与城市河流、绿带、道路等结构性要素的关系的基础上，发挥“点”状开放空间的系统性作用。应特别重视在研究城市空间结构过程中，强化街区开敞空间与城市结构性公共空间的联系，探求把“点”状开放空间融入城市结构的设计方法。

街道尺度

深化街道高宽比与街道空间尺度关系的研究，强调以人的使用为标准进行空间设计。

不同的建筑与街道高宽比（D/H）可以提供不同的空间围合感，在对于街道宽度（D）的控制中，需要考虑街道性质和主要功能。街道作为公共空间，需要根据其服务对象的空间感受进行设计，在设计中考虑街道的私密性、半私密性和公共空间的区别，分析街道 D/H 比值的控制范围。如街巷强调街区内部步行交通，宜形成半公共空间，街巷的 D/H 比值适宜控制在 1 左右，形成较为均质的街道空间。

罗布曼菲尔德（Blumenfeld，1953）根据对传统欧洲城市的研究指出，如果想在22米的距离上舒适的看到对面建筑的完整轮廓，则建筑的高度不应超过9米。若要看见邻居的面部表情，则最大水平距离是12米，且建筑的高度为二层。三层高的沿街立面适用于21～24米的街道宽度；12米的街道宽度对应于两层高的建筑。在这样的尺度和距离，建筑的最小装饰要素不应小于1～1.5厘米，而三层以上则应采用轮廓清晰的装饰以便构成鲜明的印象。突显的柱帽或屋顶轮廓在这个视距范围是最有效的。1.6公里的距离则为人的尺度的极限，有时被视作纪念性尺度，此时聚居群落的天际轮廓最具装饰效果。

巴塞罗那意识到早期建设的大马路对城市设计生活造成割裂，开始着手将道路进行一系列改造，以期重拾小尺度道路空间带来的宜居生活。例如在安蒂大道改造中，对临近居住与商业综合区的北侧，和临近政府机关、工业等类型用地的南侧分别进行设计。原道路宽度为65米，双向14车道，南侧15米绿带，在改造中，为了给北侧居民提供更多的公共空间，在道路北侧增加规划11米的人行带，限制车速，南侧保留有双向8个车道，车道宽度不变。这样减少了快速路对居住区的干扰，同时也保留有商业的货流路线，使社区公共空间恢复活力。

[实践案例：通过细化的建筑退线控制调整街区尺度——海东市城乡风貌规划的街道空间控制导则]

在海东市城乡风貌规划项目中，项目组引入了几个控制要素辅以常规的容积率控制，来引导良好街道空间的形成。在沿街建筑退后控制与引导方面，设置了裙房后退和塔楼后退要求，规划要求建筑物在满足设计规范的情况下，必须严格按照建筑红线的要求压线布置，按建筑功能不同对建筑沿街面长度与地块宽度比值进行分类控制。如果建筑物因特殊需要不能压线布置，建筑物与街道的关系仍应遵守：第一，必须有一道壁障压建筑红线布置，以保证街墙的连续性。壁障以通透为主，可以是墙、栅栏、廊架或柱廊等，内部配置相应的绿化种植，高度不大于1.8米。第二，建筑物主立面应与街道平行。

（编制单位：中国建筑设计院·城市规划设计研究中心。
主要编制人员：杨一帆、刘超、李茜等。技术总指导：崔愷。）

沿街建筑高度，需要满足各种使用功能的要求、规划与建筑规范的要求以及道路美学的要求。在金融商务区等特殊地段，为缓解高层建筑对街道造成的空间压抑感，要求建筑物在某一高度上（10～24米）必须设线角，使临街建筑立面形成上下分段。建筑下部处理要求有更

图 4-27　海东市重点街道空间尺度控制（图片来源：海东市城乡风貌规划，中国建筑设计院·城市规划设计研究中心）

多细节，上部处理主要考虑体量和远距离的视觉要求（见图 4-27）。

街道空间尺度的变化

沿街建筑与道路平行布局，容易全部形成“阳角”空间，在这种沿街界面整齐、完整，没有人的功能活动或停留空间的情况下，街道会产生冷漠、没有人情味的氛围。针对这样的问题，芦原义信提出了“阴角”空间的设计手法，即在有可能的地方，使道路两侧建筑适当后退，形成步行空间放大的部分，其意义在于创造宜人的局部空间，这样的小空间往往是步行者休息、交流的良好场所（见图 4-28）。

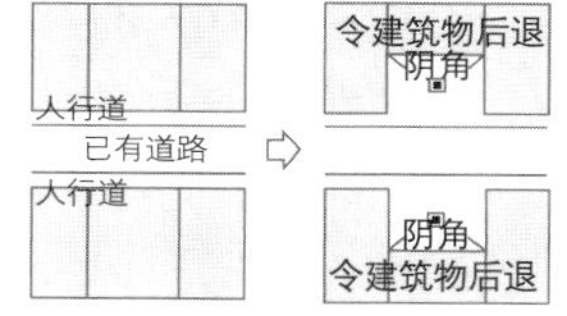

图 4-28　道路上的“阴角”——即使已有道路，只要令建筑物后退仍可创造阴角空间（图片来源：街道的美学 [M]，芦原义信，2006）

新旧街区尺度协调

此外，新建街区与传统街区往往在空间尺度上有较大差异，有两种常见情况值得重视：一类为保持原有空间尺度的再开发，这种类型应科学分析原有空间尺度的特征，然后采用新的建筑语言及形式进行合理的重建；另一类为建构新的空间尺度，这种类型既要注重合理确定新的空间尺度，更应考虑新尺度与传统尺度之间的协调与过渡。

4.4.3　建筑尺度层面

对建筑体量进行细分

建筑尺度首先来自裙房、塔楼、配楼等各部分建筑体量之间的关系。面对一栋建筑物时，人本能地期望能够把握这栋建筑物形态上的秩序或规律。美国建筑大师保尔·鲁道夫（Paul Rudolph）认为：由于人的视觉已经难以辨认六层以上的建筑部分，因此在六层以上的高层部分不存在尺度的问题，也可以说是无尺度的，但在六层以下的部分易于被人感知，其中细部可以看得一清二楚，因而它的体型和构件的尺寸应符合人的尺度。

可以对建筑立面进行二次划分式设计。城市设计为了保证街道、广场空间的围合感，应尽量保持建筑裙房沿主要公共空间的连续性，建筑低层部分也应重点设计，而建筑高层部分主要是体量感的设计。

在现实生活中，面宽较长的建筑立面阻碍了人的自由行动，而面宽较窄的建筑界面却可以促进人们行为活动的多向选择。主要原因在于较窄的建筑界面可以缩短各建筑入口的距离，增加了街道上功能的种类和活动频率，从而增加了街道的活力。因此当建筑的立面较长的时候，有必要对立面进行划分，这样可以为街道立面带来变化，建筑面宽单元的长度以 6 ～ 15 米为宜，当大于 15 米时，建议对近人空间进一步划分成为独立的小立面单元。建筑底层部分及建筑物出入口经常为人们所接触，也易被人们仔细观察和触摸，是人们对建筑直接感触的重要部分，尤其需要认真设计。

建筑设计手法

在建筑的垂直立面和水平向的多种设计手法可以改善人们的尺度感。如，波士顿金融中心一处酒店，位于一条两侧高楼林立的商业街上，酒店一层或二层的窗楣上都装有精美的雨罩，明显减小了高层建筑的尺度感（见图 4-29）。又如，在中国建筑设计院·城市规划设计研究中心编制的“枣林改造”项目中，高层建筑采用退台的形式，因建筑主体尺度过大，建筑逐层后退，使底层的裙房置于沿街部分，减少高层建筑对街道空间的压迫感，形成相对宜人的街道空间尺度，也易于街道两侧商业氛围的营造。高层建筑的裙房设计在尺度和色彩上适当区分，在底层商业与上层住宅之间用雨罩、遮阳及植物种植等形式将商业空间与居住空间区分开，方便在裙房和塔楼部分采用不同的设计手法。

建筑细部

在建筑低层部分，设计重点是建筑的细部和材质的运用。商业街道的设计尤其如此，应重视首层外观的细部，包括门窗的形式、材质、色彩与装饰等，有细部的设计更易吸引人的注意和感受繁华的商业氛围。

[实践案例：梳理一个山水花园小城的空间格局——延庆总体城市设计]

延庆县是北京市西北方向的门户，18 平方公里的县城坐落在三面环山、西临官厅水库的盆地当中，妫水河自东向西穿城而过。当地气候冬冷夏凉，是著名的避暑胜地和旅游胜地，素有北京“夏都”之称。2012 年 3 月，延庆被国家旅游局正式确定为首批全国旅游标准化示范县，因其得天独厚的自然环境和旅游资源，延庆成为 2019 年世界园艺博览会的承办地点。以此为契机，延庆县政府在近几年陆续开展了一系列以“绿色发展”为导向的城市建设工作以提升城市空间品质，总体城市设计是其中最为重要的内容之一。

在延庆总体城市设计近两年的编制过程中，项目组与地方政府、规划管理部门及公众代表经过若干轮的讨论，达成一致的共识：延庆城的核心特色在于山水自然环境和在历届政府的坚持下得以保留的宜

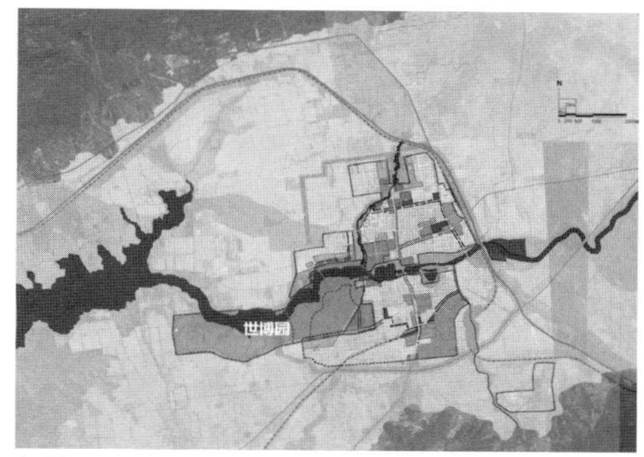

图4-29　4-30

图 4-29　波士顿金融中心一处酒店（图片来源：作者自摄）

图 4-30　延庆新城总体城市设计空间格局规划图（图片来源：延庆新城总体城市设计，中国建筑设计院·城市规划设计研究中心）

人尺度，在城市建设中应当充分尊重自然并延续“小尺度慢生活”的城市特色。在这样的前提下，以山、水、街为锚固点，通过进一步的判读，项目组最终提出了“两轴两带一环多脉”的城市空间结构：将穿城而过的妫水河和北望冠帽山的妫水大街作为城市的空间主轴；相交于古城西南角的两条河流形成城市的公共开放空间带；通过绿道、带状绿地、林荫道将一系列现状的公园相连，形成城市中心区外围的“绿环”，并在此基础上将通过绿楔、绿廊将绿色开放空间进一步延伸至城市其他片区和城外的田园。这样的空间结构确定了城市崇山乐水的空间基调和发展脉络，作为城市最基本的空间秩序引导了其他如城市建筑高度、功能布局、公共开放空间等方面具体的城市物质空间规划建设内容（见图 4-30）。

（编制单位：中国建筑设计院·城市规划设计研究中心。
主要编制人员：杨一帆、赵彦超等。技术总指导：文兵。）

图5-1
图5-2

第5章　通过设计强化城市活力：秩序与变化

Chapter 5　Urban Design Activates the City: Order and Variety

导言

Introduction

通过城市设计，人们尝试把城市纷繁复杂的要素通过清晰的结构或线索组织成一个有机的整体，同时在这个整体中恰如其分地编织上丰富的活动场所，让城市成为容纳生活的舒适容器，成为理性与浪漫的融合体。如果把城市比喻为书，那我们希望它易于读懂而又充满惊喜。

Urban design is an attempt to integrate all of the numerous and muddled elements of a city into an organic body via a clear structure. Additionally, urban design tries to intertwine colorful additions to the organic body, making the city a comfortable container for urban life. The city is a combination of rationality and romance. If the city were a book, then people would hope for it to be easy to understand and full of surprises.

图5-1　西班牙塞维利亚西班牙广场。围合广场的整个半圆形建筑通过恰当分段，形成高低起伏的节奏感（图片来源：作者自摄）

图5-2　西班牙塞维利亚西班牙广场。连续重复的柱廊形成的韵律（图片来源：作者自摄）

5.1 遵循审美的原则：设计反映人的本性

设计城市空间最根本的目的在于提升城市活力，这里我们指城市不断发展的生命力和城市生活的生动性。城市是人生活的容器，城市设计能否增强城市活力决定于它是否符合人的感知和活动的需求，这要求城市设计尊重和反映人的本性。审美原则其实就根源于人的本性。审美过程中诸如均衡、比例、主次关系、节奏与韵律等原则都基于人认知这个世界的方式，而这些审美原则无不反复强调着两个基本的母题：秩序与变化。这两个母题正反映了一个事实：人性中同时存在的追求理性与浪漫的两种基本倾向，既需要秩序，又需要变化。

城市应该处于这样一种状态：它能正常地高效运行，秩序是城市日常生活的必要保障与基本面，但城市也并非一成不变，它内部不断地发生良性的改变，推动它走向更好的状态——发展。城市空间是城市生活的物质投影，也应呈现出在基本秩序框架下包容丰富的良性变化的状态。

5.1.1 城市设计中追求秩序的倾向

由米开朗琪罗绘于西斯廷教堂天顶的《创世纪》是对秩序的经典诠释，这幅画分为三组，共九个场景。饰带和壁柱把每幅画面分隔开，借助立面墙体弧线延伸为假想的建筑结构，并在壁柱和饰带所分开的预留空间画上了基督的家人、十二位先知、二十个裸体人物和另外四幅圣经故事的画面。巨幅的画卷展开面积达 480 平方米，共 300 多个人物，井然有序，画中人物的位置、大小、姿态均遵循严格的逻辑，暗合宗教故事中的情节和关系，同时又体现和强化了教堂本身的建筑结构。《创世纪》引人入胜，观者在感叹画作的宏伟壮观时丝毫不会感觉迷茫和杂乱（见图 5-3）。

按照《辞海》的解释，“秩，常也；秩序，常度也，指人或事物所在的位置，含有整齐守规则之意。”小到一位家庭主妇将衣橱里的衣物分门别类，整理得井井有条，大到一个国家的政治机器划分多个层级和不同功能的政府部门，人的活动处处体现着对秩序的追求，这种追求源于人性中的理性思维，而理性思维倾向于“在混杂的状态下减少模糊性和重叠性，并且为达此目的，思维的第一功能有着对模糊性的基本不容忍性”，其目的在于提高认识事物和改造事物的效率，在城市建设当中亦应遵循此理。

城市空间外在的形态秩序表达了内在的逻辑和运行规律，倾向追求秩序的城市设计力求一目了然，让人们很容易通过空间秩序理

图 5–3　米开朗琪罗绘于西斯廷教堂天顶的《创世纪》（图片来源：http://baike.baidu.com/picture/51945/7621899/0/86d5bac2eb3ff52d0ef477fc.html?fr=lemma&ct=single#aid=0&pic=86d5bac2eb3ff52d0ef477fc）

解城市的政治秩序、社会秩序和经济秩序。1911 年 4 月，澳大利亚联邦举行了新首都堪培拉规划的国际竞赛，美国建筑师 W·B·格里芬的方案获得一等奖，格里芬在前三名方案的基础上制定了最终的规划，直至今日，堪培拉的城市建设仍遵循这一规划方案：城市以首都山为中心规划三条轴线，连接国家级的政治文化建筑、商业中心和山峰湖泊。以城市中的自然山水为背景，其严整的圆形加放射线的平面构图落实到三维空间中，形成了严整而宏伟的城市轴线景观，奠定了国家首都应有的庄严而宏大的空间氛围基调；明确的功能分区在轴线和道路的联系下构成明晰完整的城市结构。堪培拉城市空间的秩序清晰地反映了其作为首都的城市性质和内在的运行逻辑（见图 5–4、图 5–5）。

5.1.2　城市设计中追求变化的倾向

与西方绘画追求严谨的逻辑和秩序不同，中国的写意山水画更注重意境的渲染，笔随意走，富于变化。元代画家黄公望（1269—

1354）的富春山居图就是很好的例子：这幅高 33 厘米、长 636.9 厘米的长卷展现了富春江两岸景色，画中丘陵起伏，峰回路转，画面疏密有致，远近景色相映成趣。有些段落山峦叠翠、内容丰富，有些则大段留白，空间深远，整幅画卷疏密有致、气韵流动，给人以咫尺千里之感，令观者感到“心脾俱畅”（见图 5-6）。

变化指事物在形态上和本质上产生新的状况。人的本性排斥一成不变，人的神经系统在持续面对相同刺激的情况下会逐渐降低对该刺激的反应，所以人性中自然而然地存在追求变化的倾向，这种倾向在城市设计与建设过程当中也展露无遗。

城市空间对变化的追求源于情感，目的在于避免单调乏味，通过

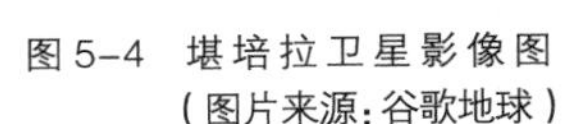

图 5-4 堪培拉卫星影像图（图片来源：谷歌地球）

图5-4

图 5-5 堪培拉鸟瞰图（图片来源：http://www.ahly.cc/html/2012/1011/12247.html）

图5-5

图 5-6 黄公望的《富春山居图》（图片来源：http://baike.baidu.com/picture/68870/5066919/0/7ac880514bbc821142a75be1.html?fr=lemma&ct=single#aid=0&pic=7ac880514bbc821142a75be1）

变化形成感官刺激，制造“惊喜”，进而创造意境、烘托情绪。迪拜这座富有的新兴世界城市是全球性的金融、贸易和旅游中心，不管是城市的平面布局还是建筑形体，新花样层出不穷，世界第一高楼哈利法塔、帆船酒店、音乐喷泉和购物中心、世界上最大的人工岛“棕榈岛”等一个又一个新奇的建筑单体和城市空间使迪拜成为现代人工塑造的世界奇观，近乎奇异的城市空间吸引了全世界的目光，也带来了活跃的房地产开发、体育赛事、文化盛会、国际会议和旅游产业的聚集（见图 5–7、图 5–8）。

图 5–7 迪拜卫星影像图（图片来源：谷歌地球）

图 5–8 迪拜城市夜景（图片来源：http://gotemirates.com/xlxq/952.html）

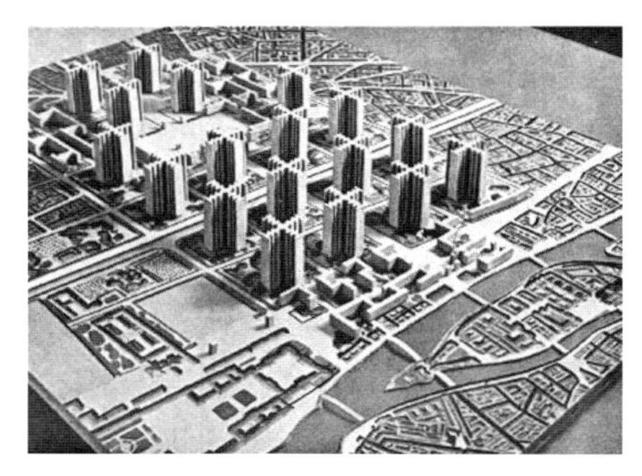

图 5-9　柯布西耶的巴黎伏百生规划（图片来源：http://www.ikuku.cn/article/wutuo bang-delishi-dajianzhu1-0jugoujianzhu）

5.1.3　寻找平衡点：秩序与变化的和谐关系

与审美过程相同，城市空间中秩序与变化的关系是相辅相成的，过度追求其一而忽视了另外一方往往会产生严重的问题。

过度追求秩序（或者说追求单一秩序），会导致对城市的复杂性和人情感需求的忽视。比如现代建筑泰斗勒·柯布西耶从现代建筑思想衍生出来的理性主义城市规划思想。柯布西耶在 1922 年巴黎秋季沙龙展览会提出了一个容纳 300 万人口的理想城市模型，以追求速度和效率为根本目的，计划大规模拆除巴黎老城，规划了明确的功能分区和严整的方格网道路，24 幢摩天大楼在城市中心区整齐地排列着（见图 5-9）。[①] 柯布西耶极度追求秩序和效率的城市建设思想对现代城市规划理论产生了深远的影响，在一定程度上解决了战后大规模城市重建的一系列问题，但也带来了诸如社区邻里关系被破坏这一类的城市问题，一直被批评为毫无人性，不关注人的情感。从 19 世纪西特反对“把城市建设仅仅视为如修筑道路和制造机器一样的纯技术程序”[②]，到 20 世纪 60 年代简·雅各布斯质疑现代主义城市规划的制度、方法和原则[③]，对纯理性主义城市规划思想的批判从未停止过。一个城市是千万人生活其中的复杂的巨系统，不能简单地当做一部机器去理解，也就不能在城市建设过程中单纯地追求秩序和运行效率。

另一方面，过度追求变化（或者说缺乏秩序）则易造成城市人的迷茫和恐惧。国内很多中小城市都存在这一问题：缺乏秩序的变化太多（见图 5-10、图 5-11），不论在建筑风格、城市色彩、城市肌理还

图 5-10　中国南方某城市照片（图片来源：赵彦超摄）

图 5-11　中国北方某城市照片（图片来源：赵彦超摄）

图5-10

图5-11

① 张京祥 . 西方城市规划思想史纲 [M]. 南京：东南大学出版社，2005.

② 西特 . 城市建设艺术：遵循艺术原则进行城市建设 [M]. 仲德昆，译 . 南京：东南大学出版社，1990.

③ 雅各布斯 . 美国大城市的死与生：The Death and Life of Great American Cities[M]. 金衡山，译 . 南京：译林出版社，2006.

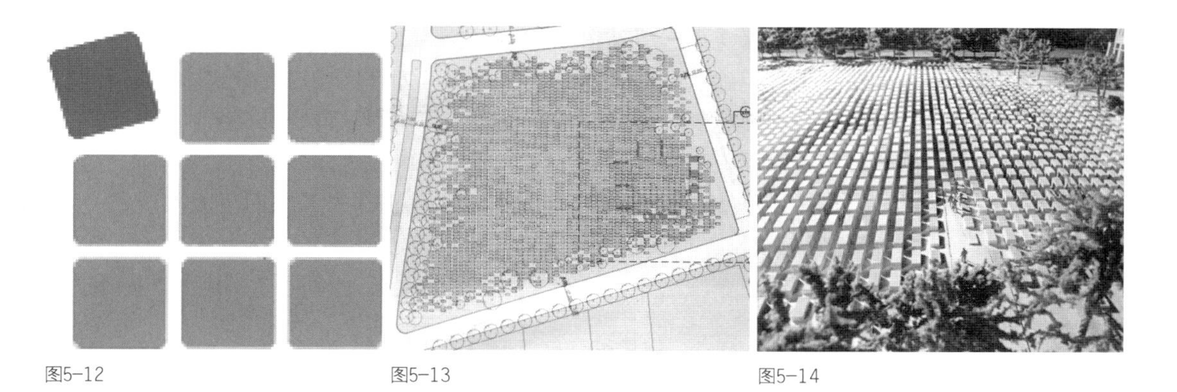

图5-12　图5-13　图5-14

图 5-12　平面构成中的“特异构成”形式，在一种较为有规律的形态中进行小部分的变异，以突破单调的构成形式，局部变化的比例不能变化过大，否则会影响整体与局部的关联性（图片来源：赵彦超绘）

图 5-13　欧洲被屠杀犹太人纪念碑平面图（图片来源：欧洲被屠杀犹太人纪念碑，柏林，德国[J],彼得·埃森曼，2004）

图 5-14　欧洲被屠杀犹太人纪念碑高低变化的混凝土柱（图片来源：欧洲被屠杀犹太人纪念碑，柏林，德国 [J]，彼得·埃森曼，2004）

是公共空间等方面都难有秩序和规律可循，城市空间毫无舒适感，更无地方性和本土性可言，人们置身其中却难辨身处何方，时常感到恍惚迷茫。

城市设计是在城市空间中不断追求秩序与变化之间黄金比例的艺术。审美过程中人们会频繁地面对必然要素（有规律的）和偶然要素（没有规律的）。当所有要素都有规律地排列时人们会感到单调乏味，偶然要素过多时人们又会感到混乱，甚至引发不安和恐惧。因此，人们在审美过程中希望总结规律、追求秩序，又有在基本秩序下求变化的本能。城市设计者只有同时遵循这两种相对又相关的原则才能恰当地使人获得审美的愉悦（见图 5-12）。在彼得·艾森曼设计的欧洲被屠杀犹太人纪念碑中，秩序与变化二者之间实现了良好的平衡，撇开其中深刻的寓意，单从形式上看，整个平面是严整的格网矩阵，包含 2700 多个方柱，但从 0.2 ~ 4.8 米不等的柱高在空间上形成起伏的曲面，节奏秩序与韵律变化共同形成了一个极富感染力的空间（见图 5-13、图 5-14）。试想，如果方柱全都是一样高，或者是杂乱摆布都不会形成现在这样的效果①。

5.2　建立城市设计秩序的基础：空间结构

5.2.1　城市空间结构是城市最基本的秩序

波波罗广场是人们到意大利旅游时多会光顾的一处景点，广场正中的方尖碑、两侧的雕像和“双子教堂”为人津津乐道。这一引人入胜的城市空间得益于方尖碑深厚的历史、雕像中栩栩如生的人物和教堂内丰富的艺术收藏，更得益于这些要素之间的和谐关系：方尖碑在广场中心，周边的建筑环抱围合，两组雕像一左一右遥相呼应，两座教堂建筑立面几乎完全对称，放射状道路和公共服务功能将广场与整

① 埃森曼 . 欧洲被屠杀犹太人纪念碑，柏林，德国 [J]. 世界建筑，2004 (1): 62-65.

个城市紧密相连（见图 5-15 ~ 图 5-17）。

方尖碑、雕塑、建筑、道路都可理解为城市要素，城市要素本身的设计是建筑师和景观师的任务，而城市设计师的任务则在于理顺各个城市要素之间的关系。一个城市当中令人印象深刻的片段或节点需要建筑单体、景观小品、铺地和绿植等城市要素之间形成和谐的关系，而整个城市层面则需要自然景观、城市道路、公共空间、建筑群体、建筑功能等城市要素之间形成和谐的关系，这种关系即城市空间结构。

图5-15　　图5-16

图 5-15　意大利罗马波波罗广场（图片来源：作者自摄）

图 5-16　西格斯图斯五世的罗马规划方案（图片来源：克里斯蒂娜著，杨至德译．城市设计方法与技术 [M]. 北京：中国建筑工业出版社，2006.）

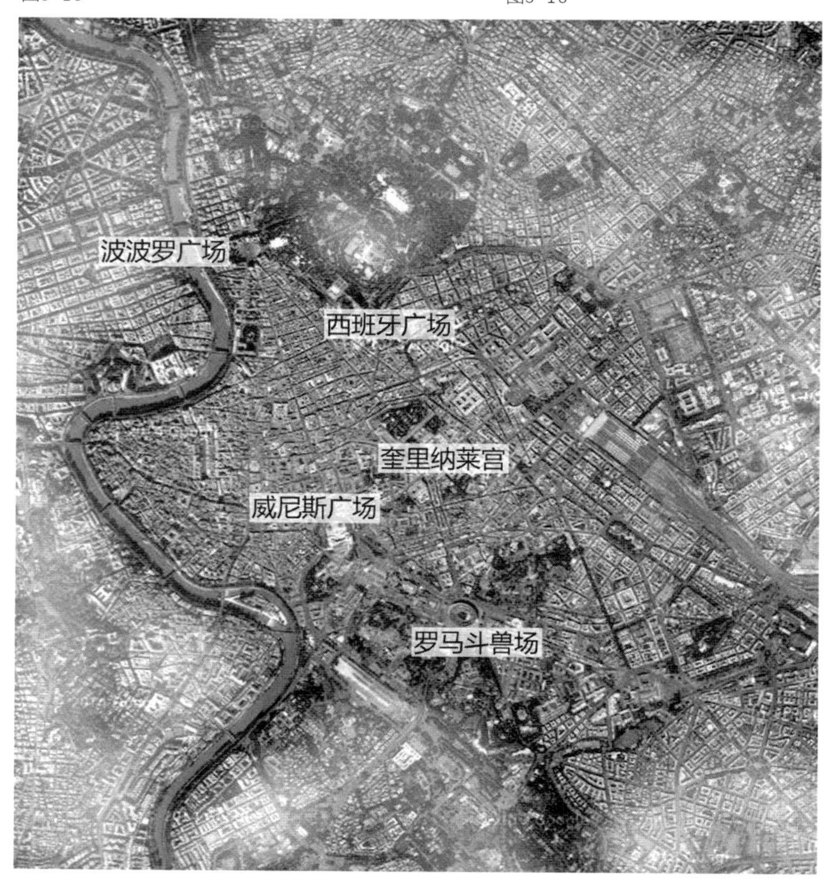

图 5-17　罗马卫星影像图（2013 年）（图片来源：谷歌地球）

城市空间结构是城市整体层面各要素之间的关系，从波波罗广场跳出来俯瞰整个罗马，仍可以看到西格斯图斯五世（Sixtus V）提出的罗马规划方案对罗马城市建设深远的影响。该规划“为中世纪嘈杂混乱的罗马勾画出了清晰的发展框架，宽阔笔直的街道连接着七个教堂和教徒每天都朝圣的圣殿，每条大街的终端与朝圣中心相连接，起到轴线的作用。”古代的朝圣路线形成了一系列轴线、节点和核心，进而界定了不同的片区和界面，他们既有空间的意义又有功能的意义，进一步通过人们的认知形成心理上的意义。城市的地块开发都围绕这个基本结构展开，今天的市民和观光者依旧遵循这一基本结构去阅读这座城市（拉斐尔·奎斯塔等，2006）。

城市空间结构是城市的基本秩序，是置身于其中的人认识、解读和使用城市空间的基本线索，城市物质空间要素之间的关系反映了城市的社会关系、经济关系和政治关系，换句话说，确定了一个城市的空间结构也就基本确定了一个城市中各种活动的主线。

所以，开展一项城市建设工作之前首先要识别和梳理这个城市的空间结构，即要先读懂这个城市的基本秩序。弄清楚城市的空间结构才能弄清楚在哪些位置设置公共空间，哪些位置建设地标，哪些位置建设公园最为合适。

5.2.2　城市空间结构的稳定性与演变

城市是一个鲜活的有机体，不断地进行着自我更新。城市中人的活动规律在一定时期内具有稳定性，而随着技术和社会的发展，这些规律和城市居民的生活方式也在不断地发展变化。与城市生活对应，城市空间结构既相对稳定又不断发展，相应的，城市设计中就既需要尊重历史和现状，以延续一个城市的文化、记忆和识别性，又需要在这个基础上顺应新的发展要求进行结构的生长和变化，来保持城市持久的生命力。

苏州城自公元前514年吴国建都以来，至今已有2500多年的历史，城址至今一直不变。从古城延续至今的现代都市苏州，其空间结构既传承了水路“双棋盘”的传统城市空间典型特征和“四角山水”的城市山水格局，保护和延续了古城的空间格局和脉络，又发展出了适应现代城市发展的依托交通和景观资源的东西向轴带结构，古城、老城、新城之间相得益彰，有机结合（见图5-18）。

图5-18　苏州市古城范围卫星影像图（图片来源：谷歌地球）

城市的空间结构随着社会发展和空间拓展也会生长和演进。通过了解我国中西部城市包头的发展变迁也有助于认识空间结构的演变。包头市经历了两次城市空间结构的明显变化：早在19世纪后期至20世纪初，包头作为我国西北著名的皮毛集散地和水陆码头，老城的

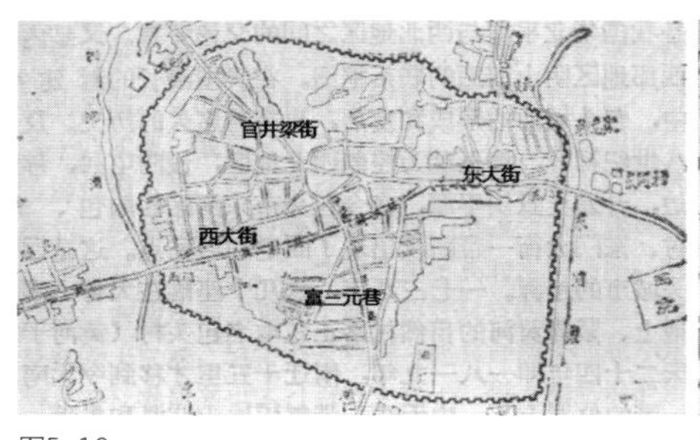

图5-19

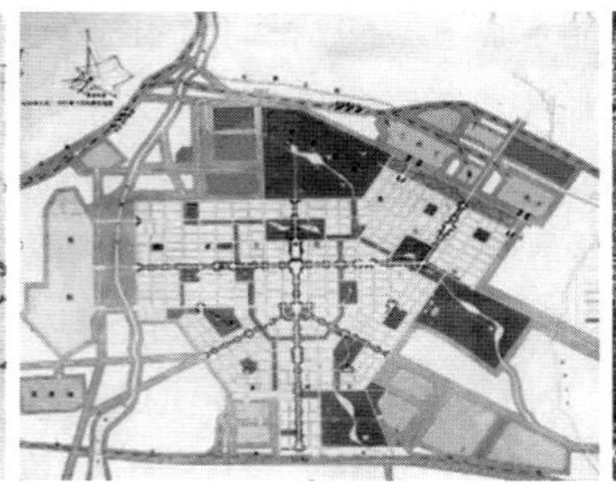

图5-20

图5-21

图 5-19 包头老城区平面图（图片来源：绥远通志稿 [M]，原绥远省通志馆，1937）

图 5-20 包头市 1955 年版总体规划图（图片来源：包头市城市总体规划，1955 年）

图 5-21 包头市 2013 年卫星影像图（图片来源：谷歌地球）

城市结构以两条十字交叉的“商贸主街”为骨架展开；到 20 世纪 50 年代以后，包头被定位为国家重点工业建设城市，苏联专家编制的总体规划在老城区西部开辟了独立的新城区，火车站到市政府之间的阿尔丁大街成为城市南北向的中轴线，包头钢铁厂和第一、二机械制造厂之间的钢铁大街成为城市东西向的主街，城市以新的十字主街为骨架形成了方格网加放射状的规整形态；2011 年以来，《包头市近期建设规划（2011 ~ 2015）》将城市性质定位区域性综合中心城市，围绕着总面积约 770 公顷的赛罕塔拉生态园，新旧城区之间集中建设了公共服务设施、办公设施和房地产开发项目，城市空间结构发生了新的变化（见图 5-19 ~ 图 5-21）。

5.3 城市空间结构的锚固点

5.3.1 空间结构的锚固点是城市中最重要的要素

城市中最重要的空间要素构成城市空间结构的锚固点，这些要素是一个城市的一系列价值中心，比如前面提到罗马城市中的一系列教堂与朝圣中心。之所以称这些高价值要素为锚固点，是因为他们往往是确定城市结构的依据和结构中最稳定的部分。如果抹去这些要素，可能大大削弱城市空间骨架或引起城市空间结构的重大改变。城市空间结构的锚固点可以是不同的城市要素，其中一些属于自然环境类，包括山体、水系、大型绿地、特殊地貌区等；另一些属于经济生产类，比如重大的市政基础设施、对外交通设施、成熟的商业街区等；还有一些属于历史文化类，包括历史遗迹、古城旧址、宗教建筑。城市建设中一般倾向于将城市要素中不可再生的一类做为锚固点。城市建设作为一项特殊的人类实践活动，具有相对稳定性和一定程度的不可逆性，不能像计算机软件一样在短时间内不断地修复错误，推出新的版本。所以梳理城市的空间结构在注重效率和经济效益的同时，必须尊重和保护诸如历史文化、自然山水等不可再生的要素，否则会给城市带来无法弥补的损失。

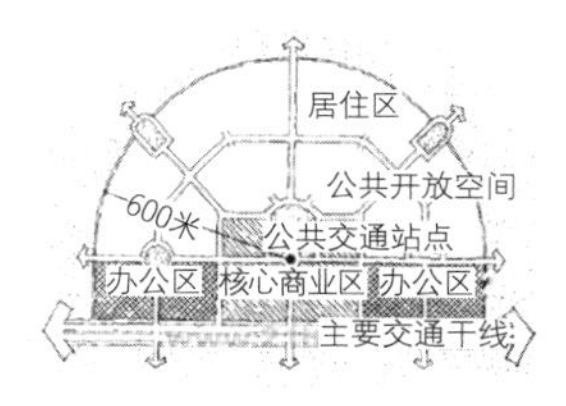

图 5-22　TOD 城市建设模式图（图片来源：Calthorpe P. The Next American Metropolis: Ecology, Community, and the American Dream[J]. 1993）

5.3.2　围绕锚固点展开城市空间结构

城市空间结构的锚固点作为城市要素当中那些最重要的部分，对于其他要素具有主导作用。城市空间结构围绕锚固点展开，就像一个娴熟的画家在画人像时先确定眉弓、鼻梁、头顶和下颌的位置，城市规划师划定一个城市中几个关键的锚固点后，城市结构的大致轮廓就显现出来，围绕锚固点组织其他城市要素则可以依照一些具有普遍性的规律和原则。

在彼得·卡尔索尔普提出的 TOD（公共交通为导向的开发模式）城市建设模式中[①]（见图 5-22），城市空间结构以公共交通站点为锚固点，将公共服务、商务办公、居住用地、公共绿地、机动车道路围绕其进行组织，各城市要素之间遵循一定的空间布局秩序，理想的情况下，按照 TOD 模式建设的城市只要将公共交通线路（比如地铁线）及站点确定下来，城市的空间结构也就基本确定了。

[实践案例：新城规划中空间结构的确立——河北永清国际服装城概念规划]

一个城市的空间结构往往是前面提到的几类锚固点共同作用的结果。在永清国际服装城概念规划的竞标当中，规划用地位于城市建成区外围，京台高速公路在用地西侧设有两处下道口，用地内部有三处林场和永定河故道中的一段，规划建设以服装生产、加工、贸易和相关金融办公为核心、产城融合的综合性城市片区。规划形成“一轴、一带、两廊、三中心、四版块”的空间结构，“一轴”为综合发展轴，连接南北两个高速公路下道口和市郊铁路改线后形成的综合交通枢纽站；“一带”为永定河故道文化风情带，依托永定河故道建设当地文化和时尚文化共融的文化风情带；“两廊”穿过集中建设区，联通永定河故道和林场及公共服务设施集群；“三中心”为轴带交错处分别形成的生产性服务中心、生活性服务中心和综合交通枢纽中心。规划中分别选取公共交通站点、高速下道口、永定河故道、林场作为空间结构的锚固点，是充分考虑用地的功能定位和深入挖掘用地的现状资源特色后综合分析的结果（见图 5-23、图 5-24）。

（编制单位：中国建筑设计院·城市规划设计研究中心。
主要编制人员：张清华、韩尧东、倪莉莉等。）

① Calthorpe P. The Next American Metropolis: Ecology, Community, and the American Dream[M].New York: Princeton Architectural Press, 1993.

图 5-23 廊坊市永清国际服装城概念规划总平面图（图片来源：永清国际服装城概念规划，中国建筑设计院·城市规划设计研究中心）

图 5-24 廊坊市永清国际服装城概念规划空间结构图（图片来源：永清国际服装城概念规划，中国建筑设计院·城市规划设计研究中心）

图5-23

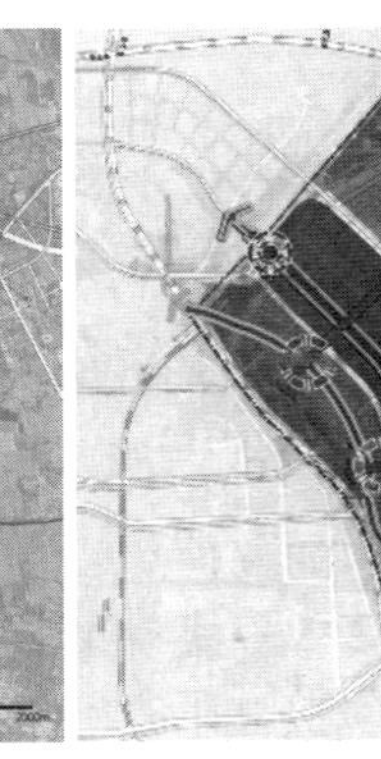

图5-24

5.4 城市设计的重要任务：建立和强化要素间的联系

城市设计不是去设计某个具体的建筑或景观要素，而是设计要素之间的相互关系，这是它区别于建筑设计、景观设计等其他设计类型的重要标志。

5.4.1 建立联系：从群体变为整体

建立联系，将城市要素由散落的细胞转变为有机整体。城市像生命体一样，一群相似细胞之间建立了联系便形成了器官，而器官具备任何一个或一群细胞无法完成的功能（如细胞组成肺）；一群功能相关的器官之间建立联系形成一个系统（鼻腔、咽、喉、气管和肺构成呼吸系统）；一群子系统之间建立联系便形成了一个鲜活的生物个体。建立城市要素之间的联系意味着把这些要素转变成一个系统，实现单个元素无法完成的功能：让城市更具活力。

交通系统、绿地系统、公共开放空间系统，都是通过建立同类要素之间的联系形成系统，为特定的物质、人、信息在要素之间的流动提供条件。被誉为美国“园林之父”的奥姆斯特德一直坚持公园系统的思想，他认为应当“越过划定的公园边界，从更高的视点来考虑问题，使公园与城市生活的其他方面共同形成一个面向广大人群的和谐整体”。在波士顿担任公园系统建设的风景建筑师时，他将这一思想首次付诸实践，这一著名的城市公园系统被波士顿人亲切地称为“绿宝石项链”，从波士顿公地到富兰克林公园绵延约 16 公里，由相互连接的 9 个部分组成，其中包括公园、滨河绿带、林荫道和植物园等。系统中的公园各具特色，串联起了丰富的市民休闲游憩活动节点[①]。

① 金经元．奥姆斯特德和波士顿公园系统（上）[J]. 上海城市管理职业技术学院学报，2002, 12(2): 11-13.

图5-25 波士顿照片上传统计分析图（图片来源：Recognizing City Identity Via Attribute Analysis of Geo-tagged Images[J]，Zhou B，Liu L，Oliva A，2014）

图5-26 北京市照片上传统计分析图（图片来源：Recognizing City Identity Via Attribute Analysis of Geo-tagged Images[J]，Zhou B，Liu L，Oliva A，2014）

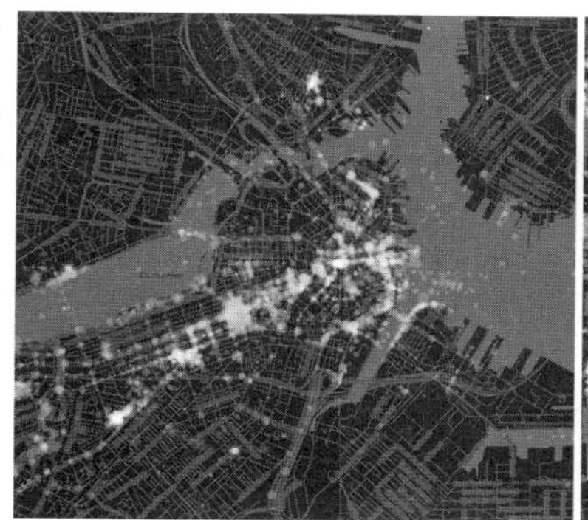

图5-25

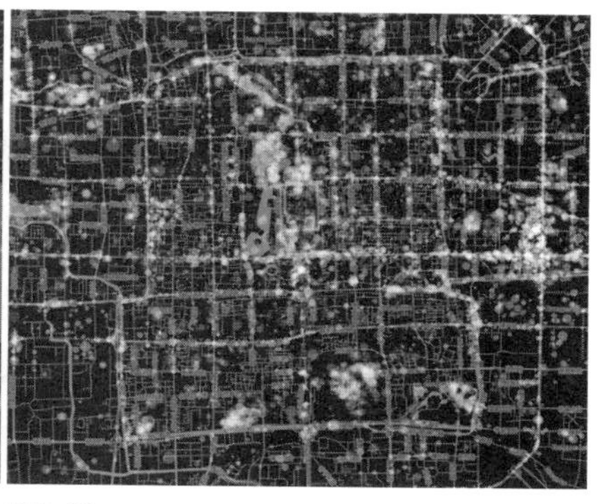

图5-26

通过建立联系而系统化的公园绿地具有生态保护和激发城市空间活力的双重意义，生态保护的方面暂且不谈，在今天，研究人员通过大数据分析可以更清楚地看到公园系统对城市空间活力的贡献，将多个城市中自发上传电子相片的数据进行整理分析，将北京和波士顿的图像进行对比，可以看出成系统的绿地空间活力远远大于分散的绿地（图中的亮度反映了市民和游客自发上传照片的数量）①（见图5-25、图5-26）。

公园绿地系统是城市中诸多子系统的其中之一，建立不同子系统之间的联系与接驳是激活城市生命力的另一重要手段。比如公交系统与轨道交通系统之间的换乘站、公园绿地系统与商业街区之间的城市广场，这些"节点"实现了不同系统之间"流"的顺畅转换，是城市成为有机整体的关键。

[实践案例：以综合手段实现城市空间的高效组织——福建龙岩高铁站区综合开发]

在铁路总公司转变运营模式，积极参与城市建设的大背景下，福建龙岩高铁站综合开发项目成为首批"高铁综合体"试点。在这个项目中，为了实现综合交通枢纽（高铁站、公交首末站和长途客运站）与城市综合体（商务办公、商业、公寓）的一体化开发，规划通过立体化的交通系统和高度复合的建筑功能建立了铁路站场与城市机动车道路网、商业街区和居住区之间便捷而高效的联系。规划进一步通过步行通廊将站前区与滨河绿地系统相连，在地块内形成一个高效组织、多元复合的城市片区。建筑、交通、景观等各个方面的手段都被用来强化城市与铁路之间的紧密联系，因为这种联系带来的将是城市片区

① Zhou B,Liu L,Oliva A, et al. Recognizing City Identity via Attribute Analysis of Geo-tagged Images[J]. Lecture Notes in Computer Science, 2014.

图 5-27 龙岩高铁站综合开发项目效果图（图片来源：福建龙岩高铁站区综合开发规划设计，中国建筑设计院·城市规划设计研究中心）

图 5-28 龙岩高铁站综合开发项目总平面图（图片来源：福建龙岩高铁站区综合开发规划设计，中国建筑设计院·城市规划设计研究中心）

乃至整个城市活力的提升。以期形成城市中心区外围新的中心节点，带动北部待开发片区的城市更新（见图 5-27、图 5-28）。

（编制单位：中国建筑设计院·城市规划设计研究中心。
主要编制人员：张清华、赵彦超等。技术总指导：杨一帆。）

5.4.2 建立联系的子系统：线索与手段的多样性

建立城市要素之间的联系，最基本的线索是人的活动。正如景观设计大师丹·凯利（Dan Kiley）说的，“最重要的不是设计，而是生活本身”。在两个城市节点之间如果有城市生活中特定要素的流动需求，即可以此为线索建立联系：比如绿道是人们从城市的高密度聚居空间进入公园、历史名胜区、自然保护地的路径；步行街是人们从一个店铺到另一个店铺之间消费购物的路径。小到从停车场到建筑入口的步行路，大到两个城市中心之间的轨道交通线，城市设计中建立某种联系本质上以人的活动为线索。

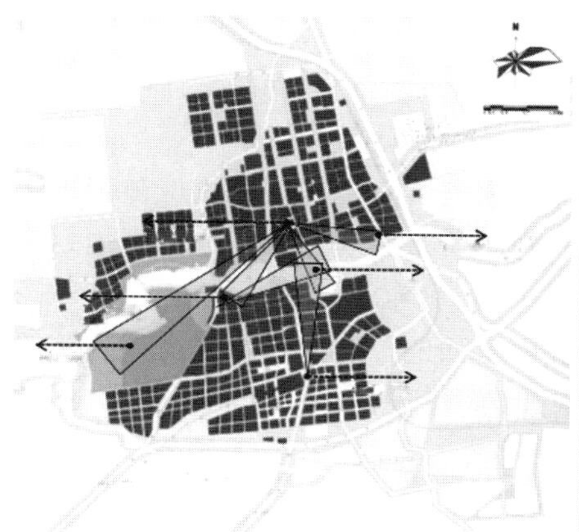

图5-29

图5-30

图 5-29　延庆视线通廊分析图（图片来源：延庆新城总体城市设计，中国建筑设计院·城市规划设计研究中心）

图 5-30　西雅图阻隔滨水区与中心区的高架 99 号高速（图片来源：作者自摄）

城市中发生的人的活动千差万别，城市要素之间形成的联系也不尽相同，像绿道、步行路、公共交通这样的交通联系是最基本的联系方式，在城市设计中，建立联系的手段多种多样，不仅限于此。

通过视线通廊、景观轴线和对景关系建立的联系满足了人们从城市中的一处“看到”或“感知”另一处城市空间的需求。这种手段在欧洲的城市中随处可见，甚至统领着一个城市的空间秩序，城市中的街道指向城中的制高点：教堂。中国园林中的借景手法其实是同样的原理。中国传统城市空间也不乏这样的案例，苏州历史上著名的视廊的“狮山回头望虎丘”就是典型的例子。这种视觉联系系统在现代城市设计中也受到相当的重视。在延庆总体城市设计中，规划通过对特定区域建筑高度的控制，保护人们在城市中望向南北两山和妫水河的视线通廊，让城市居民能够感受到自己生活在更大范围的山水当中，拉近了城市和自然的关系，也可以吸引更多人到浅山地区和滨水空间游憩和休闲（见图 5-29）。城市中重要的地标和公共空间之间也留出了空间视廊，视觉上的联系让人们在城市空间中的一处能够更多地感受到城市的其他部分，通过这样的联系形成的基于视觉的城市空间系统是人们阅读和了解整个城市的重要线索。一些城市到发展后期才意识到这种联系的重要性，整改起来就会有不小的难度。西雅图滨水区的 99 号高架快速路把城市中心区与滨水区隔离开来，使两个区域的活力都大大受损，城市政府曾提议向波士顿学习，把高架桥炸掉，联系滨水区与中心区，但由于投资巨大而迟迟不能通过地方议会的审议（见图 5-30）。

通过适当的功能引导，在两处功能节点之间促成功能轴带的延续，也可以达到建立联系的目的。在延庆总体城市设计中，项目

图 5-31　波士顿 Freedom Trail 平面示意图（图片来源：叙事化视野下的美国城市景观 [D]，王汝军，2012）

组建议在三里河北端已经形成的温泉度假区和 2019 年世界园艺博览会会址之间，依托现存的河流及滨河绿地，引导旅游休闲产业的集聚，形成一条旅游休闲产业发展带，充分整合城市中零星的、沉默的优质资源，激发城市待开发片区的活力。这项建议也被当地法定规划的编制单位所采纳，纳入到产业布局规划和土地利用规划当中去。

有时建立一种联系需要系统而全面的控制，例如前文提到的视廊。而有时建立联系甚至仅仅需要局部特殊的铺地和标识。著名的波士顿“自由之路”（Freedom Trail）以城市的发展历程为线索，串联起了 16 个反映英国殖民地时代和独立战争时期的波士顿历史建筑和地点，其建立联系的方式仅仅是地面上用红砖或红油漆标出的线路，被誉为“两匹砖宽的经典旅游流线”。自由之路起点为波士顿公园（Boston Commen）的游客中心，终点为查尔斯河对岸的邦克山纪念碑（Bunker Hill Monument），这条线路是游客观光的必选之路，因为沿着自由之路游览是了解波士顿老城区最清晰、便捷的方式（见图 5-31 ~ 图 5-33）。

5.4.3　联系的强化和复合化：激活城市空间巨系统

在自然生长的城市当中常常能够见到这样的连锁效应：一条重要的生活性道路两侧渐渐形成连续的商业界面，反过来增加了以消费为目的的机动车、步行交通流，进而吸引了更多文化、服务功能的聚集，道路两侧更大范围的带状区域形成了公共服务功能轴带，随着这条街道的日渐繁荣，它两侧的树木植栽和街道家具也日趋精致，其他的街道和通廊从周边区域与它相连……城市空间是容纳各种要素并使它们酝酿发酵的巨系统，通过强化单一联系、发展联系的层级，或使多种联系复合化可以显著激发城市空间和其中要素的活力。

图5-32

图5-33

图 5-32　孩子们沿波士顿 Freedom Trail 两匹砖宽的经典旅游流线行走（图片来源：作者自摄）

图 5-33　波士顿 Freedom Trail 两匹砖宽的经典旅游流线经过的一片步行区（图片来源：作者自摄）

在城市设计中可以通过综合手段强化单一联系，比如在前面提到的波士顿“绿宝石项链”中，并非只有简单的公园绿地，有的段落布置了历史文化为主题的雕塑小品，有的段落提供了室外体育活动场地、节庆广场等，丰富了人们的活动。公园两侧的建筑也呈围合的关系，在公园周边形成了完整的界面，强化了空间的领域感。建筑、景观、小品、标识系统、街道家具等都可以用来强化城市中某一特定的联系。

进一步，我们可以通过发展联系的层级和建立次级联系来强化这种效应。在城市设计中我们经常使用“树形”或者“鱼骨形”的结构组织一个城市子系统，从主体中延伸出来的次级联系像神经末梢一样深入城市，让整个子系统更加紧密地与城市结合，扩大了联系的活力来源和影响范围。

[实践案例：以绿地空间建设引领的复杂系统整合——西宁市中心广场周边综合改造提案]

青海省西宁市的城市中心区建筑密集，开发强度很高，从城中南北贯穿的南川河及其两侧的开敞空间对于城市而言显得尤为宝贵。市政府通过南川河沿线一系列地块的置换和更新改造，形成一条南北贯通的公共开放空间轴带，大大提升了河两岸的绿化空间环境品质和公共服务功能。城市设计组在西宁中心区城市设计中通过步行系统、水系、公共开放空间、建筑界面、绿地系统等综合手段强化这一轴带的同时，提出建立若干条东西向的次级轴线将滨河空间与城市腹地相连，沿这些次级轴线打通步行路线和视线通廊，将规划中的一些沿线高层建筑底层架空，把滨河景观引入城市，这样可以大大提升南川河这一绿色公共空间对整个城市的影响力（见图 5-34、图 5-35）。
（编制单位：中国建筑设计院·城市规划设计研究中心。
主要编制人员：杨一帆、赵彦超等。技术总指导：崔愷。）

图 5-34　西宁市南川河两岸建立的次级联系（图片来源：西宁市中心区重点地段城市设计，中国建筑设计院·城市规划设计研究中心）

图 5-35　西宁市中心区滨河高层建筑底层架空建议（图片来源：西宁市中心区重点地段城市设计，中国建筑设计院·城市规划设计研究中心）

图5-34

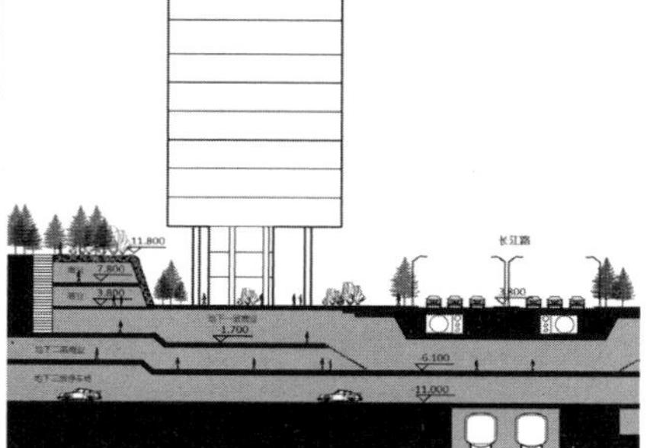

图5-35

图5-36

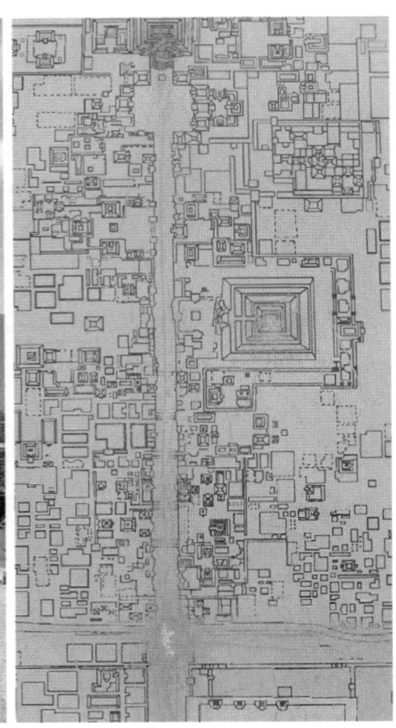

图5-37

图 5-36 墨西哥 Teotihuacan 遗址“死亡之路”：一条汇集了太阳金字塔、月亮金字塔等精神场所和居住、生活设施的大轴线（图片来源：作者自摄）

图 5-37 墨西哥 Teotihuacan 遗址“死亡之路”平面图（图片来源：作者自摄）

还可以在同一空间将多种联系进行复合，使不同的城市子系统相互强化，形成极具活力的城市空间。比如在浙江玉环新城城市设计当中，依托现状水系，在城市中心区外围规划了数条放射状水道，这些水道不仅是水系统的内部联系，还复合了如慢行系统、商业服务设施带、绿化廊道、视觉通廊等多种联系子系统。多种联系在同一空间当中的复合丰富了这一空间中的使用人群、使用时间和使用方式，早上锻炼身体的老年人、白天会见客户的商务人士、傍晚奔跑嬉戏的儿童令这些河道全天都充满活力。

5.5 强化人们对城市空间的愉悦感：序列与节奏

5.5.1 序列：线性要素的秩序与变化

在经过规划的空间中，随着人的运动，空间的组织和安排发生变化，人们于所处的环境中获得一系列连续的印象，最终形成对环境的抽象认识和归纳后的整体认识。空间序列的目的就是通过这一系列连续变化的印象对人产生一种完整的心理影响，最终起到烘托气氛或突出主题的作用。城市中的空间序列集中体现了城市要素多样性与统一性的结合（见图 5-36、图 5-37）。

根据尺度、形状、色彩、光照及质感等空间特性的强度和出现频率的不同，会产生不同的空间韵律感，这种韵律常常感染从中经过的人。通过秩序与变化的对比，往往可以烘托崇敬、肃穆的气氛，这种设计手法在中国古代的陵墓神道的设计中很常见。唐代陵墓的

图 5-38　罗斯福总统纪念园（图片来源：谷歌地球）

陵前设置很长的神道，用门阙、石刻加强序列层次，利用自然山丘作为坟丘，使神道至陵前逐步升高，展示出雄伟壮阔气势的同时，烘托了肃穆、永恒、崇高的气氛[①]。有些纪念性空间序列有着如故事一般的结构，各个部分之间的起承转合逻辑关系严密，整个空间序列严肃而具有历史感。美国罗斯福总统纪念园是另一个纪念性空间序列的经典案例，设计师采用四个室外小空间来象征总统的四段任期以及他所宣扬的四种自由，这几个室外空间按时间顺序依次排列，通过雕塑来表现罗斯福在任职总统期间的重要历史事件，通过曲折有致的铺装进行空间过渡，运用水体的不同形态和混凝土墙体的不同质感来烘托不同的纪念氛围，此外还用硬质挡墙、坐凳、纪念柱、瀑布、跌水、密林、灌木等多种元素的艺术处理手法，最终营造了一个有开端、发展、高潮和尾声的叙事空间情感序列（见图 5-38）。

空间序列之所以能够影响人的心理感受，是因为设计师基于人的视觉、心理学和行为学的基本规律去组织空间。一个成熟的设计不仅需要决定每一个空间的特性，而且对它出现的时间、位置、表现形式都要经过慎重考虑，其中步行距离和视觉感受是两个重要的着眼点。在颐和园的空间序列中，从东宫门引入的三进院落是整个序列的开端，经过宏伟的仁寿殿步入这座华贵的皇家园林，透过乐澜堂的隔窗看景引人入胜，跨过邀月门进入长廊，廊外隐约有金碧辉煌的屋檐映入眼帘，继续前行眼前出现开阔的广场，长廊峰回路转后来到略微探入水中的广场，北边的佛香阁气宇轩昂，多个建筑院落空间构成众星捧月

① 杨波．浅谈唐代帝王陵墓建筑 [J]. 科技咨询导报，2007（11）：120-121.

图5-39

图5-40

图 5-39 费城富兰克林公园大道从富兰克林广场望美术馆方向（图片来源：作者自摄）

图 5-40 费城富兰克林公园大道从美术馆望市政厅方向（图片来源：作者自摄）

之势，人们总能在身体和心灵刚感觉到一丝疲惫时，恰逢新的空间画面，感到耳目一新，这一系列丰富的视觉感受逐步累积最终实现对整个序列的愉悦享受[①]。

5.5.2 实的序列

空间序列有虚实之分，其中实的序列通过建筑实体和路径形成，具有明确的引导视线、行动的作用，还有较强的功能相关性和秩序性。景观大道是最常见的实轴序列形式之一。费城的本杰明·富兰克林公园大道是一条风景优美的林荫大道，长约一英里（约 1.6 公里），呈对角线斜穿过费城市中心西北部文化区的栅格路网。大道是费城博物馆区的中脊，起于费城市政厅，向西北经过洛根圆环，途经费城艺术博物馆、本杰明·弗兰克林纪念馆、菲斯天文馆、斯旺纪念喷泉、费城自由图书馆、莫尔艺术设计学院、自然科学院、罗丹博物馆、艾金斯椭圆等重要文化设施和景观节点，通往费尔蒙特公园。这条大道是实的序列的典型案例，通过一系列建筑和雕塑、喷泉等引导人们步行其中，展示了费城的自然和艺术美感，也串联起了重要的城市公共文化设施（见图 5-39、图 5-40）。实的序列由于可以让人直接走通，是种显性的存在，易于感知，华盛顿的东西向中轴线（National Mall），巴黎的香榭丽舍林荫道都是知名的案例。

5.5.3 虚的序列

虚的序列多为城市尺度的序列，或者中小尺度空间中通过景观手段联系形成的序列，在引导人的行动方面并非起到直接的作用，更多的是定义城市空间结构、形成人们心理地标的意义，不能真的沿中线无阻碍地穿行，往往被称作“虚轴”。北京城的中轴线南起永定门，

① 毛玮 . 浅谈颐和园的空间处理 [J]. 大众文艺 , 2010 (18): 44.

图 5-41　故宫中轴线鸟瞰（图片来源：http://www.quan jing.com/share/75-23112.html）

北至钟鼓楼，串联着外城、内城、皇城和紫禁城，被视为老北京城的“中脊线”。传统的中轴线串联着北京最具价值的代表性建筑，随着 2008 年奥运会的举办，北京中轴线已经向北延伸到奥林匹克公园，贯穿了大半个北京城。对于这种尺度的中轴线，在绝大部分的城市空间中人们已很难直接感受到轴线空间序列带来的强烈秩序感，但中轴线所承载的文化意义、历史意义和地标属性在城市居民甚至国人心中都不可磨灭，直至今天还在不断延伸着，任何在中轴线或其延长线的城市建设活动都会获得更多的关注与重视。这一“虚轴”上最为精彩的是紫禁城一段。

北京故宫紫禁城中轴线上的建筑严格按序列排布，各个建筑的特点和地位被轴线序列烘托出来，轴线串联起的院落空间开合有度，空间序列的完整性和节奏性也得以凸显。轴线上的各进院落形式不同、纵横交替，步行由端门、午门一直走到太和殿，可以体验到因空间形状和建筑体量变化营造出的空间由序曲到高潮的变化，轴线经过太和殿后逐渐收敛，空间氛围也慢慢变得舒缓放松。每进院落中建筑的体量与庭院的尺度配合融洽，虽然院落之间的尺度有戏剧性的变化，但在按照中国皇家礼制的安排下，使人们每进入一进新的院落，都在强化对整个序列的连续空间感受（见图 5-41）。

[实践案例：现代城市中心区的传统礼制空间序列——邯郸 CBD 城市设计提案]

在邯郸 CBD 城市设计竞标方案当中，主创团队将东西向的主轴线设计为三段式的礼制空间序列，通过截然不同的空间尺度和建筑形态形成逐次递进的院落空间：高铁站前形成面向车站的半围合空间，辅以“双塔”塑造序列开端和城市入口的意向；进入商务核心区之前经过一段稍窄而深远的空间，核心区通过紧凑而规整布局、底层大体量逐层退台的群房和集中的高层簇群产生强烈的视觉冲击和秩序感，核心区东端的高层办公建筑成为地标，也是整个序列的高潮所在；经过开敞的水面继续向东，建筑相对低缓而舒展，也出现了平滑的弧形界面，与故宫的中轴线相似，空间气氛转向轻松平和；在空间序列结尾处这种弧线的动势更为明显也更为柔和，令整个 CBD 地段面向城市东西的市民中心和文化中心展现出开放包容的姿态。设计人员尝试通过这样一个跌宕起伏、张弛有度的空间序列去展现邯郸在高铁时代新的门户形象（见图 5-42 ~ 图 5-44）。

（编制单位：中国建筑设计院·城市规划设计研究中心。
主要编制人员：杨一帆、王倩、肖烈、万钧、李振宇等。）

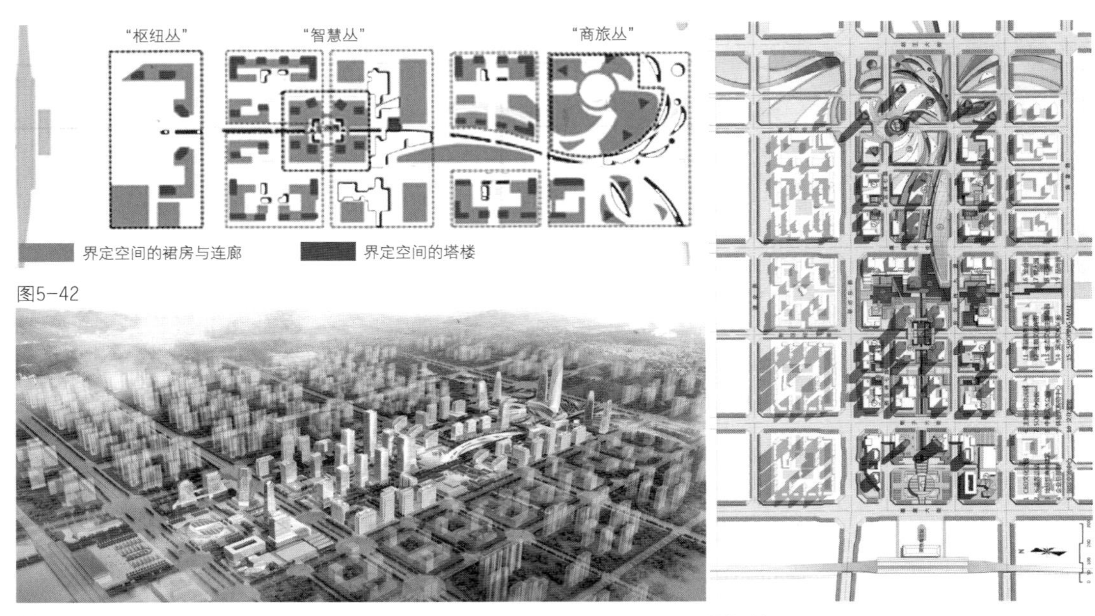

图5-42

图5-43

图5-44

图 5-42 邯郸 CBD 城市设计提案空间序列分析图（图片来源：邯郸 CBD 城市设计提案，中国建筑设计院·城市规划设计研究中心）

图 5-43 邯郸东区中央商务区城市设计鸟瞰图（图片来源：邯郸 CBD 城市设计提案，中国建筑设计院·城市规划设计研究中心）

图 5-44 邯郸 CBD 城市设计提案总平面图（图片来源：邯郸 CBD 城市设计提案，中国建筑设计院·城市规划设计研究中心）

5.5.4 节奏与韵律

节奏与韵律体现的是城市中相同或相似元素排列的秩序与变化，如街区、建筑、街道家具等，寻求景观实体与观赏者之间韵律一致的"共振"。因此在空间序列的规划设计中，应充分了解观赏者对于空间韵律的要求，尽可能地在符合人们心理预期的情况下安排对应特征的空间单元①。

城市空间的节奏具有相对的稳定性，其重复排列规律主要基于以下三方面内容：符合人性尺度，满足建筑经济性与功能性要求，富于地方文化特色。欧洲老的城市街道界面大多既整体协调，又富于节奏变化，错落有致，其主要原因是土地私有制的大前提下，严格的规划控制使得建筑体量统一，层数高低变化较小，建筑主色调协调，建筑立面的比例相近，但由于业主对功能和风格的偏好不同，街道建筑界面具有统一的节奏而不乏丰富的变化。如比利时根特市的某一条街道，没有突兀的高层，建筑檐口高度几近一致，三段式的建筑立面划分构成了街道景观的竖向节奏，富有韵律的开窗形式将一栋栋体量较小的建筑组合为一个整体。不同权属、不同年代、不同风格、不同立面材质和装饰的建筑形成统一的节奏，街道空间由此变得既协调又富于变化（见图 5-45）。

这样的街道界面节奏是如此的宜人而富有活力，以至于在设计单

① 张亭 . 基于视觉感受的景观空间序列研究 [D]. 2009.

图5-45

图5-46

图 5-45　比利时根特的街道界面（图片来源：赵彦超摄）

图 5-46　延庆某大型商业综合体建筑概念方案效果图（图片来源：延庆某大型商业综合体概念方案，崔愷，中国建筑设计院·本土设计研究中心）

一权属的大体量单体建筑时设计师会故意将沿街立面划小尺度，分成小开间来形成韵律和节奏。比如在延庆主城区一处新建的大型商业综合体设计过程中，建筑师充分理解总体城市设计中对城市建设体现“小尺度、慢生活”空间特色的要求，将原本通长单调的建筑沿街立面划分成若干宜人的小单元，使城市街道一下子变得丰富而生动，而一个单元的开间面宽又刚好能够和内部商业店铺的功能需求相对应，并非脱离于内部空间的“表皮设计”（见图 5-46）。

其实在这些富于节奏的街道中，我们已经能够看到韵律的存在，韵律来源于节奏的变化，在满足功能要求的前提下体现了城市的美与多样性，体现了城市功能和空间形态的有序性与情感。纽约曼哈顿中央公园南侧的方格网平面看起来极为规整，若干基于合理的街区规模和道路间距形成的尺度相近的“方格”形成了街道空间的节奏。但是从立体空间上来看，高低错落、形状不一、色彩各异的建筑形成了富有韵律的天际线，以直观的形象向人们展示了城市的多元和蒸蒸日上。这种关系与本章开始提到的彼得艾森曼的纪念碑设计效果极为相似，通过节奏与韵律的协调达到了秩序与变化的协调。

5.6　城市建设模式：形态规律与排列规律

5.6.1　特定模式：城市建设的经验总结

模式一词原指事物的标准样式，在千百年来的实践过程中很多城市建设的模式被提炼出来，这些城市建设模式的本质即是城市要素之间关系的共性和规律，是城市建设中“针对反复出现的同一问题的经验总结”。这些模式的意义在于抓住了解决问题的关键所在，我们就“能千百次地重复利用这种解决问题的办法而又不会有老调重弹之感”[①]。

① 亚历山大，伊希卡娃，西尔佛斯坦．建筑模式语言：城镇·建筑·构造 [M]. 李道增，高亦兰，关肇邺，等译．北京：中国建筑工业出版社，1989.

比如我国绝大多数的居住区，虽然千差万别，但基本都可以归纳到几种常见的空间组合模式中去，这些居住空间组合模式包含了建筑布局、道路交通组织、景观设计等各个方面的结构和内容，是在特定的国家法规前提下，应对满足住宅均好性、公共空间品质、人车分流、土地利用效率等诸多问题时经过综合平衡形成的答案，其合理性经过无数次的验证。

而与城市空间结构一样，从建筑群体组合模式到一个城市片区的布局模式，再到整个城市甚至区域中几个城市的布局模式，城市建设模式同样具有丰富的层次性。

建筑群体组合模式诸如院落式、独立式、混合式等，根据建筑功能、气候条件和使用习惯的差异而不同。像居住区那样的片区空间模式在其他功能的城市用地中也都存在，是为应对特殊功能要求而产生的，比如商业片区中常见的主街模式、街区模式、综合体模式，不同功能的空间组合模式在城市中形成了不同的肌理，一个稍有经验的规划师可以从城市的卫星图中通过空间组合模式来判断哪些片区是居住区，哪些是办公区或商业街区。而到了整个城市的空间模式这一层级，不同模式的应用体现了城市应对不同的自然条件、发展动力和发展阶段采取的综合对策。一些常见的城市空间模式包括：网格状模式（洛杉矶）、环形放射模式（北京）、组团模式、带状模式（深圳）、指状模式（哥本哈根）和环状模式（新加坡）等①。总之，城市建设模式是依据城市局部或整体的自身特点和环境特点综合选择的结果。

5.6.2 形成模式的形态规律与排列规律

城市建设的物质形态和空间模式大致可以分为两种类型或者两种类型的结合：单个要素的形态规律和多个要素在一个特定环境中的排列规律。

前者例如不同功能的街道有各自的形态规律，快速路一般会设置物理隔离，不仅把两个方向的交通流分开，还会把不同性质、不同速度的交通流分开，而商业街却尽量少设置阻碍横穿街道的物理隔离，鼓励多种交通在同一空间里的混行。又如严寒地区的建筑一般是厚墙小窗，在立面感受上，显得粗犷敦实；而湿热地区建筑常见底层架空，大挑檐加强遮阴效果，大面积开窗或用通透格栅，外观上显得轻巧空灵。排列规律形成模式最典型的例子是中国的传统院落。一个地域在一定时期对院落建设通常有严格的礼制要求。中国传统院落以“进”来描述串联庭院的数目，也表现了整个院落规模的大小，在传统社会

① 吴志强，李德华 . 城市规划原理 [M]. 北京：中国建筑工业出版社，2010: 275.

皇权浩荡的年代对不同身份和地位的人家“进”的数量有严格的规定，每“进”庭院也有礼制上的严格要求，违背礼制的人家被视为不尊敬礼数，被乡族人谴责，严重的犯下僭越之罪，引来杀身之祸。又如中国古代视九为阳之最大的数，六为阴之最大的数，只有皇帝和至尊者（如孔庙）能以“九”为数。只有皇家和孔庙可以九进院落，九开间正厅，横九钉，竖九钉正门，飞檐上九只吻兽等等。可见这些模式，无论归于单体形态还是群体形态排列，都是自然条件，社会习惯与规制，功能需要在物质空间上的投影。而在综合因素的影响下，形态规律与排列规律结合可以构成丰富的建设模式。例如欧洲传统广场的典型建设模式一般有四面围合的建筑界面，建筑界面是有相似尺度和规制的一系列不同建筑的整齐排列。而这里的尺度、规制又是对每个单体建筑形态的要求。

5.6.3　选择建设模式的依据

对城市建设模式的选择即为判别一个建筑组群、一个片区或一个城市中占主导地位的建设规律的过程，其依据包括城市本地的气候、地形地貌、人文建造传统和生活方式等。典型的例子比如重庆，为应对独特的山地地形和蜿蜒的水系，重庆采用了多中心组团模式。1998年以来，重庆市经历了两轮城市规划修编与调整工作，空间发展相继经历了三版城市总体规划。在最初的三片区、十二组团，一主中心、四副中心空间结构基础上，后面的两版总规为了延续和坚持“多中心组团式”布局模式，不断地配置重组，增加城市组团和副中心，2011年版的总体规划在中心城区增加了一个组团，外围城区增加了四个组团和四个副中心，形成了现在山城重庆独特的城市风貌[①]。

5.7　活力峡谷：城市中的惊喜之地

5.7.1　活力峡谷

城市空间序列之中分布着一些肌理突变的带状区域，往往是城市文化娱乐和商业休闲活动兴盛之地，犹如钢筋混凝土山林中落英缤纷的峡谷，是城市极具魅力的地方，我们称为城市的“活力峡谷”。

在世界各地不同的城市中常常能发现斜街这种富有魅力的街道，它们斜插到原本规整的城市肌理中，与城市格网系统格格不入，但又热闹非凡、闻名遐迩。纽约城里的街道，除了下城之外，都像棋盘一样方方正正，但百老汇是唯一一条斜跨曼哈顿岛的南北走向的大街。

① 刘嘉纬．重庆市主城区城市空间结构研究 [D]. 重庆：西南大学，2010.

图 5-47　北京烟袋斜街的商业氛围与生活场景（图片来源：作者自摄）

图 5-48　纽约百老汇斜街与 43 街交叉处的时代广场商业繁荣，成为全世界立面广告位租金最贵的地方，立面租金贵于楼面租金（图片来源：作者自摄）

它从曼哈顿下城东南角上的河边码头，穿过繁华的闹市和安静的住宅，通过摩天大厦林立的中城直达西北纽约州广袤的腹地。在其与许多条大道的交汇处，都形成了繁华的交叉路口，比如时代广场、哥伦布圆环（Columbus Circle）等（见图 5-48）。这条路上集合了各种各样的剧院，晚上五彩的霓虹灯闪烁为四四方方的城市建筑显现了几分活力，规规矩矩的都市交通增加了几许变化，对万千大众来说，这条街道上汇集的五光十色的都市场景是纽约商贸繁荣的集中体现，给他们朝九晚五的平凡生活增添了异样的光彩。

北京作为典型的方格网布局的城市，也有几条著名的斜街。烟袋斜街坐落在北京西城区鼓楼大街与什刹海之间。斜街的形状很像一只烟袋，街道恰似烟袋杆，烟嘴冲着地安门大街，烟锅向着小石碑胡同。烟袋斜街的形成得益于元大都时的积水潭是港口码头，为使码头至鼓楼前有一通道，遂在积水潭至鼓楼之间修筑了这条斜街。从布局上看，元大都城呈长方形，城内东西、南北各有九条干线，街道宽直整齐，惟这条街是斜的，很是突兀。但若以实用眼光看，这条斜街却非常实惠，不但是北京城内最早的斜街，也是当时这一带运输贸易的生命线。明代以后，运粮船不能驶入积水潭，但是烟袋斜街却基本保持着六百多年前的格局和模样。清代光绪年间烟袋斜街成了为贵族官宦服务的高档商业区，直到辛亥革命后才开始平民化。如今，这条长约 300 米、宽仅十余步的斜街汇集了众多老北京手工作坊和特色小吃，总计 88 家店铺，成了既传统又时尚、展现着老北京文化和历史的旅游文化创意街区。

大栅栏是北京最古老、最著名又别具一格的古老街市和繁华的商业街区，保留有北京历史延续最长（元、明、清、民国至当代）的城市肌理及独特的斜街格局。斜街形成于元代建成大都后，被人为走出的斜路两边逐渐增建了铺面民宅，随着商业的日益发展形成了斜街格局。大栅栏地区老建筑众多，传统商业、民俗文化旅游与居住相结合，斜街与胡同的交汇点景观画面丰富，点状绿地和小型开敞空间点缀其中，格局紧凑。通过近些年来的大栅栏地区更新改造，在保留斜街和大量历史遗迹的基础上，传统街区、文化建筑、胡同、四合院、会馆、庙宇、士文化与市井文化符号等汇集成了有形与无形的历史片段，现代设计思维与传统商业的结合激发了街区原有业态的新活力（见图 5–49）。

城市中的一些节点是活力峡谷的特例，在佛罗伦萨低矮而紧凑的街道中漫步时，人们能够远远地看到圣母百花大教堂的穹顶，带着期许和好奇前行，突然来到广场和大教堂面前，空间豁然开朗，巨大的建筑体量让人感到无比的惊喜和兴奋，不管是不是教徒，人们都会顿生崇敬之情。建筑与空间的体量、尺度和形式在这里发生的巨大突变为人们的感官带来极大的刺激，进而达到烘托空间氛围，暗示特殊的城市功能的作用，在今天，这一区域仍然是佛罗伦萨最具有活力的区域之一。

图 5–49　大栅栏（图片来源：作者自摄）

活力峡谷的形成有不同的“机缘巧合”，他们貌似与环境格格不入，却比任何一条规整的街道或街区更有存在的直接“道理”，或有深刻的自然或历史渊源，或是两个重要目的地之间最直接的联系纽带，这些活力峡谷有的是城市中的绿地或开放空间，如常熟的虞山楔入城市，西湖的滨水区；有的是历史遗留，如起于印第安人时期曼哈顿岛位于地形脊线上的放

马道的百老汇大街，苏州著名的水街七里山塘是白居易任苏州刺史时开凿的联系古城商贸闹市阊门与标志性景点虎丘的运河，其实就是当时的景观“路”；有的是规划时两种肌理的突然碰撞，如旧金山的市场大街。

5.7.2 活力峡谷的特征

通过分析城市中的活力峡谷可以识别出三个方面的共同特征：空间特征、动力特征和活动特征，对于城市设计师极具启发性。

首先是空间特征：它们都是城市空间的突变区或不同空间模式的交汇区。这些城市空间与生活的突变区通过异于周边城市空间的建筑形象或空间感受为行走于城市中的人带来惊喜，进而激发区域的活力，成为城市的焦点、地标和公共活动集中的场所。从卫星图上可以清晰地看出这种空间特征，它们有的是规整方格网中的一条斜线、有的是城市片区与自然水系之间的转换区域、有的是细密肌理中的一个放大单元（见图 5-50 ~ 图 5-52）。

更为内在的是动力特征：以空间特征为前提，它们是城市中多重要素流的交汇区。为什么纽约人都选择在时代广场欢度节日而不是在著名的帝国大厦和世贸中心呢？至少有一个重要原因是百老汇大街和时代广场汇集了不同性质的交通流、人流和产品流，而又提供了丰富的公共空间，为多样化的文化和商业活动提供了可能的场所。这种城市中其他空间所不具备的多重属性和边界属性是这些区域的动力来源。

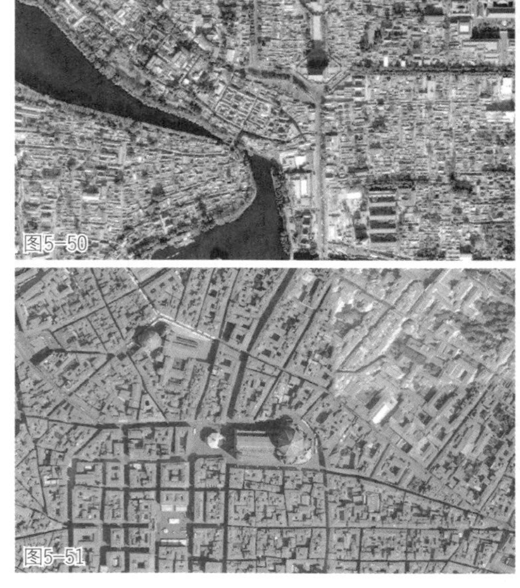

图 5-50 烟袋斜街卫星影像图（图片来源：谷歌地球）

图 5-51 佛罗伦萨大教堂卫星影像图（图片来源：谷歌地球）

图 5-52 百老汇大街卫星影像图（图片来源：谷歌地球）

活动特征无疑是前两个特征的结果：这些区域都成为城市中文化碰撞和激荡的活力区。不同的阶层、不同目的的人流因丰富多样的空间和活动聚集在一起，于是发生不同文化的碰撞。站在人头攒动的时代广场，汽车川流不息，各种商业广告和歌舞剧招牌令人眼花缭乱，密密麻麻的高层建筑也显得纷繁复杂；在烟袋斜街中，古朴的中国传统建筑店面内经常有时尚潮流的商品出售，街中有观光的游客、遛弯的情侣、参观学习的学生，还有街拍的摄影师，文化的碰撞产生新的文化，功能的交融产生新的功能。

5.7.3　促成一个活力峡谷

认识到这些“活力峡谷”的特点和成因，意味着我们在城市建设过程中应当敢于接受和包容城市中“不合当下常理”的异质空间。这些空间可以是像百老汇大街和烟袋斜街那样的历史遗存，也可以是像波士顿大绿道（Green Way）工程和西班牙巴伦西亚老运河那样通过对旧有城市基础设施的改造而来，这些形态特殊的城市空间保留了城市的历史记忆，却又与新的城市生活紧密相连，生生不息（见图 5-53 ~ 图 5-55）。

我们必须认识到，适宜形成突变的城市地段仍是少数，城市中必须先有大面积整体统一的背景，局部的突变才能使形态与空间的对比成立。也就是说，为了某些地段成为城市的焦点，城市的大部分地区必须甘于平常。这种“平常”并不代表我们在城市中的大部分区域不提倡变化，而是需要将变化限制在一定的秩序和规制之下。建筑师受单独地块开发建设者的委托，总要满足委托方让自己的建筑更显眼、更与众不同的诉求，有时还要满足委托方独特的个人喜好，这是最自

图 5-53　西班牙巴伦西亚为了杜绝困扰城市的洪涝之苦，将穿越城市中心的运河改道城外，利用老运河河床建成带状绿地，成为城市中重要的休闲景观带（图片来源：作者自摄）

图 5-54　西班牙巴伦西亚老运河河床改造成的休闲景观带（图片来源：作者自摄）

图 5-55　巴伦西亚老运河（图片来源：http://www.quanging.com/share/v57-756916.html）

然不过的事情，但是这些倾向如果不通过城市设计加以管控，就会出现像本章开篇时提到的城市中变化过多的现象：各种各样的奇特建筑、色彩纷繁杂乱，无论来源和合适与否照搬某种国外风格的建筑在城市中遍地开花。

基于这一认识，我们在苏州总体城市设计和延庆总体城市设计当中都依据包括建筑功能的重要性、公共开放程度、与城市公共开放空间的关系、道路对景关系等多种因素的综合分析将城市中的建筑分为城市焦点建筑、片区节点建筑和背景建筑三大类区别对待。针对这三类建筑，城市设计制定了截然不同的控制要求：城市焦点建筑减少城市设计导则过多过细的规定，设定开发建设门槛，提高建筑设计审查的严格程度，将发挥空间留给高水平的建设者和设计师；城市背景建筑注重城市设计导则的严格控制，对其高度、形体、色彩、风格等多方面提出管控要求；对于片区节点建筑的控制则介于二者之间。

传承或新建突变的城市空间还远未达到促成活力峡谷的目的，我们需要更加深入细致地设计与治理。对于城市中的一些空间变异区来说，未来的发展可能走向两个极端：城市的亮点地区和城市恶疾地区。用“流”的理论更易解释这一现象：城市中的各种“流”在“有秩序”或有规律的地区正常地流动，但到了这些突变区域停滞、集聚。

当治理和设计良好时集中迸发活力；当治理和设计失当时，矛盾激化，成为问题区域。成都的宽窄巷子完整地保留了古城区的斜向的“鱼骨状”空间格局和历史风貌，但是长期以来由于缺乏治理，区域内私搭乱建的现象十分严重，同时公共基础设施匮乏、危房众多，而随着区域聚集的人口日益增多，公共空间环境品质急剧下降。通过包括建筑更新、商业功能引入、基础设施建设和公共空间景观整治在内的一系列的城市改造更新活动，在保留区域历史建筑和空间格局的前提下，宽窄巷子在各个方面得到了治理与改善，在今天已经成为闻名遐迩的特色商业街区，街上人流络绎不绝，极具活力，其中的历史建筑也因为现代功能的引入而焕发了生机。

[实践案例：重塑清山清水新天堂——苏州总体城市设计]

苏州总体城市设计在构建城市格局、梳理中心体系和管理城市增长等方面做出了积极的尝试。

苏州由于行政分割、自然边界分割、重大基础设施分割等因素，综合导致原本完整的苏州被切割成“4+1”个明显的孤立片区（东部工业园区，南部吴中区，西部高新区，北部相城区以及中部老城区）。苏州总体城市设计抓住“中心”、“通道”、“边界”三大核心要素的整合，牵一发，动全身，带动城市结构的梳理。

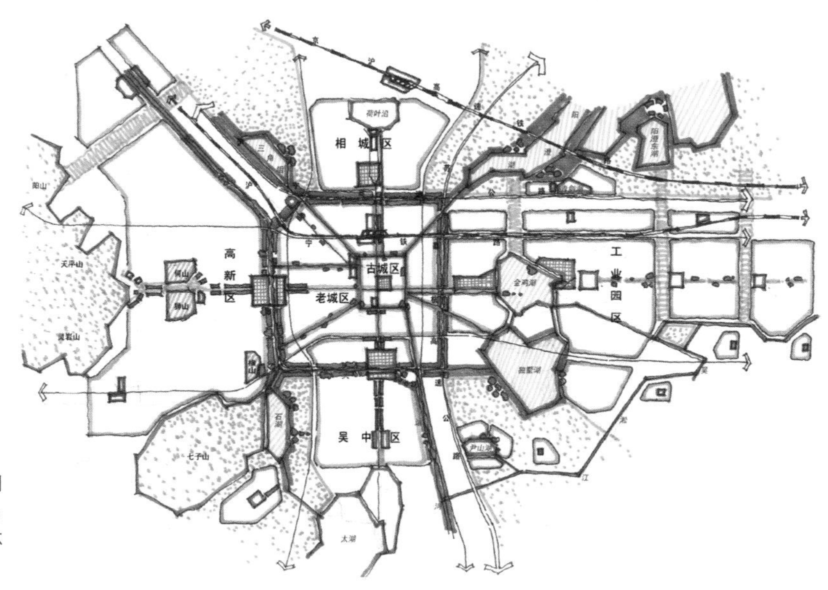

图 5-56　苏州中心城区空间结构图（图片来源：作者自绘，引自《苏州总体城市设计》

苏州城市中心体系长期处于“有心无核”的状态。苏州整体城市设计针对各个片区缺少整合、各自独立的综合服务聚集区，细化了总规对城市中心体系的要求，强化了对片区控规编制的引导；落实了总规提出的高新区与老城区合核战略，提出了具体的功能容量要求和概念性形态方案。

在控制城市空间增长边界方面，苏州总体城市设计利用城市道路、绿化隔离带、河道等分隔城乡边界，划定明确的城市建设用地范围，严格限制城市的无序蔓延。与此同时，规划强调城市边界两侧绿化与生态环境保护，要求城市建设用地与农业用地、山体开放空间、滨水开放空间之间设置生态绿化隔离带，隔离带的宽度不小于 50 米，并要求隔离带中除小型景观建筑与必要的市政设施外，严禁其他类型的建设（见图 5-56）。

在总体城市设计的指引下苏州三角咀湿地公园、相城荷塘月色大型郊野公园等一批对城市结构调整和固化至关重要的公共空间项目先后建成。陆续编制了户外广告设置专项规划、公共空间环境建设专项规划等一系列子项规划持续地指导城市建设工作。

（编制单位：中国城市规划设计研究院。
主要编制人员：杨一帆、肖礼军、伍敏等。技术指导：邓东。）

图6-1

图6-2

图6-3

第6章　追求有地方特色的城市风貌：城市设计的本土性

Chapter 6　Pursuit of the Unique Cityscape: Indigenousness of Urban Design

导言

Introduction

图6-1　敦煌老照片（图片来源：原敦煌博物馆馆长傅立诚提供）

图6-2　从大量敦煌老照片中，提炼敦煌本土建筑"厚重古朴、内向围合、大虚大实"的特点，总结和归纳屋顶、墙体、窗洞、入口、檐口等处的本土手法，这些独特的手法和元素是敦煌的气候环境、历史文化在本土建筑上留下的痕迹，比如夯土建筑墙体竖向的收分、出于防御和遮阴避风的原因采用的小格深窗、四角高企的建筑外轮廓线以及凸出的建筑入口（图片来源：原敦煌博物馆馆长傅立诚提供）

图6-3　通过现代建筑语言将敦煌独特的手法和元素转译到新建建筑中，体现传统文脉而又贴近时代的城市风貌（图片来源：敦煌总体城市设计，中国建筑设计院·城市规划设计研究中心）

在城市设计领域，没有地方特色就等于没有特色，因为国际化可以把最新的技术与时尚带到世界任何地方，但只有适合本土的，才可能是独特的。世界之所以具有多元的魅力，是因为每个城市都有其独具一格的特性，一种专属的、排他的、从本土生长出的气质，反映出这座城市独特的本土性，它既应被作为城市设计的基本原则，又应成为城市建设发展的目标。

In the area of urban design, a lack of indigenousness equals a lack of character. Globalization brings the latest technologies and fashion to every corner of the world, but only that which is vernacular is unique. The world is beautifully diversified because each city has its own unique, natural temperament representing the city itself. This uniqueness should be the fundamental guideline of urban design as well as the object of urban development.

6.1 城市风貌的基因

本土性似乎是一个过于抽象的概念，但究其本质，本土性其实并不虚无，它是一个城市众多地域特征汇聚而成的结果，而地域特征是城市基因外化的结果。对于不同的地区与城市，差异化的基因孕育出了城市特有的城市风貌。基于这些物质形态的本土特征，会相应地激发出地域的归属感。这种归属感实际正是乡愁、本土意识、本土观念等意识形态价值的反映。

很少存在没有特征的城市，但的确有很多城市并不清楚自己的独特之处在哪里，这是城市设计中本土性缺失的一个重要原因。以城市基因为线索，能够帮助城市更好地发掘本土特色，找出自己最与众不同的要素是什么，进而作为城市设计本土性的有效载体。

6.1.1 城市风貌基因的构成

地形地貌

地形地貌是城市重要的先天基因。作为城市重要的自然本底，地形地貌对城市的整体格局和结构起到决定性的作用。在城市设计中，追求城市格局与地形地貌的耦合，是尊重城市本来面貌的第一步。城市最具有竞争力、最可遇而不可求的特色正在于其自然格局上的特色。斯德哥尔摩的群岛、圣安东尼奥的水系都成为城市最具有辨识度的要素。旧金山因借山丘与海湾的地形地貌发展出建筑依势延展的城市形态，营造出楼宇参差、阡陌纵横的宜人氛围（见图 6–4）。在人为建造的层面，城市可以通过复制而趋同，但地形地貌的不可复制和独一无二，使其能够成为城市最本真的印记。

图 6–4 旧金山城市与地形的关系（图片来源：作者自摄）

图 6-5　旧金山Lombard Street
（图片来源：作者自摄）

[不循常理的妙笔之作——旧金山伦巴底街]

美国旧金山的伦巴底街（Lombard Street），习惯被称为九曲花街，是一条东西方向贯穿要塞区（Presidio）及牛洞区（Cow Hollow）的街道。伦巴底街原本是直线通行的，但考虑到这段坡度非常陡的街道的行车安全，1923 年将这路段改成目前所见的弯曲迂回线型，利用长度换取空间减缓沿线的坡度，并且改用砖块路面增加摩擦力。街道在很短的距离内形成八个急转弯，因为坡度达到 40 度，且弯曲呈“Z”字形，所以汽车只能往下单行。街道两侧遍植花木：春天的绣球、夏天的玫瑰和秋天的菊花，把它点缀得花团锦簇。这条街道的保留与否一度引起争议，试想一下，作为城市管理者和使用者容许这样的街道在城市中出现实在是不合常理的。而九曲花街今天则成为旧金山必去的景点，也是电影艺术作品中常见的经典场景。我们在今天的城市建设当中，似乎也应该对一些历史遗留下来、与现代城市功能不太适应的城市空间有所尊重和保留，不仅出于对历史的尊重，也出于对其中“场所感”和“人气”的珍惜（见图 6-5）。

气候

气候特征是另一项具有重要影响力的城市基因，包含温度、风、雨量、气压等因素。温度是一个重要因素，不同城市会运用不同的智慧与不同的温度条件友好相处。旧金山通过建筑限高、树木大小取舍与树种选择等手段削弱城市寒冷的气候体验，而敦煌则运用厚墙深窗的建筑形式来应对夏季的炎热。雨量也对城市风貌有着重要的影响，广州衍生出骑楼式的建筑形式便于日常躲雨；湘西苗寨的吊脚楼与坡

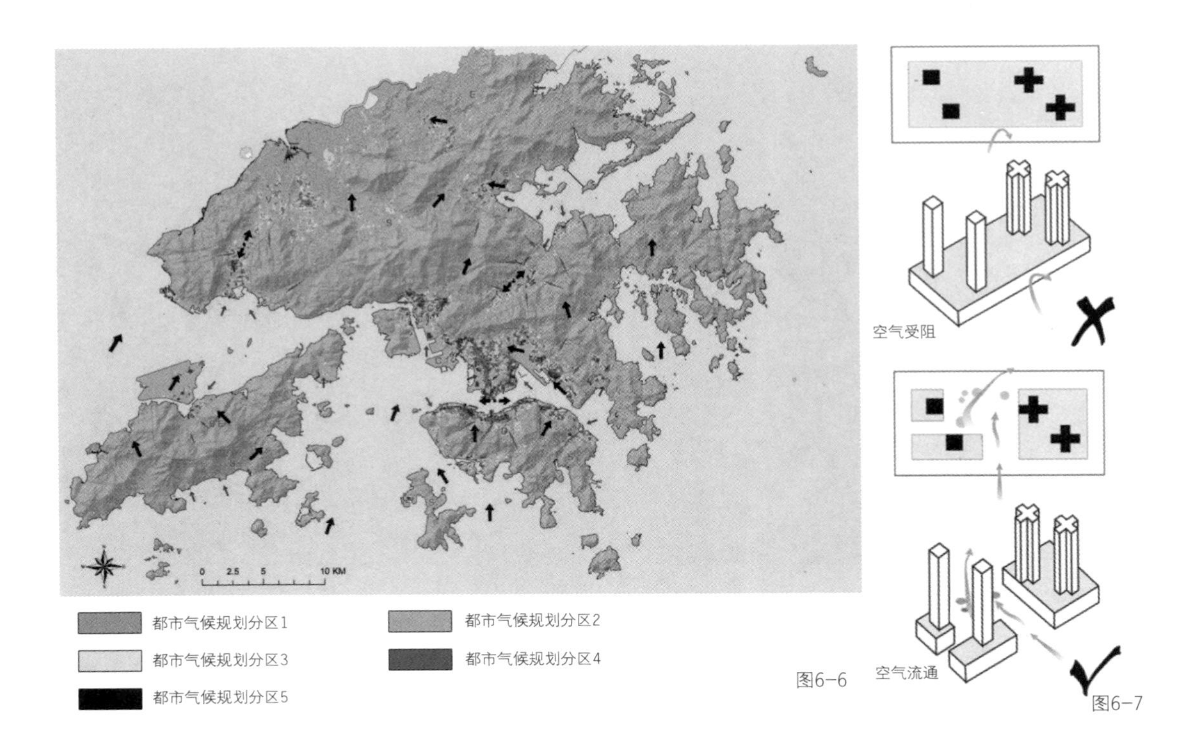

图6-6
图6-7

图 6-6 香港气候规划分区图（图片来源：都市气候图及风环境评估标准可行性研究 [R]，香港特别行政区政府规划署，2012）

图 6-7 地面覆盖率引导图（图片来源：都市气候图及风环境评估标准可行性研究 [R]，香港特别行政区政府规划署，2012）

屋顶利于排水，正好应对当地阴雨多变的气候；圣保罗和香港通过架设天桥网络巧妙地为市民提供避雨行走的廊道；蒙特利尔充分开发地下空间使人们在多雨的气候条件中更为便利舒适地穿梭于城市。现代城市具备更强的意识与能力，通过科技量化的手段让城市更好地顺应当地气候，例如香港特别行政区政府规划署与香港中文大学共同进行了香港都市气候图及风环境评估标准可行性研究，对城市进行了气候规划分区（见图 6-6），并从绿化、地面覆盖率（见图 6-7）、与开敞地区的距离和联系、建筑物体积、建筑物通透度、建筑物高度六大方面提出改善城市气候的规划设计措施。城市气候特征影响着城市从宏观到微观的各个层面，城市结构、街区布局、建筑形态与色彩、城市绿化率、地下空间利用等要素都可作出对城市气候的有效回应。

历史

历史影响也是城市基因的重要组成部分。权力意志、意识形态、重大历史事件对城市建设产生有力的影响，不同时期的历史都给城市留下印记，城市就是一本活着的史书。《国家的视角》一书中提到："强大的国家与统一设计的城市之间的密切关系是很明显的。城市形态史学家刘易斯·芒福德（Lewis Mumford）认为，在现代欧洲，意大利城邦国家空阔清晰的巴洛克风格是这种共生关系的开始。"这也就是说，几何化（放射式或是方正的）城市格局、巨大的建筑、高度统一的城市风貌是历史政治思潮影响的结果，正如书中对巴洛克风格的判断：

“其意图也是反映君主伟大而令人敬畏的权力。”[1] 柯布西耶提出的当代城市（The Contemporary City）构想充满了规划师对大工业时代理想社会组织方式的憧憬和对工业化的激情称颂，甚至提出建筑就应像机器一样。所有住宅都是大规模、标准化批量建设，“甚至住宅中的家具也是一样的。”[2] 在这种现代主义思潮影响下，全世界都出现了一大批缺乏个性，千篇一律的所谓“国际式”建筑与城市片区，体现了当时的意识形态与工业时代的狂热，和对城市建设所能产生的影响。

产业模式和生产方式

产业模式和生产方式作为城市基因之一，是城市经济活力的直接决定因素，会对城市空间组织和建筑形态产生显著的影响。城市经济活力的不同将带来建设规模与强度的显著差异，地区受制于经济、技术与管理水平的制约，城市往往呈现出“疏松低矮”的态势，而经济发展迅猛的地区则可能城市密度较高，且扩张趋势明显。例如北京 20 世纪经济发展带来人口的大量集聚，城市用地规模快速扩张，中心城的建设密度也不断加强（见图 6–8）。经济发展状况同样能对城市建筑形式产生影响，例如繁琐的装饰与奢华的风气往往盛行于经济繁荣的时期，而摩天楼式的建筑形式也是产业与科技高度发达的城市衍生出的产物（见图 6–9）。城市会因产业模式和主要生产方式的不同导致经济发展水平和社会文明程度的差异，因而进一步呈现出迥异的城市风貌。

建造传统与技术

建造传统与技术是城市在微观层面直接体现于建筑形式的重要基因。城市在漫长的演进历史中，因不同的自然资源和社会组织方式积累起不同的建造传统和建造技术，它们主要体现为建筑材料的选取与建造工法的沿袭。中国传统建筑以实木为材，通过由梁、柱、斗拱等构件组成的木结构体系，展现出特有的形制与技艺；羌族村寨内巨大的、

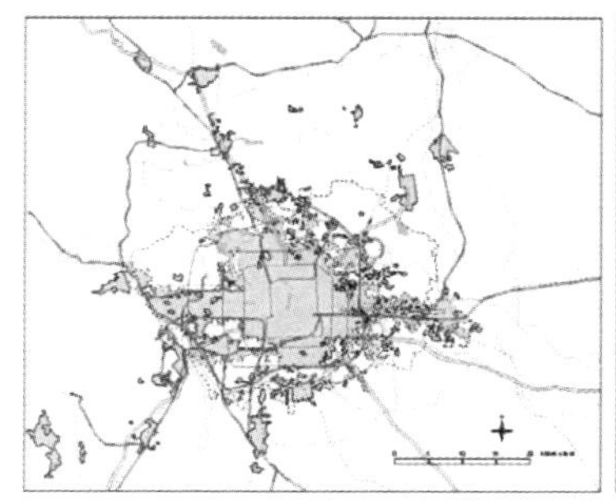

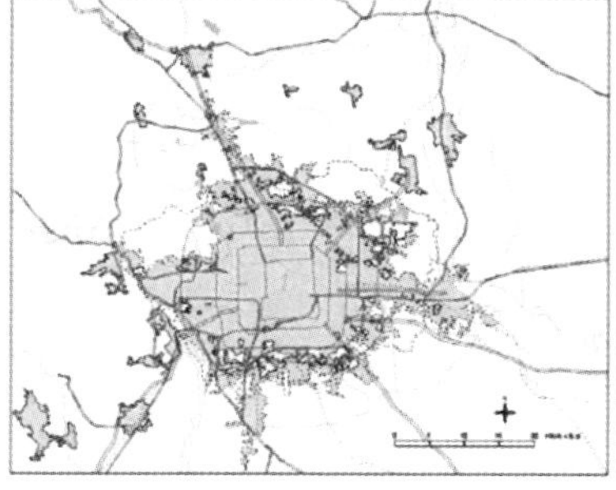

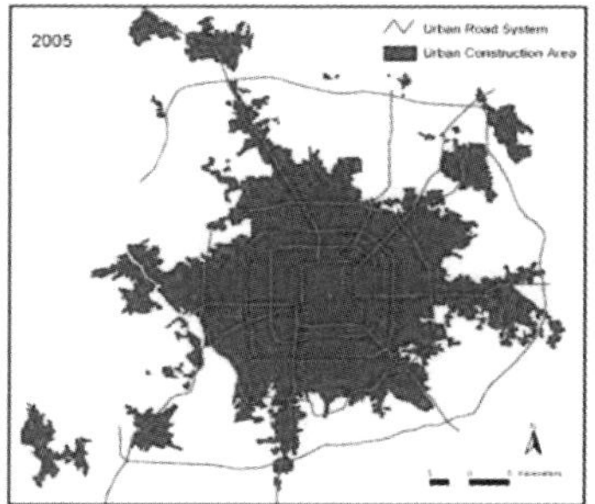

图 6–8　从左至右依次为北京市 1991 年、2000 年、2005 年城市建设用地范围图（图片来源：近几年我国城镇建设用地扩张特点研究——基于 117 个案例城市的实证研究 [C]，陈明，李新阳，2011）

① 斯科特 . 国家的视角 [M]. 王晓毅，译 . 北京：社会科学文献出版社，2004: 69.

② 柯布西耶的城市——巴西利亚 [EB/OL].（2012–5–10）[2015–1–3]. http://www.douban.com/note/ 213755950/.

图 6-9 纽约市鸟瞰图（图片来源：作者自摄）

由片石与黄泥砌筑而成的碉楼雄浑挺拔，反映出羌族擅于砌石、筑堰的建造基因；福建的红砖古厝屋脊高翘，雕梁画栋，尤其是建筑上的砖雕构件，极富立体感，窗棂镌花刻鸟，装饰巧妙华丽，承载着地方独特的居住审美与智慧。在一些传统的村落，仍保留着邻里互助建房的传统，创造出亲切宜人的"低技派"城市风貌；而在现代文明的风口浪尖，由高技派铸造的城市迪拜则集中展示了当下最具科技先锋性的建造技术。不同的建造材料与建筑技术本身并无高下之分，无论是传统的、还是现代的，都可以创造适宜而精彩的城市空间和城市风貌。建造传统与技术是城市智慧的一种集中体现，反映了不同的城市与自然相处的方式和由此衍生出的价值取向。

宗教与崇拜

宗教信仰与精神崇拜反映了一个城市在精神层面的追求，作为城市基因的组成部分，它能够非常隐性但深刻地影响城市的空间形象。中国拜神与拜祖先的传统诱发了以庙宇和宗祠为空间核心的村落格局。例如，明清时期，歙县瞻淇汪氏宗族建有 1 座总祠和 8 座支祠，位于村中心的总祠继述祠是全村祭祖之地，支祠随血缘组团分布，形成各自的次中心[①]（见图 6-10）。在欧洲，以教堂与广场作为城市重要场所的城市空间模型屡见不鲜，也源于宗教信仰对城市形态的直接影响。西班牙古都 Toledo 市与乡村有清晰的边界，城市中的天主教堂成为统帅城市为数不多的几处重要标志建筑，形成有序而又富于变化的城市形态秩序。这是很多欧洲历史文化名城的基本特点（见图 6-11）。城市因宗教信仰与精神崇拜划定出城市中最具有精神意味的、往往也是

① 陆林，凌善金，焦华富，等. 徽州古村落的景观特征及机理研究 [J]. 地理科学，2004（6）：660-665.

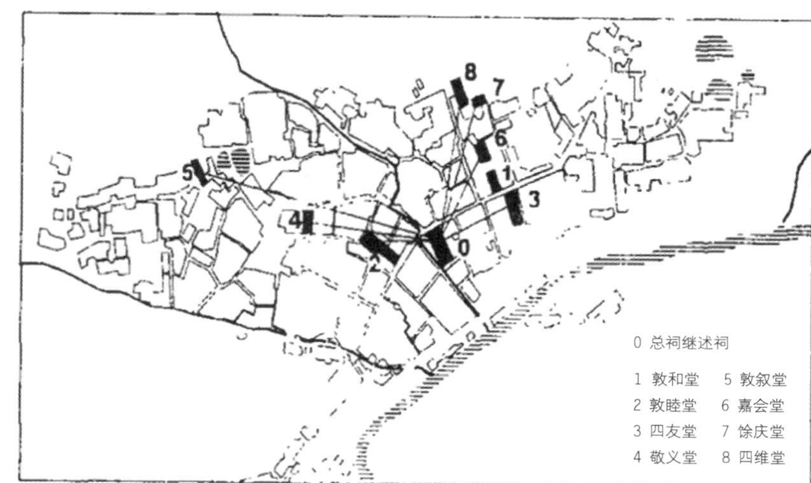

图 6-10　歙县瞻淇祠堂空间分布图（图片来源：徽州古村落的景观特征及机理研究[J]，陆林，凌善金，焦华富，2004）

图6-11

哥本哈根市中心户外咖啡馆分布图
• 1～24个座位　● 25～49个座位　● 50～99个座位　● 多于100个座位

图6-12

图 6-11　西班牙古都 Toledo 城市与乡村有清晰的边界，城市中的天主教堂成为统帅城市为数不多的几处重要标志建筑，形成有序而又富于变化的城市形态秩序。这是很多欧洲历史文化名城的基本特点（图片来源：作者自摄）

图 6-12　哥本哈根市中心户外咖啡馆分布图（1995 年）（图片来源：公共空间·公共生活 [M]，杨·盖尔，2004）

最重要的公共活动的核心，由文化性建筑组成宗族与整个城市的祭祀、礼仪和社交中心（见图 6-12）。这些核心空间将在城市结构层面对整个城市的风貌产生重要影响，并且往往采用特质化的建筑形式，以强调自身凝重而独特的地位。

文化习俗与生活方式

文化习俗与生活方式似乎是城市最为隐性的基因，但其对城市风貌的作用力不可小觑。建造从来只是一种结果，而城市的本质是人和生活。人的活动承载着城市的文化习俗与人的生活方式，城市也会自发地形成相应的空间来承载这些“活的文化”，久而久之固化为独特的城市面貌。北欧城市因人们热爱运动和与自然亲近的天性，其城市表现为外向性的趋势，户外活动空间高度发达（见图 6-13），城市道路充分显现出与行人友好的特质[①]；中国传统城镇与村落因为

① Gehl J, Gemzøe L. Public Spaces-Public Life [M]. 2004.

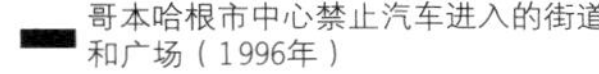

图6-13

图6-14

图6-15

图 6-13 哥本哈根市中心禁止汽车进入的街道和广场（1996 年）（图片来源：公共空间·公共生活 [M]，杨·盖尔，2004）

图 6-14 成都黄龙溪古镇戏台（图片来源：作者自摄）

图 6-15 长卷风情画《老成都》中的茶馆（图片来源：茶馆：成都的公共生活和微观世界 1900 ~ 1950[M]，王笛，2010）

看戏、庙会和赶集的传统，戏台和集市成为重要的公共活动核心[①]（见图 6-14）。喝茶作为中国日常生活的重要部分有着漫长的历史，而“在中国，成都的确以茶馆最多、茶客最众并在茶馆中消耗的时间最长而名声在外。”茶馆在城市生活中扮演着重要角色，城市内遍布着档次不同、形态各异的茶馆（见图 6-15）。茶馆分布与建筑形态是城市之“貌”的重要组成部分，而茶馆内的嬉笑怒骂、世态炎凉则正是城市之“风”的外化。文化习俗与生活方式看似寻常，实为关键，是城市风貌至关重要的塑造者。

崔愷在《本土设计》一书中提到：当我们有了大文化的观念，我们就能从本土中找到极其丰富的若隐若现的文化资源，从中汲取营养，让今天的本土设计注入文化的基因[②]。大文化其实就是提示城市的建设者，城市具有丰富的基因，相应的文化内涵与层次也是丰厚的，并不缺乏可以挖掘的素材。通过对城市基因的充分解读与转译，可以帮助城市找回它本来的模样，塑造出合宜而又自信的城市风貌。

6.1.2 城市基因对风貌的影响机制

基因有其稳定的传承机制，城市风貌忠实地反映着城市基因携带的信息，而这正是城市文脉延续的根本。城市传统带有的“固执”力量在生活中随处可见：在日本，原宿奇装异服的洛可可风格少女在明治神宫的福树前默默祈福，六本木身着西装的商务人士在传统日本料理店内食用传统工艺制作的拉面，用钢筋和玻璃建成的极富现代感的和服店内陈列着最原汁原味的传统服饰，京都八坂神社门外现代轿车车水马龙（见图 6-16）。这些鲜活而有趣的对比无不在说明我们的现代城市可以本能地保留和延续城市传统的特色，在这里，历史遗存与现代文明和平共融，人们高效快节奏的现代生活中，衣食住行都随处可见传统的影子。基因对城市个性的传承机制，对城市风貌的影响力

① 罗德胤，秦佑国 . 中国古戏台的特征、形成及启示 [J]. 建筑史 , 2003 (3): 81–92, 285–286.

② 崔愷 . 本土设计 [M]. 北京 : 清华大学出版社 , 2010: 9–13.

图 6-16　京都八坂神社门外车水马龙的景象（图片来源：http://augusteiskhay.blogspot.com/2013/03/blog-post_31.html）

度往往超出人们的想象。因此，城市设计应将城市基因作为最重要的设计线索，对城市基因的捕捉越准确、越具有代表性，城市的本土性就越鲜明、越突出。

叠加效应

城市基因具有叠加效应。城市最终形态是多种基因叠加的结果，某一个基因相同的城市，可能因为其他基因的不同而呈现出迥异的风貌。例如敦煌与三亚在夏季均非常炎热，但在城市乃至建筑形态上存在巨大差异，其原因在于两个城市的风貌并非温度一个因子决定的，而是与湿度、植被、文化习俗等其他基因综合叠加的结果，孤立而片面地理解其中某一个城市基因是偏颇的。对于一个城市而言，往往同时具备几项同等突出的基因，而其城市设计主题的支撑要素也因此是复合的，正如城市风貌的总体定位也往往涵盖了多个主题的内容。经济基因与自然基因同等突出的城市香港，在城市发展中也强调“经济发达”与“环境宜居”的并行不悖，因此香港是高度密集的城市，这种城市形态的确立既符合其经济特性，又可以最大限度地保护山体和自然环境少遭受城市扩张的侵袭（见图 6-17）。特别值得注意的是，在城市设计的过程中，确立的各个主题应在逻辑上具有一致性，最终呈现的表达结果要互相补足、增益，而非互相矛盾、削弱，这样才能达到强化城市特色与本土性的目的。

极化效应

城市基因同时具有极化效应。这就是说，通过对单要素的反复表达和突出，可以达到强化本土性的效果。一个很好的例子是希腊的圣托里尼，这座爱琴海上的火山岛选取了自然要素作为最重要的表达基因，大胆地通过对色彩这一个因子的强烈表现，以纯白作为整个岛上

图 6-17 香港城市建设与自然的关系（图片来源：http://bbs.dili360.com/thread-16918-1-1.html）

图 6-18 希腊圣托里尼岛（图片来源：黄圣文摄）

建筑的主色调（见图 6-18），凸显出希腊清澈明亮的天空，衬以蔚蓝大海，可谓美不胜收。通过对单一要素的反复强化，使城市在形态上呈现出高度的一致性与主题性，这是一种较为简便但收效显著的对极化效应的应用，但要注意避免乏味粗糙，因为纯净与单调仅一线之隔。城市基因的极化效应在另一种特殊情况下具有重要意义，那就是在没有历史包袱、着力创造全新未来的城市设计中，在主题设定上可以采取较为“激进”的手法，出奇制胜地取得令人印象深刻的效果。例如在沙漠中崛起的主题乐园式城市拉斯维加斯与迪拜，拉斯维加斯作为博彩圣地，整个城市似乎是一个巨型游乐场，而迪拜以其极具未来感的形象被誉为沙漠奇迹。值得指出的是，极化是一种设计思路，但不是疯狂与无序的借口，更不是歌颂奇异形态的圣歌，它需要强大的控制力与执行力，使整个城市自上而下呈现出具有高度连贯性的面貌，这种连贯性既是逻辑上的，又是形态上的。

6.2 基于本土性的城市设计方法

有的城市特色流于表面，难以直入人心，而有的城市具有强烈的

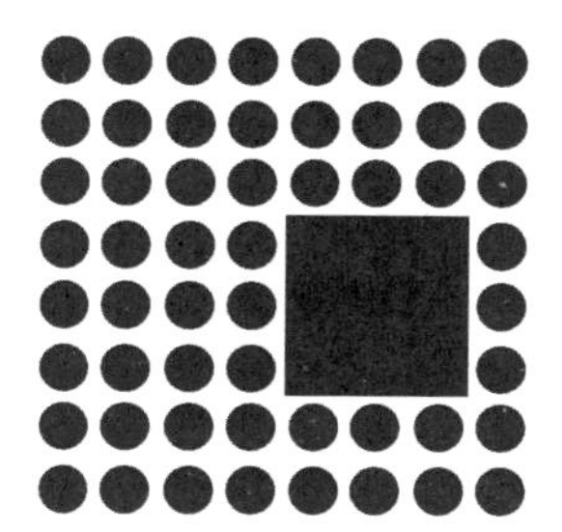

图 6-19　“图底相生”（图片来源：赵楠绘）

地域特质与高度的精神意味。城市设计应努力用技术方法去探寻其中奥秘。本土性是一个难以直接定义的概念，但它可见可感，最终人们真实体味得到。能充分表达本土性的城市设计没有一定之规，但一般应该兼顾群体与个体、实体与空间、物质与精神、本土与外来元素的融合。

6.2.1　群体与个体

群体与个体设计方法的提出，旨在强调城市设计中主次关系的存在——这对于本土性能否清晰地浮现至关重要。探讨基于本土性的城市设计方法应该多向传统城市学习，他们一般是主次分明、逻辑清晰的。在一个城市中，群体与个体的关系是图底相生的。以大量风格类型一致、趋于均质化的群体作为城市的“底色”（这种均质化并不等同于多样性的缺失，单纯地复制是不可行的），以少量特异化的个体作为城市图版上令人眼前一亮的吸引点（见图 6-19）。有趣的是，这种群体与个体的对比往往与私人空间和公共空间在形式上的差异相吻合（见图 6-20）。以意大利古城锡耶纳为例：成片的石砌住宅与商业建筑形成整个古城的基底，沿街巷和广场形成连续的界面（见图 6-21），营造出宜人、亲切、闲适的地域特色。而在贝壳广场，作为突出个体的市政厅和塔楼等公共建筑在形态上与基底显示出不同的特性，在巧妙的地坪坡度的映衬下（见图 6-22），凸显为古城的视觉中心与交往中心（见图 6-23），又充分反映了当地对于公共活动的倚重，作为基地的群体和作为标志的个体组合在一起，共同实现了主次分明而又交相辉映的城市形象（见图 6-24）。

对于注重本土性的城市设计而言，如果只重视群体，单方面强调整个城市的一致性，会使城市缺乏力量感，反而削弱了特色，最终使整个城市在世人头脑中的印象面目模糊；但如果只侧重于强化个体而

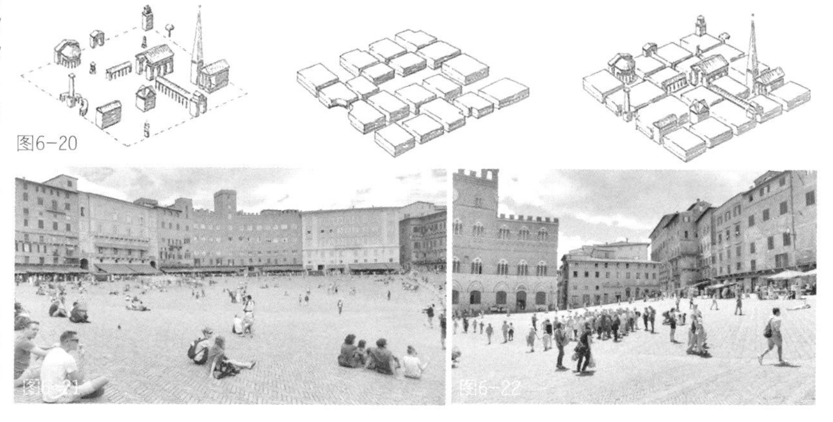

图 6-20　平实的私人空间与特异化的公共空间（图片来源：https://www.pinterest.com/dadjoule62/public-spaces-urbanism/）

图 6-21　锡耶纳市政广场：围合的界面（图片来源：作者自摄）

图 6-22　锡耶纳市政广场：地坪坡度实际上促进了更丰富的活动而不是妨碍（图片来源：作者自摄）

图 6-23 锡耶纳市政广场：作为广场视觉中心的市政厅和钟楼（图片来源：赵楠摄）

图 6-24 意大利锡耶纳公共建筑分布图（图片来源：http://baike.baidu.com/link?url=OyeSN893CotE4jVO2WVQudXy0GhNqdWi85XDhiozCzLFjTP2HZ0YLpVROm-PwinsIhI2U8XUTRWrpVQpxT-zO8JuENy1-iipJd6o3jrnVVS）

忽略了整体基调的一致，则整个城市易于呈现出杂乱无章的面貌，缺乏一个饱满坚实的基底的托举，这些独特的个体反而成为城市形象的噪声。一个具有鲜明本土性的城市，应是用群体来奠基，用个体来点亮，这是城市外在形象遵循的一般逻辑。

6.2.2 实体与空间

探讨完实体层面的群体与个体，我们再来看一看如何处理实体与空间之间的关系。实体指的是形式直接可见、体量直接可触碰的物体，带给人的是直观的感官印象。城市设计关注的实体具体涉及的要素主要有：自然景观（山丘、河流、森林等）、街区、建筑（风格、界面、体量、材料、色彩）、高架路、桥梁、城市标志物、艺术小品以及它们的组合，如天际线、城市肌理等。空间指的是被实体围合或限定的空间部分，空间具体涉及的要素主要有：公园、广场、街道、露天剧场、空地及它们组成的空间序列、视线通廊等。戈登·卡伦的“城镇景观”指出：所有城市都需要确定新辟和现有的视线通廊和城市景观，以扩展人们的活动和感知空间，提升一个特定场所的独特性和识别性。① 这说明了空间层面的设计对整个城市辨识度的正面作用。在旧金山、伦敦、华盛顿特区和芝加哥这样的城市，通往旧金山湾、圣保罗大教堂、美国国会山和密歇根湖等中心景观的视线通廊都是受法律保护的②，可见，空间设计在城市设计中举足轻重的地位。

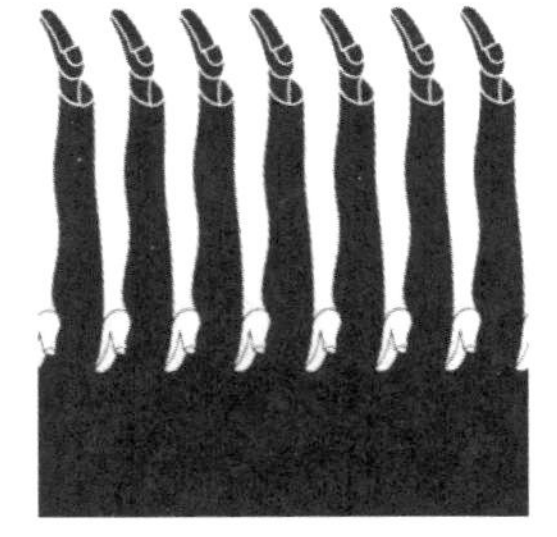

图 6-25 福田繁雄平面设计作品（图片来源：http://www.zcool.com.cn/show/ZNTEyMTI=.html）

在一个城市中，实体与空间的关系是相辅相成的。如同福田繁雄的这张平面设计作品所显示的一样，如果将黑色部分视作实体的话，剩余的白色空间也自然地形成了一个巧妙的形象（见图 6-25），你很难去界定哪一个才是更重要的，两者是相辅相成的，缺乏其中任何一

① 寇耿，恩奎斯特，若帕波特．城市营造：21 世纪城市设计的九项原则 [M]. 俞海星，译．南京：江苏人民出版社，2013: 209.

② 寇耿，恩奎斯特，若帕波特．城市营造：21 世纪城市设计的九项原则 [M]. 俞海星，译．南京：江苏人民出版社，2013: 209.

方，都无法使另一方得以呈现。实体创造了一个可视、可触摸的城市，而空间作为实体所“挤压”出的产物，对实体具有隐性的胶合作用，并对城市形象品质与体验起到不可忽视的重要作用。

实体与空间是城市设计在形态研究方面面对的最重要的一对矛盾，它们相伴而生，相互依赖，不可偏废。只有兼顾实体设计与空间设计的城市设计，才能形象饱满、层次丰富，城市固有的文化和本土性，才能通过实体与空间两大介质得以表达和延续。

[实践案例：传统肌理“浜对浜、桥对桥”的现代演绎——苏州相城中心区城市设计]

在苏州相城中心区城市设计中，便充分运用了实体与空间相结合的设计方法来表达深层的本土性：相城的得名，有伍子胥相土尝水、选定城址的渊源，同时“相”字本身的古意就有“主宾”、“对称”、“规整”等含义。据《相城小记》记载，相城的城镇建设素有“浜对浜、桥对桥”的对称规则和以水为邻的古制（见图6-26）。以此为构思源泉，位于苏州古城传统轴线北延线上的相城中心区采用了对称庄重的布局方式，并依托东西向的河泾将区域中的生态绿楔等结构性景观要素引入中心区，实现景观渗透。围绕水系营造丰富的城市空间，形成水韵浓郁的城市中心区（见图6-27～图6-29）。在规划实施过程中，城市规划师通过与政府和开发商进行反复协调，坚守规划原则，以及通过解决内部城市河网系统与道路系统交叉的工程问题，最终规划理念才得以落实，在这片现代城市中心区的规划设计中保持了对苏州本土特色至关重要的格局和核心要素。

（编制单位：中国城市规划设计研究院。
主要编制人员：杨一帆、朱隋隋、肖礼军等。）

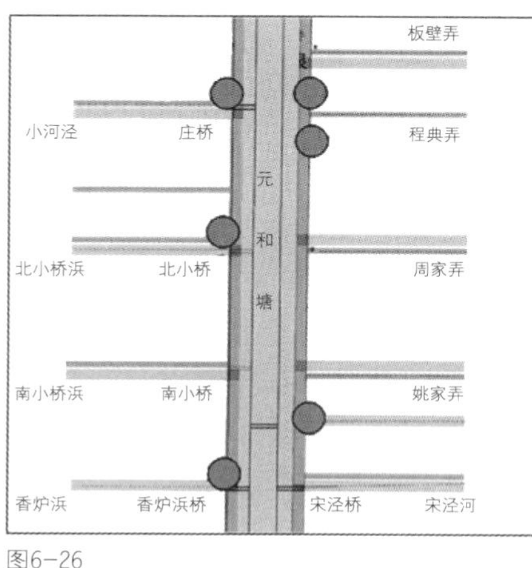

图6-26

图6-26 图示《相城小志》描述的“弄对弄，浜对浜，桥对桥，庙对庙。”（图片来源：苏州相城中心区城市设计，中国城市规划设计研究院）

图6-27

图6-27 苏州相城中心区规划前影像图（图片来源：苏州相城中心区城市设计，中国城市规划设计研究院）

图6-28

图6-29

图 6-28　苏州相城中心区总平面图（图片来源：苏州相城中心区城市设计，中国城市规划设计研究院）

图 6-29　苏州相城中心区规划后影像图（图片来源：Google 地球）

6.2.3　显性与隐性

说完实体与空间的关系，城市物质环境层面的问题已较为明晰，这时我们再来思考精神性在城市设计中应该如何体现。中文形容城市的“风貌”二字，本就是物质与精神的结合：“貌”是城市物质环境的综合表现，具有显性的特征，而“风”指内涵，是充盈于城市中的氛围，具有隐性的特征，是城市精神所在。具有深刻本土特色的城市，在处理好物质层面的同时，一定要在精神层面下一番功夫，以期建设出形神兼备、值得玩味的城市。

图 6-30　显性与升华后的隐性意义（图片来源：作者自绘）

在一个城市中，精神是物质凝练升华的结果（见图 6-30）。物质层面的、显性的形象，包括城市实体与空间涉及的各要素，共同构成城市之“形”。而城市隐性的一面，是由实体引发的象征意义，进而构成城市之“神”。《楚辞》中说道：圣人不凝滞于物，而能与世推移[①]。将这句话置于城市设计的语境，可以理解为：对于城市来说，不拘泥于物质层面，创造和释放出高于物象的精神力，方可通达、永恒。例如鸟居就是一种典型的符号化的精神隐喻，它是一个普通的或木构或石砌的门形构筑物（见图 6-31），但它在人们的意识里更是一种跨越界限的细带，用以区分神域与人类所居住的世俗界，代表神域的入口。井是另一个实际意义远远大于物质实用价值本身的事物。井的实际用途为取水之处，人们汇聚于此获得生活的必备资源，后逐渐演变为社交与公共活动的核心，意义得以升华，代表着社区精神。王其亨在井的研究文章中指出：“以水井为中心，呈‘井’字型布置水渠、道路和划分田畴，构成为基本的社区单位，称为‘井’、‘井里’、‘井邑’或‘乡井’等，以组织管理农业生产和社会生活，成为中国历史上最早、也历时最长而影响最大，也最为著名的体系完备的土地和社

图 6-31　日本伏见稻荷大社鸟居（图片来源：徐丹摄）

① 林家骊译注．楚辞 [M]. 北京：中华书局，2009: 181.

区的规划管理制度”[①]。

精神审美是人们不满足于物质层面的感官体验而衍生出的需求，它反映了人们用物质实体寄托精神寓意的可能性，使看似普通的物件变得意义非凡。在物质层面充分表达城市特色，城市将会样貌出众，使人印象深刻，这是城市本土性的最直观体现。而如果能进一步做到将物质升华为某种精神与情结，城市就会神采奕奕、魅力非凡，这是人的依恋感与归属感的来源，也是城市感染力与竞争力的重要源泉。

6.2.4　土著与移民

处理上述三个议题的同时，城市规划师还有必要思考城市如何应对外来文化的问题，城市能否很好地维护和表达自己的本土性与此息息相关。首先需要明确的是，土著与移民都不是指人，土著是指一个城市物质与观念的世代延续与影响，而移民是指不可避免地涌入城市的外来族群与文化。城市不是一个封闭体，受外来文化的影响不可避免。移民文化势必对本土性造成冲击，使原本的城市微妙地在新思潮与价值观的影响下改变模样，而真正的结果是，两者在互相影响的过程中双双丧失本来的面貌。但是，能否武断地认为移民文化对于本土性的冲击是一种毁灭性的打击呢？这样似乎过于悲观。“事实上，全球化为本土带来的冲击，或能有助激发起本土意识，包括本土对文化及城市风貌的保护。批评同质化的评论指出，全球化不一定是摧毁本土传统的不可抵挡的洪水猛兽。反之，它或能引起对本土多元化及身份认同等的保护意识，从而形成一个新的抗争力量，维护空间的使用、本土传统及多元性（Broudehoux，2004）。”[②]

一个城市中，土著与移民的相处智慧在于和而不同。如同太极图一样，两个色块具有显著的差异，但圆融地交合于一起，每一方的内部都具有对方的要素和影子，但不失自我强烈的本色。这正是在城市设计中处理土著与移民的关系时需动用的智慧。本土文化与移民文化的相处是一种博弈，土著文化可以足够强韧到不可动摇，外来移民文化也可以有足够的生长机会和空间。

避免外来文化对本土性造成强势冲击的重点在于坚守本土要素，将移民文化带来的外来风格在城市风貌层面控制在一个合理的范围与程度。一个典型的例子是世界各地的唐人街。唐人街内的建筑风格往往以西式与现代主义为主，仅在局部节点建造中国风格建筑（见

① 王其亨．“井”的意义：中国传统建筑的平面构成原型及文化渊涵探析 [EB/OL].（2012-11-13）[2014-12-13]. http://www.douban.com/group/topic/34285941/.

② 陈慧燕．后殖民香港在全球化下的城市空间与文化身份 [EB/OL]. 2012-11-13 [2014-12-13]. http://www.ln.edu.hk/mcsln/1st_issue/feature_2.htm.

图 6-32 旧金山唐人街街角的中式建筑（图片来源：作者自摄）

图 6-32），或是仅在店铺招牌和入口牌坊等方面体现中国元素。此外，街道小品与室内装潢也是发扬移民文化的主要战场，以纽约曼哈顿唐人街为例，在 20 世纪 70 年代，纽约电话公司（之后被威讯购买）开始为电话亭加中国式的塔形装饰。20 世纪 80 年代，位于中国城的一些大公司分店如银行装修开始用古典中国建筑风格。唐人街对于移民文化表达的控制或许并非主动，而是基于城市街区既已建成，建筑风格既已确定的前提，但它确实为城市设计如何应对移民文化提供了一种包容和折衷的思路。

另一个独特的例子是由贝聿铭设计的卢浮宫前的金字塔，这个与巴黎文化毫不相干的方案一经公布，便在法国引起了轩然大波，但现在人们欣然承认，这座玻璃金字塔与埃菲尔铁塔一样，曾经被认为与城市格格不入，而如今却与城市融为一体，因其卓越的设计，为巴黎这座伟大的城市印上当时时代的光辉（见图 6-33）。王军对于巴黎有过如下评述："恰恰是因为巴黎老城得到了非常好的保存，反而有了一种雍容大度。那些新的标志性建筑都没法定义巴黎，只能丰富巴黎。"① 它阐明了一个城市如何平衡本土文化与移民文化的终极秘密，那就是：当一个城市自身的文化足够深厚，它就足够强势，被撼动和颠覆的可能性就越小，城市就越趋于从容，对于移民文化的态度也就越趋于宽宏。

图 6-33 卢浮宫前的金字塔（图片来源：http://www.artfixdaily.com/news_feed/2013/04/03/9586-archaeologist-takes-the-helm-of-the-louvre）

① 崔愷．本土设计 [M]. 北京：清华大学出版社，2010: 9-13.

6.3 综合的设计语言：建筑、景观与公共艺术

在城市设计中，需要运用综合的设计语言进行表达，其目的在于“通过美化与装饰，组织城市中的主要元素，以形成一个令人愉悦的可回忆的模式。”[①] 具体来说，这些设计语言涉及建筑、景观与公共艺术等不同领域，它们在城市设计中承担着不同的作用，发挥着各自的特征与优势。通过不同领域的交叉与协同，共同营造出丰满的城市特色，凸显一个城市的本土性。城市设计不可穷尽城市中所有的设计，城市设计者应了解建筑设计和景观设计，甚至不少城市设计师来自于建筑师和景观设计师，但城市设计者设计城市而不设计建筑和景观。

6.3.1 建筑设计

建筑是城市设计中重要的设计语言，主要体现在两个方面：一是城市的街道、广场和其他公共空间与建筑密切相关，没有建筑的围合与界面的限定，这些空间也就无法存在，建筑的尺度与界面的连续程度决定了这些公共空间的品质和它所能带给人的心理感受。二是建筑本身是反映本土性最直观的载体，包括建筑的形式、色彩、高度等因素，都会直接给人留下“这个城市是什么样的”这一印象。建筑本身就是凝固的历史，对于历史建筑风格的保护与传承，对于传统建造形式与技艺的沿袭与再表达，是发扬城市本土性的重要方式。

如果说保护城市历史建筑是延续城市本土性的一个重要手段，那么城市设计师与建筑师还应思考此时此地自己又能够为时代创造和留下什么。本土性是一个不断生长和流传的要素集群和组织方式，它一直在欢迎对新形式、新材料的合理运用。如同贝聿铭的苏州博物馆以简洁凝练的形式与现代的材料创造出了一个具有现代感的苏州印象（见图6–34），本土性的建筑设计不等于守旧，它的目的在于挖掘和表达当地建筑独特的设计逻辑和语言——在建筑设计层面，用当下的技术与材料对本土特色进行全新的诠释；在城市设计层面，以建筑设计导则的形式对建筑空间组合模式与单体形式进行引导，让城市里的建筑更像是从这里生长出来的样子。

除对建筑本身的关注以外，建筑的附属物也值得付出心力进行精妙的设计。诸如广告招牌、遮阳板、室外咖啡座等一系列依附于建筑存在的功能性构件与小品，都有很大的设计施展空间。以香港的店铺招牌为例，香港文化评论人胡恩威曾对此有如下评论：混合用途建筑

---

① 芒福汀，欧克，蒂斯迪尔．美化与装饰[M]．韩冬青，李东，屠苏南，译．北京：中国建筑工业出版社，2004: 9.

图 6-34 苏州博物馆（图片来源：朱峰提供）

之所以是香港风格的奇景，是因为建筑物与文学产生的化学作用，建筑物的外墙被文字包围着，功能上文字成为空间用途的代号，让街上的行人能够阅读和知道个别单位的功能和用途。这些文字的组合、字款的设计，为平平无奇的石屎（作者注：粤语“混凝土”之意）建筑带来了一种充满动感和活力的景象[①]。（见图 6-35、图 6-36）香港的街巷内，形形色色的店铺招牌无论从字体设置还是色彩配置上都表现出强烈的特色：伸出直立式招牌是香港霓虹招牌中最有代表性的，不仅继承了上世纪 30 年代开始出现在北美各地城镇的戏院霓虹招牌的特色，还发扬了中国的楹联传统。

6.3.2 景观设计

景观是城市设计中不可或缺的设计语言，在足以对城市风貌产生直观可见的影响尺度上，它可以分为中观的景观与微观的景观（宏观的景观往往关乎于整个生态格局，是更大概念的景观，在前文区域与城乡关系中已有叙述）。中观的景观可以确立城市的绿廊、绿道、生态公园、滨水公共空间等，使之成为整个城市最易于辨识和最有活力的区域；而微观的景观可以美化街道、广场、街头游园等，在这些细微之处融入地域元素，使整个城市都带有自己独特的气息。

---

① 胡恩威 . 美化与装饰 [M]. 香港 : CUP ELITE TRAVELLE, 2005.

图6-35

图6-36

图 6-35　巴塞罗那一处日本工艺品店的龙形店招（图片来源：作者自摄）

图 6-36　香港琳琅满目的店铺招牌（图片来源：赵楠摄）

城市中人们日常最直接和高频接触的公共空间是街道，街道是城市重要的形象名片。简·雅各布斯说过：“试想，当你想到一个城市时，你脑中出现的是什么？是街道。如果一个城市的街道看上去很有意思，那这个城市也会显得很有意思，如果一个城市的街道看上去很单调乏味，那么这个城市也会非常乏味单调。”[①] 足以见得街道是承载城市文化的重要载体，相应的，街道可以成为城市设计的重要战场。采用景观的设计语言将地域特色融入街道，是非常有效的设计手段。街道景观的设计应该在满足各种交通和使用功能的基础上进行美化和艺术提升，不必刻意标新立异。考虑当地的气候特点和街道活动习惯，用景观分区的手段划分流线和小微功能区，使流线通畅，行动方便、活动安全，再采用本土的植物和园艺方式、装饰习惯、少量符号装点就很有效果。

除街道外，城市里的各种空间都可以成为景观设计的舞台。在韩国 ChonGae 运河公园的景观设计中，景观设计师对历史悠久的 ChonGae 河滨水环境进行了全面的休整与提升。设计充分考虑了雨季因频繁降雨而出现特大洪水的特殊情况，通过采用造型独特的倾斜石质踏步以应对不同季节的不同水位情况（见图 6-37），确保设施及游人使用安全，鼓励公众近距离开展亲水活动，也成功地对城市

图 6-37　韩国ChonGae运河景观设计（图片来源：http://www.asla.org/2009awards/091.html）

① 简·雅各布斯．美国大城市的死与生 [M]. 金衡元，译．南京：译林出版社，2006.

运河历史与当地自然气候条件作出了回应。而在城市设计中一些重要的景观节点，就需要重点的景观设计，强化对城市结构的“标注”，使其成为城市识别系统中的关键要素，以及城市精神和记忆传承的物质载体。很多欧洲传统城市中在重要空间节点设置的喷泉形成的网络就是典型的代表。而很多现代城市景观设计也延续了这种传统。

[地域图景——波特兰伊拉·凯勒水景广场]

伊拉·凯勒水景广场（Ira Keller Fountain Plaza）是波特兰大会堂前的一座喷泉广场。水景广场分为源头广场、跌水瀑布和大水池上的中央平台 3 个部分。水通过曲折、渐宽的水道流向广场的跌水和大瀑布部分。经层层跌水后，流水最终形成十分壮观的大瀑布，伴随着轰鸣的水声倾泻而下，落入底部的大水池中，艺术地再现了大自然中的壮丽水景。大瀑布及跌水部分采用粗犷暴露的混凝土，是对当地地貌的抽象再现。精巧的构思与自由不羁的风格使伊拉·凯勒水景广场成为现代景观设计中的杰作。

景观设计师劳伦斯·哈普林认为：形式来源于自然但不能仅限于对自然的模仿。哈普林不遗余力地挖掘地域要素，从俄勒冈州瀑布山脉、哥伦布河的波尼维尔大坝中寻找设计原型。哈普林的伟大之处在于他善于采用一种高度抽象化、写意化的设计表达手法对地域要素进行诠释（见图 6-38）。

6.3.3 公共艺术设计

公共艺术是城市设计的调味剂，可以使原本平淡的空间和城市景观顿生情趣，也可以使好的城市设计锦上添花，它能够让城市可体味的层次变得更加丰富，进而塑造出更为饱满有趣的城市印象（见图 6-39）。

图 6-38 波特兰伊拉·凯勒水景广场（Ira Keller Fountain Plaza）（图片来源：作者自摄）

图 6-39 纽约街头一处利用建筑实墙面制作的公共艺术作品，顿时赋予了这个本来普通的街口一种艺术气氛和标识性（图片来源：作者自摄）

图6-38

图6-39

图 6-40　巴塞罗那由高迪设计的古埃尔公园中的小蜥蜴成为城市标志（图片来源：作者自摄）

图 6-41　台湾春安眷村彩绘（图片来源：http://blog.sina.com.cn/s/blog_476c49ee010006ky.html）

图6-40

图6-41

相较于建筑设计与景观设计，公共艺术作为城市设计的语言，其独特的优势在于：它可以很微小，具备高度的可实施性和令人满意的灵活度，可以出现在城市的任何角落，但它的力量并不渺小，能够释放出可观的吸引力与号召力。在西班牙巴塞罗那的古埃尔公园内，由高迪设计的小蜥蜴雕塑（见图 6-40）已成为巴塞罗那的标志，其受欢迎程度甚至不亚于当地著名建筑圣家堂与米拉之家，是一处游客必到的旅游目的地。这深刻反映了公共艺术可以怎样举重若轻地传达城市的本土特色，以四两拨千斤的效果创造出极具辨识度的城市意象。

用公共艺术传达本土性的另一便利条件在于它的成本可以很低廉，专业技术门槛也可以很低，并非由设计师与艺术家“垄断”。以台湾的春安眷村为例，由于建造眷村时台湾的经济条件还很差，又定位为临时住房，加上施工时间紧张、房屋需求量大，因此眷村大多是低矮的平房，室内空间狭窄，设备简陋，随着城市的发展而凋零，人口减少，眷村中的空屋逐渐沦为治安死角。退伍老兵黄永阜凭借一己之力，通过彩绘艺术，使原本平凡单调和破烂不堪的春安眷村摇身一变为五彩缤纷的童话世界（见图 6-41）。公共艺术只是一种表达手段，并非大众所想象的具有很高的专业技术壁垒，任何的有感而发其实都可以凭借平凡的力量得以表达。正是基于这一特性，公共艺术可以极大地激发人们改善城市形象与生活意趣的行动力。

[对本土精神的自豪感——位于 Salem 的俄勒冈州议会大厦]

本土性还来源于人们对本土文化和本土精神的自豪感，并通过公共艺术的手段将其表现在日常生活的城市空间之中。美国俄勒冈州建州历史并不长，但俄勒冈人一直以其对生态环境的严格保护为该州的骄傲。三文鱼作为该州生态环境水平重要的指示物种而深受人们喜爱，并自然地成为当地常见的公共艺术形象（见图 6-42）。位于首府 Salem 的俄勒冈议会大厦门前记录该州于 1859 年并入美国联邦成为第 33 个州的地砖（见图 6-43）也表达着当地人对本土历史文化的责任感与传承精神。

图 6-42 美国俄勒冈州议会大厦入口以本州引以为傲的三文鱼为标志（图片来源：作者自摄）

图 6-43 美国俄勒冈州议会大厦及记录该州于1859 年并入美国联邦成为第 33 个州的地砖（图片来源：作者自摄）

图6-42

图6-43

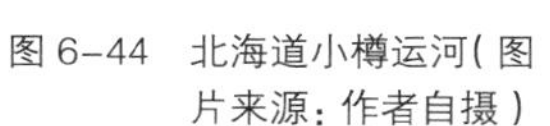

图 6-44 北海道小樽运河（图片来源：作者自摄）

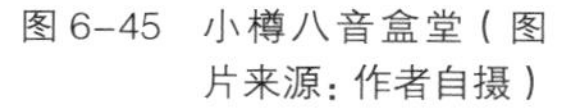

图 6-45 小樽八音盒堂（图片来源：作者自摄）

图6-44

图6-45

[综合的设计语言——小樽运河改造]

建筑、景观与公共艺术都是城市传达本土性的重要手段，而对它们进行综合考量并使三者协同作用时，可以释放出更为惊人的能量。一个典型的案例是北海道小樽运河（见图 6-44）。小樽为日本传统的港口城市，1923 年建成的小樽运河是这座城市发展的里程碑。伴随着现代化港口的建设，小樽运河的航运功能退化，当地政府甚至决定将其填埋改建为道路，在当地民众对此提案的强烈抵制下，开始了对其的重新开发与利用。在建筑层面，小樽运河串联了当地重要的建筑物，如明治、大正时代仓库群、蒸汽钟、八音盒堂（OtaruOrgel House）（见图 6-45）、北一硝子馆（KitaichiGarashuKan）等，极具风情的建筑使原本了无生趣的运河焕发出充沛的活力；在景观层面，通过铺设石板散步道，为人们提供了舒适的游憩线路；在公共艺术层面，全长 1120 米的沿河步道设置了雕像与小型画廊。小樽人说："它在日本是独一无二的。"小樽运河凭借建筑、景观、公共艺术三大设计手段的共同助力，成为小城主要的旅游路线和市民休闲场所，也成为承载乡愁记忆、激发城市归宿感的重要载体。

[实践案例：本土基因的现代转译与表达——敦煌总体城市设计]

在敦煌总体城市设计项目中，秉持着对城市本土性的高度珍视，规划设计团队从各个层面对敦煌地域特征与城市基因进行挖掘和回应。作为城市设计最坚实的基础，在对城市格局的判读上，提出以党河冲积扇为基本出发点梳理城市空间，形成顺应水系结构的“双掌合鸣”城市格局，一掌为掌状河渠水系与绿地系统，由党河、干渠系统组成的水系以及依附于水系的绿地系统呈手掌形（见图 6-46），城区西南党河水源保护区以及敦煌郡城共同形成绿色的“掌心”，党河和几条干渠构成的水绿脉络像手指一样穿城而过；一掌为掌状城市片区与田园组团，在水绿脉络形成的框架之下，城市片区也像手指一样由西南向东北伸展。城市之掌与水绿之掌十指相扣，合击而鸣（见图 6-47），体现出地形地貌基因在生态安全性与结构合理性两大层面对城市格局的重要限定与塑造作用。

不止于城市格局与天然地貌的耦合，规划对当地的各项城市基因进行深入的挖掘，旨在识别与提炼什么是真正的敦煌风格，并在此基础上建立敦煌城市设计导则，包含了建筑设计导则、城市开放空间与景观设计导则、现状建成区城市风貌整治指引等内容。以敦煌市建筑设计导则为例，在进行控制与引导之前，首先对传统公共建筑、传统民居建筑与地方文化艺术特征三个方面进行本土特征的提取与研究，之后，从建筑空间组合（见图 6-48）、建筑单体形态（包括立面长宽比与收分、立面开窗、立面虚实对比、屋顶形式、入口、建筑格栅构件、建筑窗套构件等要素，见图 6-49）、建筑色彩（见图 6-50）与建筑材料四大体系分别对敦煌当地的建筑设计提出控制与引导要求。

图 6-46　敦煌党河冲积扇（图片来源：敦煌市城乡风貌规划及重点地段城市设计，中国建筑设计院·城市规划设计研究中心）

图 6-47　敦煌总体城市结构（图片来源：敦煌市城乡风貌规划及重点地段城市设计，中国建筑设计院·城市规划设计研究中心）

图6-46

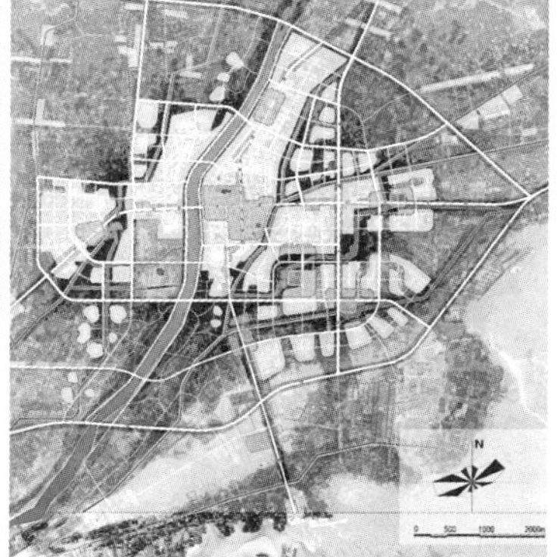

图6-47

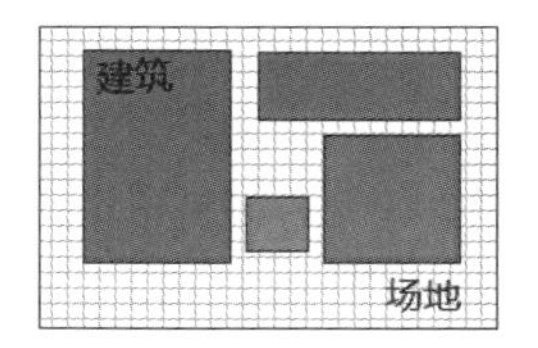

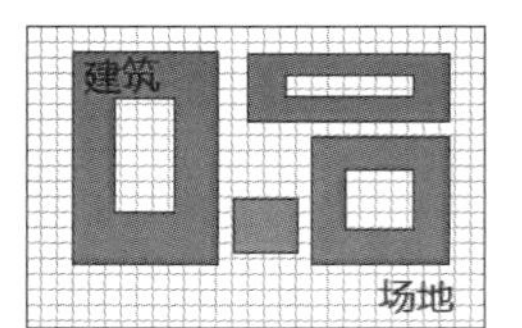

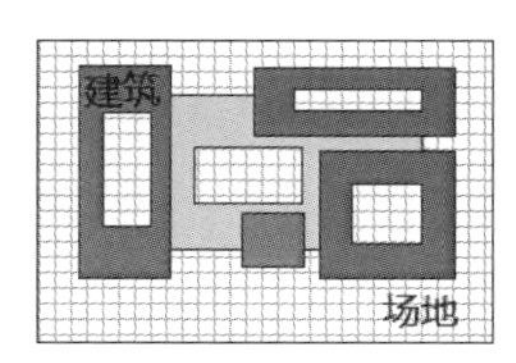

图 6-48　建筑空间组合引导图（图片来源：敦煌市城乡风貌规划及重点地段城市设计，中国建筑设计院·城市规划设计研究中心）

图 6-49　建筑单体形态引导之建筑构件（图片来源：敦煌市城乡风貌规划及重点地段城市设计，中国建筑设计院·城市规划设计研究中心）

图 6-50　建筑色彩引导图（图片来源：敦煌市城乡风貌规划及重点地段城市设计，中国建筑设计院·城市规划设计研究中心）

在敦煌东门户景观大道规划设计中，在 314 省道两侧极为狭长的现状绿带中，在有限的经济预算制约下，在当地气候对植物生长的限制里，利用本土植物与传统乡土园艺手法进行景观设计。例如，在景观大道标准段与景观节点设计中，对诸如晾晒葡萄房的砖砌技艺、历史传统建筑细部、莫高窟壁画纹样等独特的地域元素进行了转译与再现，并针对地质风情段、沙漠绿洲段与敦煌印象段三大主题段分别提出了建立在当地植物物种库基础上的栽植配置建议（见图 6-51 ~ 图 6-53）。

（编制单位：中国建筑设计院·城市规划设计研究中心。
主要编制人员：杨一帆、赵彦超、赵楠、白泽臣等。技术总指导：崔愷。）

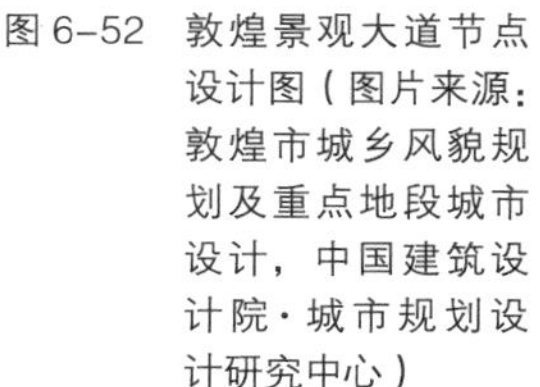

图 6-51　敦煌景观大道改造前照片（图片来源：敦煌市城乡风貌规划及重点地段城市设计，中国建筑设计院·城市规划设计研究中心）

图 6-52　敦煌景观大道节点设计图（图片来源：敦煌市城乡风貌规划及重点地段城市设计，中国建筑设计院·城市规划设计研究中心）

图 6-53　敦煌景观大道标准段局部景观墙设计（沙漠绿洲段）（图片来源：敦煌市城乡风貌规划及重点地段城市设计，中国建筑设计院·城市规划设计研究中心）

6.4　小结

城市是一个不断生长演变的活体，如同每一个鲜活的生命体一样，它本应具有丰富多元的表情与姿态。而事实是，现代城市建设中特色丧失的问题日益凸显，原本各具魅力的城市在轻率粗暴的设计思路下呈现出均质化、趋同化的态势。城市“整容热潮”的根源在于：对于城市决策者与设计师来说，相较于挖掘这些特质并动用智慧和思考在城市建设中对其进行充分的发挥和表达，似乎遵循一种普遍适应于现代社会的快餐式美学对城市进行形式雷同的塑造更为“稳妥”和便利。这种价值观反映了一种狡黠的功利主义取向，其结果虽然可能是光鲜亮丽的，但其本质却空洞脆弱。现代城市面临的一个重要问题，不是没有能力建设，而是不知道如何建设才是真正适合自己的路径，这也正是提出城市设计本土性的意义。本章通过对城市设计的本土性进行梳理与探讨，以期为保护城市的地域特色提供更多思路，以及相应的设计策略。

图7-1

图7-2

第7章　城市设计的主要战场——公共领域：公共空间与公共设施

Chapter 7　The Primary Arena of Urban Design—Public Domain: Public Spaces and Facilities

导言

Introduction

图7-1　由米开朗琪罗设计的罗马国会大厦广场，由元老院（后来的市政厅）、档案馆和博物馆三面围合。因其独具匠心的梯形平面，场地与围合建筑恰当的尺度和比例关系，简洁而又与空间协调的椭圆形铺地成为广场设计的传世杰作（图片来源：作者自摄）

图7-2　波特兰市中心先锋广场，旁边是法院、Nordstrom商场。巧妙的场地设计使本来不利的地形高差变成实用而生动的空间元素。先锋广场由于其独特的中心区位，周边地块重要的公共服务功能和优秀的广场设计，成为波特兰最重要的公共活动场所和城市的心理中心（图片来源：作者自摄）

城市设计的主要对象是城市公共领域，包括公共空间与公共设施，它是城市主要功能聚集的地方，城市形象最主要的体现，也是城市精神和文化的主要物质载体。城市设计的任务是把合适的公共设施轻轻放在与它匹配的公共空间边上，并用设计手段使它们融为一个整体，强化它们对城市的积极影响。

Urban design focuses primarily on the public domain, which includes public spaces and public facilities. These are the places where major urban functions come together to create the face of the city and a physical vessel for the spirit and culture of the city. The job of urban design is to place public facilities in the proper public spaces and to merge them into an organic body, intensifying their positive influences on the city.

7.1　公共领域：城市物质环境中的明珠

我们走出家门，看到的一砖一瓦、一草一木，都是城市。城市物质环境包含着建筑、街道、广场、小品等人工环境以及河流、树木、花草等自然环境，构成城市物质环境的各部分内容相辅相成，才形成完整、有序的整体。建筑和空间是构成城市物质环境的基本要素，其中公共建筑（设施）和公共空间是承载公共活动的主要载体，这使公共领域从城市物质环境中脱颖而出，成为闪耀着城市文明光芒的明珠。

7.1.1　催生和维系城市文明的核心功能——交往

人不是生活在私密空间中的独居动物，人的价值需要在公共活动的交往中得以体现。人们离开自然环境优美的乡村，来到拥挤的城市就是为了更好地实现自我价值，通过参与城市各种各样的公共活动来进行社会、文化、经济交流。这种以自我实现为初衷的公共活动最终促进了城市政治、经济、文化的发展，使城市活动在空间上不断集聚，传承和创新城市文明。

古希腊时期的雅典，背山面海，城市布局呈现不规则的自由状态。雅典卫城建在高台之上，起初是一个以防御为主的军事要塞，后来因为其高高在上的神庙建筑而成为宗教祭祀的圣地——民众的朝圣仪式使卫城成为整个城市的公共活动中心（见图 7–3）。到了古罗马时代，贵族阶级对生活品质和娱乐社交的需求体现在宏大的公共建筑（如浴室、斗兽场）和城市广场的建设上（见图 7–4）。罗马的广场通常处于城市的中心地带，是一片开阔的空地，由神庙、法院、市场等公共建筑围合而成，开始作为市场和公众集会场地，后来也用于发布公告，进行审判，欢度节日甚至举行角斗——因而成为不折不扣的公共中心。

随着城市文明的发展，人们的交往活动呈现出新的特点和趋势，不断推动城市空间的发展和变迁。

一方面由于专业细分不断深入，交往的内容和种类大为扩展，交

图 7–3　雅典卫城复原图（图片来源：http://www.quanjing.com/share/jtv000449.html）

图 7–4　古罗马广场复原图（图片来源：http://www.stephenbiesty.co.uk/jpegs/big-RomanForum.jpg）

图7–3

图7–4

图 7-5 北京 CBD 商务办公集聚地（图片来源：作者自摄）

往活动也变得越来越频繁，因而对容纳交往的城市空间类型、空间形态和空间数量都提出了更多的要求。例如：一个典型的现象是，“空间紧凑性受到全球高端生产服务业集群中的公司的高度重视。”[①]——这种空间紧凑的集群效应能够强化公司机构之间的沟通可达性，从而强化交流强度——因此专业化的交往活动是中心城区持续集聚的关键因素，诸如 CBD（见图 7-5）、科技园区等高度集聚的城市功能区应运而生。而对于那些不在同一个区域或者城市的公司，只能通过商务旅行来实现面对面的交流。为了提高工作效率，涉及来自不同国家和地区的各种参与者的会议常常发生在靠近机场的地方。因此区域交通枢纽前通常规划有会议会展中心，以此来作为跨区域交流的集中场所。可见，高效的现代交往诱发了全新的城市公共领域。

而另一方面，网络的发展为人们提供了远程交流的可能性和便利性，使交往空间从“线下”发展到“线上”。线上交往可以分为两种：一种是纯粹的网络交流，通过网上论坛、社区和各种即时通讯的应用程序被人们广泛使用，除了日常的交流，还存在专业交流、商务交流等，这类在伦敦管理咨询业中被描述为“高科技、高接触（hi-tech、hi-touch）”的交流方式[②]，可以作为面对面商务会议的有效补充；另一种则是基于实体经济的网络交易。二者看似都解放了人们对于城市实体空间的需求，但事实上“大量的消费服务——旅游、购物、参观博物馆和休闲度假、餐饮、运动、看话剧或电影等——依然植根于真实的场所”（Stephen Graham，Simon Marvin，1999），并且，以网络交

① 霍尔，佩恩 . 多中心大都市：来自欧洲巨型城市区域的经验 [M]. 罗震东，译 . 北京：中国建筑工业出版社，2010.

② 霍尔，佩恩 . 多中心大都市：来自欧洲巨型城市区域的经验 [M]. 罗震东，译 . 北京：中国建筑工业出版社，2010.

易为代表的线上交往已经衍生出诸多实体社区，以实体社区的真实认同感来反哺和强化虚拟社区，如南京的西祠街区便是借助于网络论坛“西祠胡同”的人气，由旧厂房改造为网络实体街区，为网友提供聚会、消费等服务①。虚拟社区实体化、实体社区网络化，线上线下的互动模式会促进城市实体空间的完善和可持续发展。

7.1.2 交往的容器：公共领域

如前文所述，交往催生和维系着城市文明，交往内容和方式的发展促进着城市空间尤其是公共领域的变化和发展。集市、广场、宗祠、神庙、CBD、会议中心、网络促发的实体社区等公共领域是交往的产物，是容纳聚集性交往活动的空间载体、公共平台。从广义上讲，公共领域是指公众可到达和使用的空间，包括室外的、室内的以及外部和内部的准公共空间②。

公共领域的价值不仅体现在提升城市空间艺术的物质环境层面，其承载的城市核心功能更是可以直接表达城市精神和城市气质。独特的公共领域能够象征它们的城市——维多利亚港就是很好的例子，它象征着东方之珠的璀璨光华，是香港迎接新年、举办各类文化和体育盛事的首选之地。

那么一个城市应该如何去营造和经营公共领域，实现其价值最大化？在中国近些年的造城运动中，我们看到了规划师们试图去完善城市的公共领域，然而在复制历史古城、开辟宽阔马路、复兴滨水岸线、兴建大型广场和商业中心的宏图里，往往忽略了人的使用感受和城市本来的特色。营造一个适宜的公共领域，应该通过合理的空间组织和场所设计，使其中容纳的交往活动更加易于展开。

7.2 复杂的城市公共领域系统

把城市平面抽象为黑白图底的图景，除去私密性的住宅及其附属空间，剩余的白色空间和展现出首层平面的建筑都是城市的公共领域（见图 7-6）。可见公共领域是由公共空间和公共设施共同组成，二者的空间组织方式直接影响着公共领域的品质和内部活动。

7.2.1 城市设计指向的公共领域组织愿景：共融

公共设施与公共空间具有各自的空间特性和局限性。公共设施

---

① 何序君，陈沧杰，王美芳．虚拟社区实体化驱动力机制与演变模型实证分析——以南京西祠街区、淘淘巷、杭州四季星座为例 [J]. 现代城市研究，2011 (10)：61-67，85.

② 卡莫纳，蒂斯迪尔，希斯，等．公共空间与城市空间——城市设计维度 [M]. 马航，张昌娟，刘堃，等译．北京：中国建筑工业出版社，2015：57.

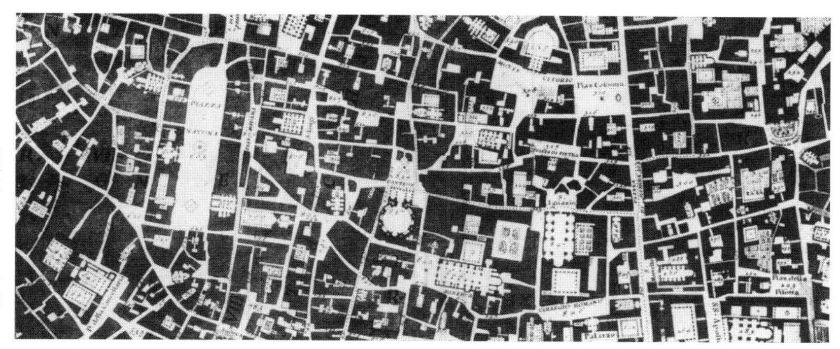

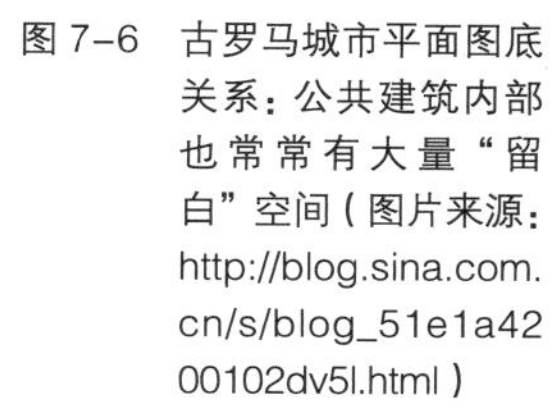

图 7-6　古罗马城市平面图底关系：公共建筑内部也常常有大量“留白”空间（图片来源：http://blog.sina.com.cn/s/blog_51e1a4200102dv5l.html）

本身具有明确的功能属性，容纳与之相关的交往活动，但由于其空间体量有限，开放程度具有局限性；公共空间相对开放，但是其空间属性、形态塑造和使用依赖于它周边建筑和自然要素的功能、形态和特性。只有将公共设施与公共空间相结合，才能突破局限性，塑造更好的公共领域，就像寺庙和庭院、教堂和广场共同形成了朝圣的仪式空间。

公共领域的空间组织方式经历了拼合、整合、共融的发展过程。拼合是二者的简单并置，整合是把零散的要素组合起来，建立纽带甚至系统，而融合是从空间整体的角度触发深层次的要素间的联系，使二者成为一体。在这一体化过程中，各要素在公共领域共融体中运行顺畅，并相互促进。

[从空间组织的共融到公共领域的共赢——华盛顿 National Mall]

19 世纪末，城市美化运动（City Beautiful Movement）开始关注标志性建筑（如博物馆、歌剧院等）及它们与开放空间的关系。华盛顿 National Mall（见图 7-7）就是这一时期规划的产物。National Mall 以长达 3 公里的绿地和水池统领整个空间轴线，一直从国会大厦延伸到林肯纪念堂，形成了有纪念性和仪式感的公共空间（见图 7-8）。作为开放型的国家公园，National Mall 设置了众多国家级的博物馆和艺术馆（见图 7-9），排列在大绿地的两侧，不仅强化了礼仪轴线，同时也使公园更加开放和具有活力；反过来公园又为这些公共建筑群源源不断地输送观光客。二者在共融中实现共赢，成为一体化的承载美国国家精神的公共领域。

7.2.2　公共领域的空间组织方式

公共空间和公共设施通过合理的空间组织引导形成共融的局面，是实现公共领域价值的方法之一。许多著名的城市风景便是由于设计者的独具匠心而成为公共领域的设计佳作甚至成为城市的名片。

图 7-7 华盛顿 National Mall 平面图（图片来源：谷歌地球）

图 7-8 华盛顿 National Mall 现状（图片来源：作者自摄）

图 7-9 华盛顿 National Mall 鸟瞰图（图片来源：http://lcweb2.loc.gov/service/pnp/highsm/15800/15847v.jpg）

旧金山林肯公园是以公园为主体，内有设施完善的高尔夫球场、大型纪念碑以及加州皇宫美术馆，建在草坡高处的美术馆以借景的方式巧妙地将金门大桥的壮观景象“组织”到公园中（见图 7–10），丰富了公园的空间维度。蒙特利尔的中心广场与地下城（见图 7–11）是一个地上地下高度融合的网络，地上的开放空间与地下的功能设施立体联系，提高了城市土地的集约利用，强化了市中心区的活力。泰晤士河是以线性的滨水空间作为纽带，串联起两岸的博物馆、美术馆、大笨钟、摩天轮等伦敦的地标建筑，站在塔桥上可以将伦敦风情的城市画卷尽收眼底（见图 7–12）。巴黎的拉德芳斯巨门（见图 7–13）和深圳的市民中心（见图 7–14）则异曲同工，位于城市轴线上的大型公共建筑都以中空的形式来呼应轴线，重视主体建筑与外部公共空间的过渡和融合。北京的世贸天阶则借鉴拉斯维加斯佛瑞蒙特体验街的方式，开辟了北京商业街的崭新形态，由南北两翼休闲购物中心和两座高塔写字楼组成，长 250 米宽 30 米的天幕凌空而起，同时兼具古典的阶梯广场、半封闭的步行街和如梦似幻的声光天幕，将丰富的空间艺术融入全感官的休闲购物场所（见图 7–15）。北京奥林匹克公园运用象征手法，以龙形水系贯穿起森林公园、瞭望塔、国家会议中心、国家体育场和奥体中心，形成浑然一体的体育功能版块（见图 7–16、图 7–17）……

“一个理想化的公共空间的城市设计是可以调和极端不同的建筑风格的。”① 不仅是建筑风格，建筑的性质、类型和等级都应该作为城

① 特兰西克．寻找失落空间——城市设计的理论 [M]. 朱子瑜，张播，鹿勤，等译．北京：中国建筑工业出版社，2008：100–116.

市设计空间统筹的前提条件，设计师要选择或者创造与公共建筑相适应的外部空间形态，强化二者对城市的积极影响。然而空间上的统率作用并不意味着越大越好，设计师应该从建筑的形态、尺度、围合感以及空间的形状、构成要素出发，充分考虑人的使用感受，兼顾其所要传递的象征意义，做出适合的空间组织方案。

图 7-10 旧金山林肯公园，可远眺金门大桥（图片来源：google map）

图 7-11 蒙特利尔地下城的商业街（图片来源：http://www.kazeo.com/sites/fr/photos/380/montreal-la-ville-souterraine_380 6443-L.jpg）

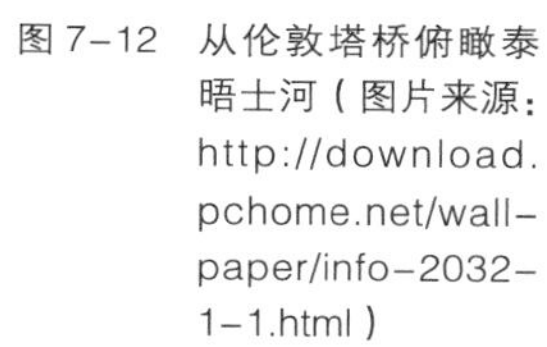

图 7-12 从伦敦塔桥俯瞰泰晤士河（图片来源：http://download.pchome.net/wallpaper/info-2032-1-1.html）

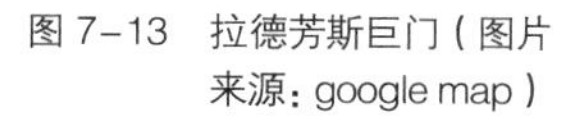

图 7-13 拉德芳斯巨门（图片来源：google map）

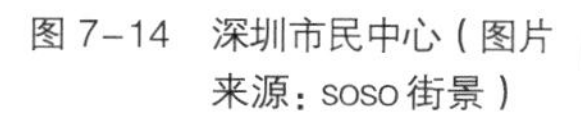

图 7-14 深圳市民中心（图片来源：soso 街景）

图 7-15 北京世贸天阶弧形阶梯广场与 LED 天幕（图片来源：soso 街景）

图 7-16 北京奥体中心北望（图片来源：王倩摄）

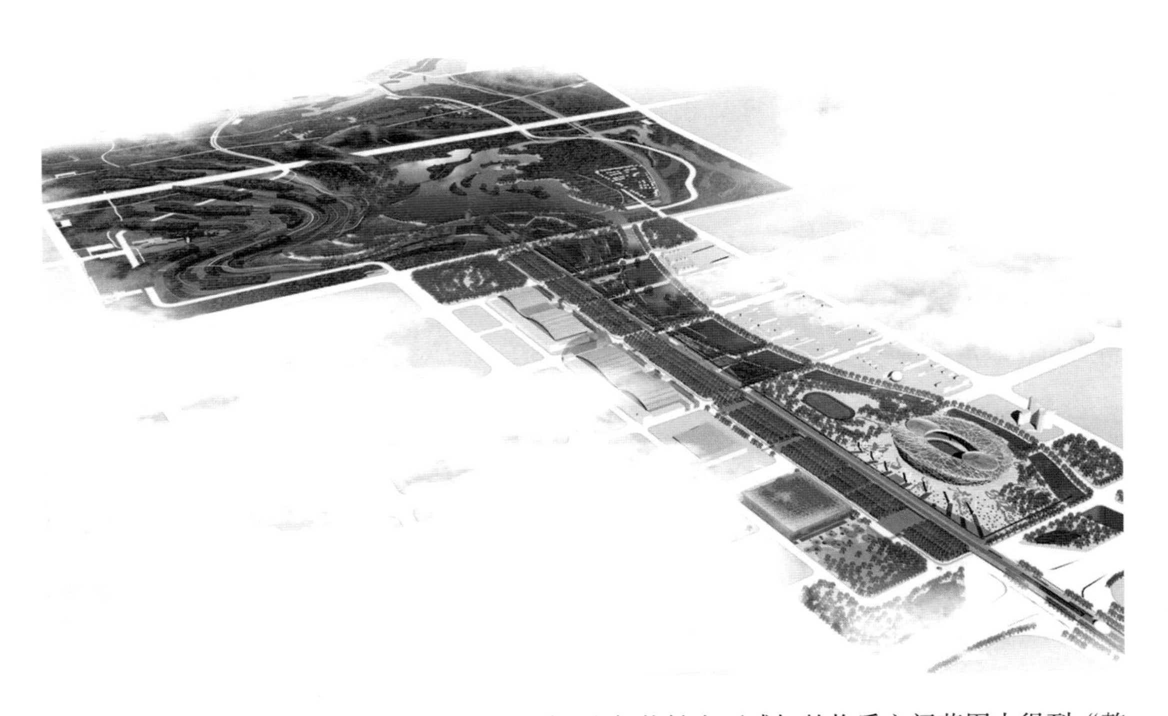

图 7-17 北京奥林匹克森林公园龙形水系（图片来源：http://a4.att.hudong.com/68/46/01300000162747121729467684382.jpg）

就个人感受而言，人们能够在可感知的物质空间范围内得到“整体”的空间体验。当站在北京故宫的宫墙内瞻仰殿宇之时，我们体验到的是皇城的秩序和威严；而当站在国贸三期的高塔眺望故宫之时，我们体验到的却是整个城市的空间韵律和发展态势。可见，公共领域的空间组织蕴含在城市物质环境的各个层面，微观、中观和宏观的空间组织构成了多层次的公共领域的共融系统。

7.2.3 空间促发活动，活动影响空间

空间内部活动或事件与空间载体之间具有相互作用关系。城市的重要公园、广场、街道容纳并促发各种活动，人们又根据这些活动的需要设计或改造这些空间。例如，每年的巴士底日，法国都会在香榭丽舍大街举行盛大的阅兵式；而在一年的最后一天，香榭丽舍大街又会成为步行街，供人们上街庆祝新年；而且，香榭丽舍大街还是环法自行车赛最后一个赛段的终点。而香榭丽舍大街的道路断面和铺装也被改造为兼顾交通与这些活动的形式。

[空间促发活动——札幌大通公园]

有札幌心脏之称的大通公园是一个长约 1.5 公里宽约 100 米，有一系列街区型绿地连续排列组成的中央绿带（见图 7-18）。它本是基于札幌市整体城市规划而兴建的商业街，后来发展成一个地标性的大型公园带，有充足的广场和绿化空间。在它北面耸立着各种金融机构

图7-18

图7-19

图 7-18　札幌“心脏”大通公园（图片来源：http://www.welcome.city.sapporo.jp/find/nature-and-parks/odori_park/?lang=cn）

图 7-19　札幌冰雪节（图片来源：作者自摄）

大楼和北海道政府大厦，南面则是大规模的地下商业街，也是札幌的商业中心，热闹非凡。因此大通公园理所当然成了城市活动的重要场所。夏季公园内会摆出许多庭院式啤酒摊位，冬天则举行札幌最盛大的活动——札幌冰雪节，银白色的雪地里满是装饰得五光十色的树木和大型冰雪雕塑，节庆的夜晚明亮如昼（见图 7-19）。

就在城市公共领域为市民日常交往以及节日庆典提供空间载体的同时，发生在其中的活动也在为公共领域注入价值，甚至可以让走向衰微的场所重新焕发活力。

[活动影响空间——798 的蜕变]

798 艺术区的前身是电子工业厂区，因当代艺术和 798 生活方式闻名于世。从 2001 年开始，艺术家和文化机构开始聚集于 798 厂区，成规模地租用和改造空置厂房，涌现出大量富有特色的艺术展示和创作空间，形成了具有国际化色彩的“LOFT 生活方式”和“SOHO 式艺术聚落”。经由建筑设计、当代艺术、文化产业以及城市生活的有机融合，798 已经演化为一个文化现象，对各类专业人士和普通大众产生了强烈的吸引力，并对城市文化和空间价值产生了不小的影响（见图 7-20）。

7.3　公共领域的设计：场所的塑造

通过空间和活动的相互促进关系不难发现，公共领域的价值不只体现于物质形态的建成环境，也体现于蕴含在物质形态背后的社会功能和意义。公共领域在区位、环境、事件等特定的语境下会塑造出超越物质层面的精神场所。

图 7-20 左 / 北京 798 艺术区改造前的工厂生产景象（图片来源：作者自摄）
右 / 北京原 798 工厂改造为画廊、创意机构聚集的艺术区（图片来源：作者自摄）

7.3.1 场所

场所是城市公共空间、公共设施、环境以及与之相关的氛围、意义（所谓场所精神）的复合体。空间是有边界的或者是不同事物之间联系而成的“虚体”，只有当它被赋予从文化或区域环境中提炼出来的文脉意义时才能成为“场所”①。场所是空间这个“形式”背后的“内容”②。城市设计不仅要创造物质层面的公共领域，更要塑造精神层面的空间场所，就像把“住所”变成“家”一样。因此，场所是情感化的、具有归属感的公共领域。从某种程度来说，城市设计就是为人创造场所的艺术③。

[呼应历史的场所设计——费城码头公园设计]

费城德拉瓦河沿岸的 RaceStreet 码头公园（见图 7-21）利用旧时的市政码头建立起一个亲水活跃的城市公园，设计延续了码头原有两层建筑的双层空间概念，上层作为露天广场、空中长廊，下层是自由的休闲活动区域，以长长的阶梯座椅和整体坡道将两层连接起来。值得一提的是，场地中的 37 棵大树曾经在纽约世贸大厦纪念遗址呆了 4 年；空中长廊采用一种木材与塑料的复合铺板，塑造出甲板的视觉和触觉感受。无论是从空间理念还是设施细节，码头公园都能使人感受到它的与众不同。利用历史遗迹塑造空间场所的景观设计在费城屡见不鲜（见图 7-22），这说明了呼应历史是最能引发共鸣的场所表达方式之一。

① 特兰西克．寻找失落空间——城市设计的理论 [M]. 朱子瑜，张播，鹿勤，等译．北京：中国建筑工业出版社，2008: 100-116.
② 舒兹．场所精神：迈向建筑现象学 [M]. 施植明，译．上海：华中科技大学出版社，2010.
③ Department of the Environment TATRCFAATBE. By Design: Urban Design in the Planning System: Towards Better Practice[M]. London: Cornmission for Architecture and the Built 2000.

图7-21

图 7-21　费城 RaceStreet 码头公园（图片来源：http://design.news-ccn.com2011-06-2455683.html）

图7-22

图 7-22　费城街头保留下来的 1736 年设置的消防设施（图片来源：作者自摄）

7.3.2　场所精神的内涵与表达

场所精神比场所有着更广泛而深刻的内容和意义。场所是具有清晰特性的空间，而场所精神是一种总体气氛，是一个场所的内在品质，是高品质公共领域的灵魂。

公共设施和公共空间是场所精神具体化的物质表现形式，是为了唤醒我们内心的精神共鸣，把不可捉摸的理念、意义、情感具体化，将无形的价值变为有形、变为可见。不同类型的公共设施，不同形态的公共空间，会形成不同属性的功能区域，传递出不同的对于场所精神的认知方向和认知程度。同样是巨门形象，凯旋门及其周边的巴黎老城象征着历史，拉德芳斯与其周围的现代商业办公楼群则象征着现代和未来。

场所精神的表达与场所功能、文化特性、精神气质息息相关。如果场所功能伴随空间和时间（事件）的变迁而发生变化，那么场所精神也会发生改变。比如在纽约世贸双塔遗址上建立 9·11 纪念公园，以前的双塔是纽约作为世界金融中心的标志，如今在双塔的原址保留的两个巨型跌水池则是缅怀逝者、祈福和平的载体。好的设计是要在对的时间、对的地点做出适合的公共空间，以传递恰当的场所精神。

7.3.3　场所设计的策略

第一，因地制宜，塑造场所要善于利用周围的环境，包括自然环境和人文氛围等。

空间区位和历史文脉是决定一个公共领域场所精神的基础。比如北京故宫象征着皇权，上海外滩象征着开放和发展。每个场所从视觉上、感受上和城市所传承的历史和文化中都显露出一个清晰、统一的意象①。特定区位的公共领域，需要延续和传递这种统一意象，才能

① 李焱 . 场所的魅力——探索城市艺术设计的价值和方法 [J]. 建筑与文化 , 2011 (8): 110-111.

图7-23

图7-24

图7-23 浙江临海靖鹰商务区平面图（图片来源：临海靖鹰商务区城市设计，中国城市规划设计研究院）

图7-24 浙江临海靖鹰商务区观山广场依山而建，以山为景（图片来源：临海靖鹰商务区城市设计，中国城市规划设计研究院）

产生属于“此地”的场所设计。如何通过城市设计手段把特定区位的场所精神恰当地表现出来是城市设计的任务。为确定场所独特的地段特征，需要对建筑群和空间的历史意向进行研究分析，对体量、形态、风貌、活动一并考虑。

[实践案例：通过要素再组织强化场地精神——浙江临海靖鹰中心区城市设计]

临海是全国历史文化名城，古城空间遵守“山、城、水”的基本格局，一门面山，七门向水，城在山中，山在城内。靖鹰中心区位于古城东部约3公里，是新城的重要商务和商业中心。规划中强化人们对于山的感知与使用，并以观山广场作为公共空间系统的核心，周边通过丰富的业态以及多样化的空间组织与其串联，形成整体化的景观效果，以愉快的游览过程、立体的空间体验带动购物、娱乐、办公等功能的发展，进而塑造一个具有整体性、标志性的场所，使之成为临海市一个崭新的活力中心。雄鹰雕塑是临海重要的景观标志和城市记忆，规划将鹰雕从路口环岛移到观山广场中央，更加强化了它的标志性，以山为背景、以城市轮廓作为衬托，开辟若干条视线通道，建立各个功能片区与城市标志之间的视觉联系①（见图7-23、图7-24）。

（编制单位：中国城市规划设计研究院。

主要编制人员：杨一帆、伍敏、肖礼军等，技术总指导：杨保军、邓东。）

① 伍敏，杨一帆，肖礼军．以重要节点建设带动城市整体结构梳理——临海市靖鹰中心区城市设计[J]. 城市规划通讯，2009 (2): 15-16.

第二，选择突出场所主题的空间手法，通过对尺度差异的把握，开敞封闭程度的取舍，空间形状的变化来烘托和建构场所主题。有些情况下场所可以是一个孤立的"庇护所"，其意义能够由纯粹的象征性元素来表达（但是要避免陷入功能迁就形式的误区）；而更多的时候设计师应该倾向于作为一个"文脉主义者"，把空间与过去的建设、社交和事件片段和周边要素的相互关系通过丰富和层层叠加的混合方式相结合（如前文提到的费城 RaceStreet 码头公园）。

第三，提升场所趣味，营造积极空间。城市中总有一些空间场所拥有不可思议的吸引力，它们有的是由于外在充满想象力的建筑群像，有的是因为内部精妙绝伦的空间构思，有的历史底蕴厚重，有的是重大事件的发生地，这些地方都能够使人慕名前来甚至流连忘返。好的场所设计应该是吸引人的，能够提供各种便利和舒适的环境，增加人与环境的互动，并且使人与人之间有更好的交往。

营造多样性的景观和空间体验以增加人与环境的互动，是常用的设计策略，其中可用到多种多样的设计手段。建筑、雕塑等实体要素在组织方式上的创意表达是提升场所趣味的最显而易见的途径之一——鹿特丹的方块屋在遵循荷兰运河屋窄开间的空间模数的同时，大胆颠覆传统房屋的刻板形象，竖立的方块群以天马行空的姿态给游客带来乐趣和惊喜，成为鹿特丹不可不看的著名景点（见图 7-25）。而通过雕塑小品提升场所趣味的案例也有很多，比如东京六本木新城步行区域内的大蜘蛛已经成为该地区的空间地标（见图 7-26）。又如芝加哥千禧公园的云门充分凸显了其场所公共艺术的后现代特色（见图 7-27）。保留或者增加微地形的变化

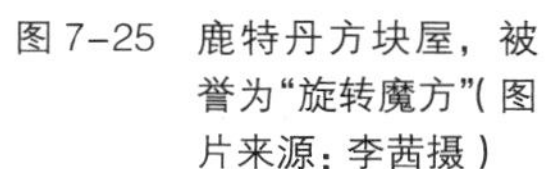

图 7-25　鹿特丹方块屋，被誉为"旋转魔方"（图片来源：李茜摄）

图 7-26　东京六本木新城步行区域的蜘蛛雕塑（图片来源：王倩摄）

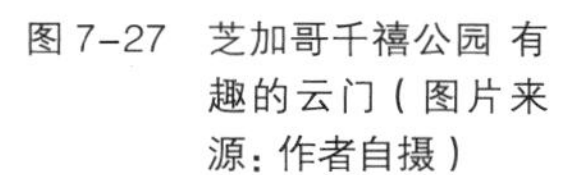

图 7-27　芝加哥千禧公园有趣的云门（图片来源：作者自摄）

图 7-28　难波公园城 流动的峡谷，神秘新奇（图片来源：王倩摄）

图 7-29　蒙特利尔一条商业内街的水池为这商贸繁华之地平添了一处宁静的场所（图片来源：作者自摄）

图 7-30　波士顿滨水区一片草坪上周末下午休闲的人群（图片来源：作者自摄）

图 7-31　日本城市的井盖文化（图片来源：作者自摄）

可以丰富人们的空间体验，激发猎奇心理；折线、曲线、曲面等或顺势而为或刻意而为的空间边界，可以增加场所个性和辨识度；开阔的水面、静谧的水湾、流水瀑布，能够增加空间层次感，丰富感官体验（见图 7-28、图 7-29）；具有观赏性的大草坪和林荫路为人们提供亲近土壤和自然的机会（见图 7-30）；结合当地文化特色的装饰铺装能增进人们对地方文化的了解（见图 7-31）。

[实践案例：变不利地形为场地特色——洛阳万安山温泉小镇城市设计]

洛阳温泉小镇商业街规划设计充分利用黄土高原上的沟壑地形，将商业街区嵌置在隆起的台地上，以水景阶梯作为入口景观，商业街围绕水景布置，形成路径曲折、视野开阔的步行带，便于组织对景、设置停留空间。同时利用竖向高差形成错落的建筑群落，并且以跌水景观贯穿和点缀其间，用流动的空间营造场所的活力氛围（见图 7-32）。
（编制单位：中国建筑设计院·城市规划设计研究中心。
主要编制人员：杨一帆、倪莉莉、王倩等。）

促进人与人的交往是提升场所趣味的深层次要求[①]。怀柔老城中心区改造项目通过开放空间的小尺度有机更新实现老城活力重塑——商业广场热闹、开放，以围合的底层店铺、巨幕显示屏和中

① 李峻峰，张翌．基于吸引力增进的城市公园更新途径初探 [J]. 安徽建筑，2014 (6): 21-22.

图 7-32　洛阳万安山温泉小镇水景商业街区（图片来源：洛阳万安山温泉小镇城市设计，中国建筑设计院·城市规划设计研究中心）

央喷泉吸引人们观光、驻足、休憩；临近医院的公园相对安静闲适，选择树冠茂盛的树种，隔离出幽静自然的散步、交谈环境；社区公园充分重视儿童嬉戏游乐和青少年体育活动的空间需求，以增加社区活力和归属感。只有满足不同人群不同活动的空间，场所才能保证对人们的长久吸引力。

7.3.4　好的城市场所

评价一个场所成功与否，并没有统一的评判标准。无数理论家和实践者一直在努力寻求并试图定义出成功的场所或者是好的城市形态应该具有的优秀品质。凯文林奇（1981）提出了五个基本性能指标：活力、感知、适宜性、可达性、控制性。英国环境部 2000 年出版的政府刊物中提出了七个与场所概念相关的目标：个性、连续性及封闭性、公共空间的品质、便于到达和通过、可识别性、适应性、多样性。这些研究结果有助于我们去理解和解读一个场所的成功之处。当然，不同类型的场所有不同的特点，在全世界被广泛认可的好的城市场所中，也许只体现一种或几种优秀的空间品质，就对城市产生了深远的影响，并能够触发人们深层次的认知。

[运用丰富的空间手法组织广场景观——罗马西班牙广场]

全世界有许多广场，但很少有罗马的西班牙广场那样，其貌不扬，规模不大，却久负盛名。广场的平面像一个沙漏，破船喷泉位于中部较窄处，是广场两侧人流的视觉焦点和驻足空间。破船喷泉的西侧是连续的街道界面，只有正对着的多孔蒂街以直线延伸到河边，连接圣天使城堡。它的另一侧，是一个街区宽的立体的纵深图景——两座四层高的建筑像画框一般将大阶梯、方尖碑、教堂双塔以及远近的游人、纯净的天空定格为一幅画。大阶梯的平面如同一只花瓶，其宽窄的变化、踏步分合的搭配，创造出缓急张弛的韵律，它将不同标高、不同形状的广场与街道有机地统一起来，建构成一个和谐的整体，令人赞叹。阶梯两侧的栏杆和两边建筑的水平装饰条强化了空间透视感，吸引着人们拾级而上，仰望教堂或者俯瞰街道和广场（见图 7-33）。

[呼应城市传统肌理，营造人性化空间尺度——北京三里屯太古里]

西班牙广场是用巴洛克建筑自由灵活的空间手法创造了城市规整网格秩序中的一抹惊喜，而北京三里屯太古里（原三里屯 Village）（见图 7-34）则是融合城市文脉在旧秩序中做出了新的空间创意。设计师钟情那些存在于胡同、小巷中的老北京风情，因此为位于中心城区的这片商业街区定下了“让经典脱胎，重生于当代的”的整体设计基调。整个项目分为南北两个区域，北区围合开放庭院的格局灵感来自北京四合院；南区独栋建筑之间通道、小径纵横交错的连接则体现了老北京胡同的风味，既满足了地块的限高和容积率要求，又维持了宜人的空间尺度。为了鼓励和引导人们使用开放空间，设计团队对公共空间的微气候进行调研，并完善各个空间的舒适度；为了在商业区营造动态和充满活力的商业氛围，设计师巧妙地运用建筑形态的变异和色彩材质的变化，塑造出南区魔方式的外观，在中心城区的背景下呈现出有规则的奔放和谨慎的张扬。

[激发城市活力——波特兰滨河公园带]

好的场所尊重城市文脉，并且能够复兴、激发或者重构新的生活场景。波特兰市中心沿威拉米特河西岸的带状公园是 20 世纪 70 年代拆除沿河高速公路后保留下来的绿地，现在已经成为城市重要的开敞空间，也是历年举办城市最为盛大的玫瑰节（类似嘉年华、园艺活动、美食节和音乐节的集合体）的地点，每到这时，美国海军会派出舰艇从太平洋逆流而上，停靠河边，与市民共同庆祝（见图 7-35）。

图 7-33 罗马西班牙广场的破船喷泉、西班牙大阶梯、方尖碑、三一教堂（图片来源：http://www.nipic.com/show/11084160.html）

图 7-34 三里屯太古里南区设计模型（图片来源：http://www.far-eastcontainers.com/image/13111016.jpg

图7-33

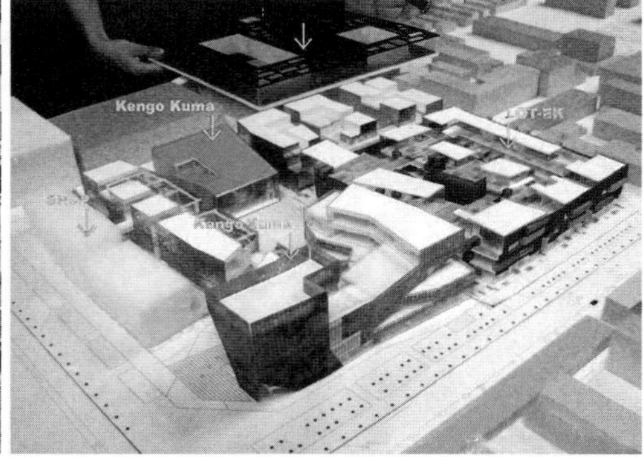

图7-34

图 7-35　波特兰维拉米特河西岸带状公园上举行的玫瑰节（图片来源：作者自摄）

[自然场所与人工场所的完美结合——首尔清溪川]

在经济短缺的时代，城市资源（包括自然资源）往往围绕生产活动来组织；而当社会财富积累到一定程度的时候，人们更开始关注人的高层次需求的满足[①]。波特兰威拉米特河西岸拆高架公路建带状公园便体现了这样的城市发展规律，而首尔清溪川的恢复则更是表达了一种返璞归真的态度（见图 7-36）。在首尔高速发展的年代，清溪川曾被覆盖成为暗渠，水质因废水的排放而变得恶劣，后来其上又兴建城市高架道路，清溪川的自然价值彻底沦为都市经济发展的牺牲品。2003 年，政府拆除高架路，恢复河道，修筑河床，美化岸线，修建桥梁（其中广通桥为遗址改造），使清溪川成为首尔一道亮丽的风景线。清溪川的河道设计令人行道贴近水面，狭长（10.84 公里）的河道上处处皆景，尤以“清溪八景”最为著名——清溪广场上的 spring 雕塑、烛光喷泉表现现代首尔的蒸蒸日上和流光溢彩；隧道喷泉用水柱冲刷着斑驳的历史遗留桥墩，是清溪川过去和现在的共存之地；正祖班次图、清溪洗衣点、文化墙、许愿墙为清溪川注入了文化内涵；柳林湿地是候鸟的乐园，充满自然乐趣……如今，首尔闹市中的清溪川，已经成为最重要的市民休闲地和旅游观光地，它是城市中宝贵的“历史之川”、“文化之川”和“自然之川”，是自然场所和人工场所完美融合的空间典范。

① 杨一帆．中国城市在发展转型期推进滨水区建设的价值与意义 [J]. 国际城市规划，2012 (2): 108–113.

图 7-36 首尔清溪川清溪广场（图片来源：白泽臣摄）

7.4 公共领域的集成：城市综合体

长期以来，受传统功能分区规划思想的影响，我国城市的土地利用通常是将不同的使用功能分开布置。虽然功能分区规划思想具有一定的合理性，但其最大弊端是忽视城市是一个各种功能密切联系的有机整体——城市的每一个功能要素既有一定的独立性，同时它们之间又相互补充、相互依存。

城市发展到今天，在一些重要区段，对功能和空间集聚度的要求越来越高，也解决了大跨度复杂工程综合等大规模建设的工程技术问题，催生一种资源共享、聚合增值的模式，将多样化的生活和交流融入其中，城市综合体这个城市新形态就由此应运而生。

7.4.1 城市综合体：要素富集之地

“城市综合体”是将城市中的商业、宾馆、办公、居住、会议、展览、餐饮、娱乐、文化和交通等城市功能的三项以上进行组合，并在各部分之间构建一种相互依存、相互助益的能动关系，从而形成一个要素丰富、高效率的综合体（见图 7-37）。它“具备完整的街区特点，是建筑综合体向城市空间巨型化、城市价值复合化、城市功能集约化发

图 7-37　西雅图中心区横跨数个街区的大型综合体 City Center 通过跨越城市道路的大型空中连接体实现了跨街区的城市综合开发（图片来源：作者自摄）

展的结果”[①]。常见的城市综合体有商业综合体、总部基地、交通枢纽、会展中心等。

城市综合体对城市功能和城市空间的影响不容小视。城市聚集发展到更高阶段就会催生复杂的功能与空间立体化解决方案，纽约有洛克菲勒中心，巴黎有拉德芳斯，香港有国际金融中心，深圳有万象城，它们都已成为展示城市繁荣的符号。城市综合体成为城市重要节点，改变城市活力格局，其建设水平和特色极大地影响城市的整体文化品位和景观环境；城市综合体通过多功能、多业态的集成，支撑城市空间结构的优化调整，支持城市公共服务体系的完善。

[要素高度聚集的城市综合体——东京六本木新城]

六本木新城在 11.6 万多平方米的土地上，建造了 78 万平方米的建筑面积，容纳 2 万人工作，每天 10 万人出入。六本木以打造“城市中的城市”为目的，建设垂直的花园城市；它不仅集成了工作、生活、文化娱乐等功能，而且拥有七个屋顶花园，提供了丰富多样的公共空间和公共艺术作品，展现出艺术、景观、生活融合的超高品质。六本木新城依托地铁站方便公众到达，并在内部建立起连续的步行连接系统，创造出连续、丰富、有趣的步行体验，沟通联系各种功能，大大提升了地段的公共价值。随着写字楼、购物中心、美术馆等项目的相继落成，六本木新城已经成为东京最重要的商业与商务活动中心之一（见图 7-38、图 7-39）。

① 固新 . 大型都市综合体开发研究与实践 [M]. 南京 : 东南大学出版社 , 2005.

图 7-38 东京六本木新城鸟瞰图（图片来源：http://restaurant.ikyu.com/rsDatas/rsGroup10500/g10022/hd1.jpg）

图 7-39 东京六本木新城剖面图（图片来源：http://www.roppongihills.com/）

7.4.2 城市综合体的设计策略

城市综合体往往占据城市最好的地段，享有城市最优越的交通、景观、公共服务条件，换言之，城市综合体向城市“索取”太多，如果城市综合体只实现本地段范围内的经济收益是难以回馈城市的慷慨赋予的。因此，要重视大型城市综合体对大范围城市空间和功能的影响，要让综合体的作用与所占用资源相匹配，让综合体真正融入城市。

一般而言，在城市综合体的设计过程中一定要保证其具备高可达性的便利特性、高密度高强度的集约性、整体统一的协调性、外部联系的完整性以及内部土地使用的均衡性[①]。

首先，由外而内，融入城市。建筑在城市中并不是孤立存在的，城市综合体虽然（大多数）是功能复合、相对独立存在的建筑群体，但它与周边的物质空间环境仍属于同一个有机体，形态上应该是协调的，功能上应该是延续的，空间上应该是融汇的，是动态、和谐的统

① 卞萧．城市综合体设计初探 [D]. 上海：同济大学，2008.

一体[1]。城市文脉的内涵包括显性形态层面（即人、建筑、景观及环境中的各种可见要素）和隐性要素（即对城市形成发展有潜在深刻影响的要素，如政治、经济、文化、历史、习俗），任何成功的城市综合体都不能脱离与其共生的城市文脉而单独存在。三里屯太古里和德胜尚城都是尊重城市外部肌理（显性形态）的例子，而六本木新城“突兀”的“垂直城市”其实也与城市功能系统（隐性要素）的完善相得益彰。

[外部秩序融入周边环境，内部空间与城市共享——纽约洛克菲勒中心]

洛克菲勒中心是至今全世界最大的私人建筑群，作为 20 世纪最伟大的都市计划之一，它贡献了超越“私有化”本身的城市公共利益。首先其完整的商场与办公大楼让纽约曼哈顿中城继华尔街之后成了纽约第二个市中心；其次这个由 9 个街区、19 幢建筑组成的建筑群体秩序与周边完美融合，从第五大道旁较为低矮的国际大楼缓慢升起到第六大道旁最高的通用电气大楼，在高密度的街区中间还设置了一处供市民使用的广场——海峡花园，这座迷你的小都市每天可以容纳 25 万人上班、观光、消费。设计师聪明地利用大楼间的广场、空地与楼梯间引导人流行动的方向，让人潮在此穿梭、汇集。洛克菲勒中心在建筑史上引发的最大影响是在私有土地上提供公共领域的使用，这种为普通大众设计的空间概念引发后来对“市民空间”的重视（见图 7–40）。

其次，以流定形，以要素流动特征确定流线、规模、形态。与上文中城市文脉的内涵相似，要素的流动也有有形、无形之分。人的流动是可见的，城市综合体通常位于城市交通网络发达的地区，商务人群、消费人群、居住人群的到达方式以及空间流动偏好会直接影响到综合体内部的功能布局和空间流线组织。根据交通流，设计能够促成高效、舒适的交通枢纽与服务中心。

与交通流不同，资本、技术等非物质要素的流动我们无法看到，但却同样能反映在城市综合体的规模和功能构成上。拉德芳斯是欧洲最完善的商务区之一，建区 50 年间，随着经济的发展成为巴黎都会区中最庞大的摩天大楼群——300 多万平方米的办公面积，容纳各类企业 1500 多家。如今它不再局限于商务空间的开拓，而是将工作、居住、休闲三者融合，转变成为一个宜居宜业的城市综合体。

① 崔瑛．现代城市建筑综合体与城市文脉的保护、继承和创造 [J]. 城市建设理论研究，2012.

图 7-40 纽约洛克菲勒中心"市民空间"(图片来源:作者自摄)

最后，空间融合。如何在综合体有限的体量中，有效整合工作、娱乐、生活等相关功能，取得 1+1 > 2 的整合价值，是城市综合体的核心价值所在。功能整合的价值需求导致了空间融合的必要性。处理好功能、空间、流线的复杂并置考验着设计师的智慧。总体而言，功能空间和公共开放空间可以通过分离、复合、穿插、串联、层叠等方式实现空间的融合[①]（见图 7-41）。分离式的空间组织能够保证各功能空间的私密性和独立性，把共享的开放空间置于中间，作为外围其他各功能空间联系的纽带。复合式的空间组织主要是把具有双重或者多重性的零售、娱乐、交通等功能空间与开放空间复合，提升各部分的使用效率。穿插式的空间组织主要是针对人流、车流的空间引导，实现高效、便捷的立体化交通网络。串联式则强调各功能空间彼此流通、渗透的状态。层叠是把功能空间和开放空间在平面、竖向两个维度上进行整合，以达到功能立体化、景观立体化、交通立体化的紧凑和融合，使各部分形成有机性和系统性的统一体，既有综合体之形，又有综合体之实。

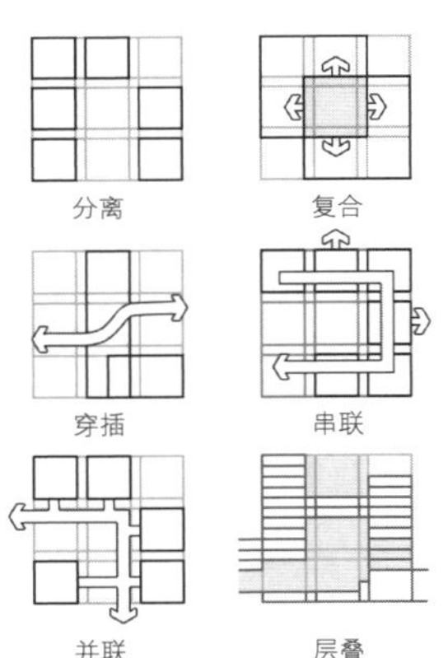

图 7-41 内部功能空间的整合方法（图片来源：王倩改绘自现代城市建筑综合体与城市文·脉的保护、继承和创造 [J]，崔瑛，2012）

7.4.3 城市综合体的开发策略

城市综合体的规模和功能因时、因地而异，建筑规模、用地规模（包括所占地块数量）、建筑体量组合形式呈现多样化（见表 7-1），小型

① 王桢栋."合"——当代城市建筑综合体研究 [D]. 上海：同济大学建筑与城市规划学院，2008.

的城市综合体的建筑面积可能不到十万平方米，而大规模综合体的建筑面积甚至会达到数百万平方米。不同年代、区位和规模的综合体可以运用不同的开发模式，主要有以下三种形式：整合一体化开发；统一规划、分期开发；框架规划、分别开发。

城市综合体建筑体量形式类型　　**表**7-1

建筑形式	示意图	典型案例
单体式综合体		上海来福士广场 深圳地王大厦 上海世贸广场 北京朝外SOHO 上海喜马拉雅中心
连接体式综合体		香港朗豪坊 上海恒隆广场 重庆大都会广场
组团式综合体		万达广场系列 香港太古广场 深圳华润中心 北京华贸中心 东京六本木中心
片区式综合体		北京金融街 纽约洛克菲勒中心 亚特兰大桃树中心

（资料来源：吕鑫磊．城市综合体公共空间协同研究 [D]. 重庆：重庆大学，2012.）

整合一体化开发。这种开发模式的特点是能够快速实现综合体的功能聚合效应，塑造整体形象，甚至能迅速改变城市功能格局。拉斯维加斯的 City Center（见图 7–42）被誉为沙漠水晶，其具有强烈冲击力的建筑外观和内部完整的共享空间系统便得益于整合一体化开发。开发商聘请了 8 名国际顶级建筑师，由 7 支设计组和上百名顾问共同

图 7-42 拉斯维加斯 City Center（图片来源：google map）

设计完成，历时 5 年，建成了沙漠之城新的娱乐王国。

统一规划，分期开发。这种模式具有一定的灵活性，能够根据政策和市场的发展形势做出适时、适当的反应以提升项目整体规划和经营的合理性。苏州金鸡湖西岸城市 CBD 从规划至今已历时二十余年，这期间快速的城镇化发展给城市空间和功能布局带来的巨变使金鸡湖周边的区位条件更加成熟，而 CBD 基地内部通过建立临时性公园和商业设施来培育市场的做法也为地段积累了大量人气。因此在城市和市场发展外力和地方引导内力的相互作用之下，金鸡湖西岸 CBD 的统一规划得以逐步实施，如今已经取得明显成效（见图 7-43）。

图 7-43 苏州金鸡湖西岸 CBD 开发历程卫星影像图（图片来源：谷歌地球）

框架规划，分别开发。超大规模的城市综合体项目，除由政府相关的公共投资机构或者大型开发商作为投资主体进行整体性开发外，从城市开发建设的运营效率、投资风险把握以及实时操作的灵活性等方面考虑，往往是采用引入多个开发商来共同完成开发建设，这种情形下政府机构的责任就是制定框架规划（包括总体战略构想、导则控制等）来规范引导各个开发主体的建设，以保证特色鲜明而又富有整体感的高品质城市空间[①]。对此的详细讨论请见第 12 章。

① 黄大田．以详细城市设计导则规范引导成片开发街区的规划设计及建设实践——纽约巴特利公园城的城市设计探索 [J]. 规划师，2011 (4): 90-93.

7.5　小结

公共领域承载着城市最核心的公共活动和城市文明，对公共领域的规划和设计应充满对城市资源的珍惜和对当地文明的敬畏和尊重，同时也应充满人文关怀。通过空间组织和各种设计手段促成公共设施与公共空间融合为一体化的公共领域，通过场所设计延续和发扬城市精神，创造便利、舒适和有意义的场所，更好地服务于人们的交往和生活——这是城市设计最本质的初衷和归宿，也是城市规划师不遗余力的奋斗方向。

图8-1

图8-2

第 8 章　设计使城市更便利、更舒适、更安全

Chapter 8　Design - Making a City More Convenient, More Comfortable and Safer

导言

Introduction

城市设计对提升城市的交通效率、服务品质、安全保障有两方面作用：使各种要素组织得更有效的结构整合作用；起到各要素之间润滑效应的细节提升作用。这源于城市设计的本质——注重品质。一方面，它使城市设计拒绝纯功能性的用单一指标看问题，而是采用“广泛联系”的思维，把工程问题、设计问题、文化问题、生态问题等相关要素与交通、服务和安全目标结合起来，寻求综合的改善方案。另一方面，它赋予城市设计天生的特质——注重细节，通过细节的提升，粘合各要素，使正效应在各要素之间流畅运行，用设计提升日常体验。如使上班路程上的体验更加有序、舒适、愉快，又如把在图书馆门口等待开馆借阅的体验提升到“享受”的层次。

There are two effects that urban design can impart on a city's transportation efficiency: service quality and security. This happens through organizing within a more efficient structure and by smoothing the interactions between different elements of a city. Urban design's goal is to achieve a better quality. Instead of emphasizing function as the sole objective, urban design connects broad fields such as engineering, design, culture and ecology to relevant elements such as transportation, service, and security. Further, it is the pursuit of details. Urban design can make elements interact more smoothly and improve the daily urban experience by emphasizing details and creating better connections among related elements; for example, urban design can make the experience of commuting more comfortable and pleasant or make the waiting time before the opening of a library more enjoyable.

图 8-1　温哥华滨水区的步行道与自行车道划分（图片来源：作者自摄）

图 8-2　日本一处街道设施设计细节（图片来源：作者自摄）

8.1 从单目标解决方案转向以设计为手段的系统整合

我们生活和存在的空间是多维度、多层次的，在其中存在着纷繁复杂的联系。城市设计采用“广泛联系”的整体思维，梳理出复杂联系间的内部秩序，以解决这些复杂问题；同时城市设计善于把这些经验进行总结，使这些利用综合分析得来的成果，升华为在综合设计策略指引下的新型开发模式，推进城市的良性发展。

8.1.1 看似不相关的相关问题

人、车通行的交通系统，商场、学校、医院的服务系统，警察、消防、安防的城市安全系统，还有城市的居住、生态等其他系统，看似独立地分布在城市之中，其实却存在复杂的联系。一个系统中重要问题的解决，需要分析这个问题本身及其密切相关的其他要素，才能获得比较完善的答案。然而如何判断哪些问题与之密切相关，并不那么简单。有些问题之间关系明显，解决经验和方法相对成熟，在处理这些问题时，稍加分析或借鉴即可看得清楚明了。如城市道路的走向、宽度与周边的用地性质、强度之间就有明显的关系，对此人们已有丰富的经验积累。

然而还有一些看似不相关的问题，却存在密切的联系。如美国波士顿 Back Bay 是生活舒适的“良好社区”，而 2 公里外的 Roxbury 地区却是白天也让人惶恐的“命案之都”。从影像图上看两个社区，能够发现两个社区的肌理跟它的社会治安存在联系——肌理有序的社区，治安稳定；肌理混乱的社区，治安混乱（见图 8-3、图 8-4）。虽然不能说城市肌理与城市治安之间存在直接的因果关系，但至少暗示城市设计者去探索其中的相关性，需要在解决城市治安中，对城市肌理加以研究。或者说，有序的城市空间可能促进城市治安的改善。面对这些纷繁甚至隐蔽的联系，可以利用城市设计的综合方法去研究，而城市设计的经验总结又可以给其他专业的研究带来巨大的帮助。

图 8-3 波士顿 Back Bay 社区影像图（图片来源：谷歌地球）

图 8-4 波士顿 Roxbury 社区影像图（图片来源：谷歌地球）

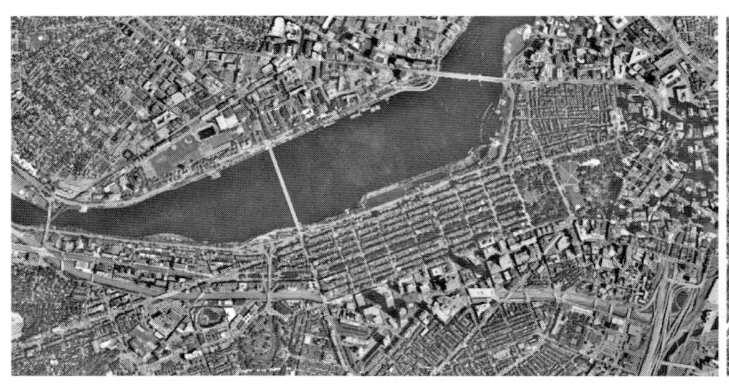

图8-3

图8-4

8.1.2　综合设计策略指引下的适宜建设模式

在城市的不断发展演变中，城市设计利用系统整合的优势，不断综合实践中的经验，形成了许多在综合设计策略指引下的促进城市发展的新型建设模式。如在从郊区蔓延发展到公共交通引导开发、服务引导开发的过程中，城市设计把交通系统、服务设施和土地开发联系在一起，形成 TOD[①]、SOD[②] 城市综合开发模式。同时，城市规划与设计者也在不断总结经验，形成各个时代浓缩智慧的行动纲领——《雅典宪章》、《马丘比丘宪章》、《新都市主义宪章》等，为城市的发展提供了综合设计策略，有力地促进了城市建设。

其中，新都市主义是 20 世纪 90 年代初针对郊区无序蔓延带来的城市问题而形成的城市规划及设计理论，强调功能组织、交通体系、空间形态等多要素的整合。1993 年第一届新都市主义大会召开，标志着新都市主义运动的正式确立和理论体系的成熟。1996 年的新都市主义第四次大会通过了《新都市主义宪章》[③]，其中明确了区域、街区、建筑等各层次城市规划设计、开发建设以及公共政策制定的基本原则。

[首个新都市主义城市——美国佛罗里达州 Seaside 小镇]

Seaside 小镇始建于 1980 年，被美国时代周刊列为美国近十年“十大设计成就之一”。《新都市主义宪章》中的重要原则在其规划设计中体现明显。如小镇社区的街道和步行道在海滩与城镇中心之间建立起方便的联系，有设施完善的社区中心，并满足对社区的“五分钟”服务半径要求；在社区中心优先布局社区公共空间和文化教育设施；城市空间布局适宜步行；公共交通体系与公共服务设施结合紧密等（见图 8–5）。

TOD 模式是新都市主义提出的把公共交通与用地功能组织结合起来的一种开发模式，其中公共交通主要是地铁、轻轨等轨道交通以及巴士干线，然后以公交站点为中心、以 400 ~ 800 米（5 ~ 10 分钟步行路程）为半径建立集工作、商业、文化、教育、居住等为一体的社区，以实现各个城市组团紧凑发展的有机组织模式。这一模式在土地资源有限、小汽车日益增多的情形下，将有效地保护耕地，提高

---

① Calthorpe P. The Next American Metropolis: Ecology, Community, and the American Dream[M]. New York: Princeton Architectural Press, 1993.

② 王青．以大型公共设施为导向的城市新区开发模式探讨 [J]. 现代城市研究，2008 (11): 47–53.

③ Congress for the New Urbanism.Charter of New Urbanism[R].1996 年美国南卡罗莱纳州查尔斯，新都市主义第四次大会。

图 8-5 美国佛罗里达州滨海城 Seaside 小镇（图片来源：www.yuanlin8.com）

出行的便利性，降低碳排放。该模式在国内不同规模的城市建设中，也日益被决策者重视，并逐步得到了良好的实践。

SOD 模式是通过社会服务设施建设引导的开发模式，即地方政府通过规划引导行政或其他重要公共服务设施的合理布局，使新开发地区的市政设施和服务设施同步形成，逐步推进新区整体建设。SOD 模式可以看成 TOD 模式在中国的本土化发展，特别在城市新区的建设中应用广泛，其实质依然是通过合理空间布局带动城市发展。

城市设计是实践科学，需要依据具体项目、发展阶段，综合分析复杂要素之间的互动关系，形成优选方案。城市设计提倡的综合设计策略，也多是实践经验的综合和提炼，需要抓住问题的本质，决定设计的方向。

8.2 通过细节设计提升整合效率

现代规划理论倡导层次结构清晰，分工明确的系统组织结构。交通系统、服务系统、安全系统独立运作且相互关联，保障城市健康发展。但这些看似独立运作的网络在毛细血管处——人们的使用终端，密切地交织在一起。我们很难说某个城市空间是纯交通性的还是纯生活性的或是为城市安全而设立的。城市设计在微观世界可以充分发挥自己的优势，做到一石多鸟，起到改善城市空间综合服务能力和舒适度的作用。

8.2.1 城市设计让空间联系紧密，功能过渡顺畅

从小城市到大城市，不管是自然生成还是规划使然，都有各种系统组成，在单个系统中，又存在不同的方式和层次，这加强了空间与

图 8-6　日本箱根一处普通的步行过街设施，巧妙利用高差实现人车分流（图片来源：作者自摄）

各系统之间的阻隔。如在城市发展中，新城与旧城之间不仅有空间距离还有形态的差异，需要在景观、功能、交通等多个方面加强两者之间的联系，使其过渡顺畅。城市规划安排功能和交通上的联系，城市设计通过空间形态的细节设计，使这些联系更自然和紧密（见图 8-6）。

[铁路从城市组团之间的阻隔转变为社区联系的纽带——亚特兰大 Beltine 环形林荫大道]

铁路因其行驶中对交通安全的要求，在城市中多形成一条宽阔的隔离带，交通在这里受阻，景观在这里中断，步行在这里成为禁区，然而在亚特兰大却成了例外。亚特兰大的环形林荫大道修建在铁路线上，它串联起了公园和轻轨线路，围绕亚特兰大市中心建造而成，全长 22 英里（约 35.4 公里），成为服务于沿线 10 万居民的城市休闲带。该设计融合了道路、标识、景观、基础设施和土地开发利用等多种要素和述求，并制定了详细的实施计划。在细节上，设计师对沿线著名的历史建筑、周边景观、交通转换节点、休憩场所等进行了特别的设计，避免交通安全隐患，最大限度地提升文化内涵和空间品质（见图 8-7）。

8.2.2　通过细部设计，提升城市整体效率

在城市系统中，细部的设计尤为关键。道路系统中，道路交叉口、换乘点的通畅度和便利度直接影响交通效率的高低。如不能把这些细部处理得当，整个城市运行的效率将受影响。同样，城市综合体的交

图 8-7 亚特兰大 Beltine 环形林荫大道概念图（图片来源：http://gardens.liwai.com/）

通换乘区和停车场设计等都可能成为影响城市整体效率的重要细部。城市设计能够深入细部，进行详细设计，粘合不同系统和空间，提高整个城市的运行效率。

8.3 城市设计让交通更体现人文关怀

交通不单单是为连接目的地，实现高效安全的运输，同时还需考虑在交通过程中人的情感需求——舒适和愉悦。交通设计更多关注交通需求的物理实现，城市设计却能从人的情感出发，在交通中增加人的体验，更能让交通体现人文关怀。

8.3.1 设计适于步行的城市

步行是人最基本的交通方式，也是在交通性与生活性之间转换最灵活的方式。一个适宜生活的城市必然是适宜步行的，建设适宜步行的城市需要规划更需要设计。适宜步行的城市首先要使人们可以在城市中方便和安全地行走；其次要使人们愿意和喜欢在城市中行走。这就不是简单的交通问题。建设适宜步行的城市，需要从交通网络、道路系统、街区尺度、步行设施、绿化和休憩设施、城市公共空间的功能和布局等多方面提供支撑。如道路的路缘半径，现在普遍的路缘半径都是以机动车方便转弯为依据，保障了机动车转弯时的行驶速度，这无疑增加了行人过街的危险性。同时较大路缘半径还会增加人行横道的距离，进而增加穿过交通车道所需要的时间和暴露于机动车交通威胁中的机会。如果采用较小的路缘半径可以缩短人行横道长度，在步行轨迹中形成较小、较安全的中断，增加了步行的连续性。

[步行友好的道路空间——荷兰新城埃门庭院式道路设计]

1963年，埃门大学城市规划教授波尔在进行荷兰新城埃门规划设计时，

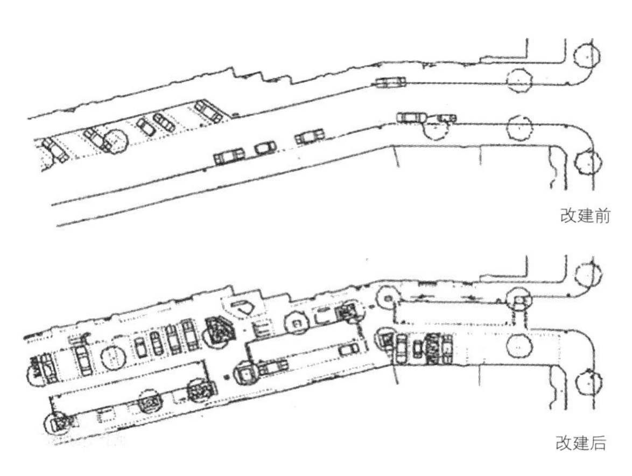

图 8–8　庭院式道路改造方案（图片来源：http://tupian.baike.com/）

开始探索设计一种新的道路平面，试图在设计中实现小汽车与儿童游戏共存。波尔设计的口袋式尽端道路取消了人行道，人们可自由地在全部道路空间行走，通过曲化车行道降低车速，但赋予司机好像在花园内行驶的良好感受。在行人、儿童游戏、汽车交通共享街道空间的条件下，通过别具匠心的设计，即保障了安全，又提升了环境质量（见图 8–8）。

8.3.2　通过设计手段改善交通方式和交通效率

交通性道路的运输需求较大，路幅一般较宽，速度要求较高；生活性道路解决到达功能地块的问题，应方便出入、停留、换乘、开展日常活动。然而城市是变化的，道路两侧的开发情况或业态不断发展，一成不变的交通系统设计，可能就不适合这些变化。城市设计就应在这种情况下，依据实际情况和发展需求，对道路进行优化设计，达到完善交通系统对城市服务效率和质量的目的。

[需求推动道路改造——美国芝加哥 State 大街改造设计]

20 世纪 70 ~ 80 年代的芝加哥 State 大街被改造为一条典型的步行街。在街道上没有汽车，只有行人和公共交通专用的区域。这条街道曾是芝加哥首屈一指的中心区购物街，然而当这样的道路实施后，一些主力商店陆续退出了该街，宽约 15 米的人行道使行人显得无比矮小，即使在最热闹的时段也显得空荡荡。这样的街道尺度并不利于商业街的繁荣。20 世纪 90 年代芝加哥对它进行了重新定位和设计，首先尊重市民和周边地块发展的需求，废除了对小汽车的限制，开辟了 4 车道的机动车道；然后调整人行道的宽度，缩窄到 6.7 ~ 7.9 米，使得人群集中于商店橱窗附近，营造出了更好的商业氛围；同时对景观、小品进行重新设计。新的商场、酒店陆续开业，整条街道恢复了全天候的活力。

在复杂交通网络和不同交通方式之间经常会存在换乘的需要。特别是在城市公共交通系统中，换乘需要徒步进行。或许就是地铁站到公交站的步行距离，更或是穿过道路到对面坐车的距离，然而这段不长的距离，可能需要一人穿过多重障碍，花费很多时间去完成，其间还隐藏很多潜在危险。

由于城市管理、环境、油价等各方面的原因，很多大城市开始倡

图8-9

图8-10

图8-11

图 8-9 西雅图市中心的高架单轨交通系统与地面交通的关系（图片来源：作者自摄）

图 8-10 东京街道空间的清晰划分和设计提高了空间的使用效率（图片来源：作者自摄）

图 8-11 日本东京用地稀缺，每一分土地都尽量充分利用，通过设计促进公共交通空间的立体开发（图片来源：作者自摄）

导“公交优先”的战略。快速公交、地铁、轻轨等大容量公共交通方式为市民带来了安全、高效的出行方式，但“最后一公里”① 的难题一直制约着公共交通系统的服务效果。如何让市民从办公室到公共交通站点，或在公共交通站点下车回家的这段距离实现方便接驳，影响整个公共交通系统的运营效率（见图 8-9 ~ 图 8-11）。

[多种需求的交通满足——南京地铁新街口站设计]

新街口位于南京市中心，也是著名的商业中心，商贸活动密集度极高。地铁是该地区赖以顺利运行的重要公共交通系统，输送着去往不同商场的乘客，简单的四个出口只会造成出入口的拥堵和人流在地面道路上的奔波。该车站现设置了 24 个出入口（此外还预留了几个备用出入口），分别通向地面和新街口地区多家大型商场的地下层，成为亚洲第一大地铁站。出口增多，增强了与各目的地的联系，方便了市民出行，虽然空间距离可能没有变化，但至少让乘客感觉方便了不少（见图 8-12）。

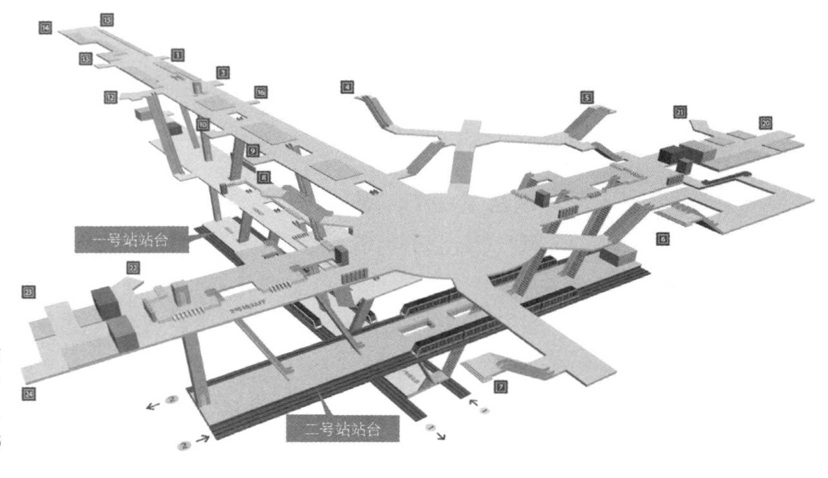

图 8-12 南京新街口地铁站出口分布图（图片来源：www.xingqu.baidu.com/p/3235600798）

① 最后一公里，这里是指完成长距离公交出行的最后一个站点到目的地之间的最后一段里程。

8.3.3　关照所有人需求的街道

在机动车优先的情况下，城市道路设计的首要目标是如何提高单位时间内机动车的通行能力，而对行人和自行车的出行关注甚少；评价一个城市设计的道路交通是否满足交通需求，也更多的是机动车的交通需求。这种“车本位”的设计模式逐渐受到广泛的质疑。适宜步行的原则在城市交通规划与设计中重新成为主旋律。实现人车共享的道路空间是社会进步和发展的必然趋势。

2003 年，美国人 David Glodberg 提出了“完整街道”的概念，对以前“车本位”的发展模式进行了批判，从方便人的使用角度，倡导完善行人和自行车设施，鼓励人们步行、骑车或公共交通出行。美国“全国完整街道联盟”给出的定义是：“完整街道的设计和运行应为全部使用者提供安全的通道。各个年龄段的行人、骑车人、机动车驾驶员和公交乘客，以及所有残疾人都能够安全出行和安全过街。建设完整街道意味着交通部门必须改变过去优先考虑小汽车的做法，确保所有人出行的安全”。目前美国有众多的州政府已陆续推行符合这一理念的交通政策，很多设计机构也在进行大量的相关街道设计工作（见图 8-13）。

8.4　用设计扩充物质服务和提升情感服务

城市设计作为一种综合性的强有力工具，可以不断地在城市功能和城市形态之间进行双向调节，一方面为发展城市功能提供优秀的空间容器，另一方面促成城市功能的进一步完善。

8.4.1　设计使原功能和使用得到提升

城市设计可以使原有的城市空间获得更高效的使用，商业街更

图 8-13　美国波特兰市中心的完整街道。在市中心名为 Transit Mall 的主要交通走廊上，有轨电车、公交车、机动车和行人路权都得到妥善的保障，而且在市中心范围内，有轨电车对所有人免费，充分体现了其作为公共交通的公益性。（图片来源：作者自摄）

繁荣，交通通道的运输效率更高，可以使休闲的人们得到更好的精神放松和精力的恢复。城市设计可以在原有功能规划的基础上起到效果倍增的作用。

[设计恢复城市中心区的活力——巴塞罗那格拉西亚大道改造设计]

巴塞罗那商业繁荣的格拉西亚大道采用合理的道路断面设计，既保证了中间主路上的机动车有较高的车速和通过效率，又通过辅道设计使汽车可以安全地在路边暂停和上下客，同时为进出两侧商店的步行者提供了宽阔的步行道和露天的咖啡座。这里通过设计使交通效率得到了保障，商业活力得到了加强。

8.4.2　城市设计促发新的使用

城市设计可以强化一种功能，也可以促成一种功能向另一种功能的转化，还可以融合多种功能和要素，促发新的空间使用。城市设计可以帮助一个交通空间兼具休闲的功能，可以使一个被遗忘的角落重新成为有意义的场所。

[从行洪通道到带状公园——东京隅田川断面设计]

隅田川是东京中心区一条主要河道，由于行洪要求和历史形成的沿线密集建设，它几乎没有进行沿河景观设计的空间。但设计者巧妙运用了河水季节性涨落的水位变化，在河道中找出丰水期被淹没，枯水期露出水面的“第二层”堤岸，设计出可供周边市民季节性使用的带状“公园”（见图 8-14）。

8.4.3　设计赋予空间精神内涵

城市空间不应只有物质功能，还要有精神内涵。城市设计唯有在物质实体中，融入文化精神，才能设计出有意义的空间。城市设计不是工业化生产的模块化产品，具有针对具体地段量身定做的不可复制性，即城市设计创造个性空间。每个城市设计都根植在其场地独有的场所精神中，城市设计通过物质空间安排延续和强化这种精神。正由于此，城市设计可以在提供功能服务的同时提供精神服务。

图 8-14　东京隅田川滨水区整治中形成的可以被淹没的季节性休闲公园（图片来源：作者自摄）

[创造精神家园——日本京都龙安寺枯山水庭院]

枯山水庭园设计可源于古代修行者所追求的苦行及自律精神，利用静止、不变的元素，构建一沙一世界的意境。园内几乎不适用任何开花的植物，简单的常绿树、砂砾、苔藓成为主要构成元素，但却有种精神上的震撼力。京都龙安寺的枯山水庭院是日本最有名的园林精品之一，建于 15 世纪。一个仅 330 平方米的近矩形平坦空间，简单地由 15 尊大小不一的石头及成片的灰色细卵石铺地构成。石以二、三或五为一组，共分五组，石组以苔镶边，往外即是耙制而成的同心波纹。同心波纹可以让人联想到雨水溅落池中或鱼儿出水。白砂、绿苔、褐石，三物的色系深浅变化中可找到物与物之间的交相调谐之处。而砂石的细小与主石的粗犷，植物的“软”与石的“硬”，卧石与立石的不同形态，又彼此呼应。游客则坐在庭院边的深色走廊上休憩，常有人会滞留数小时，暂时脱离世俗空间，忘却一切烦恼，静静地陷入深刻禅思（见图 8-15）。

[让空间铭记历史——美国 9·11 国家纪念广场设计]

该项目位于 9·11 事件世界贸易中心双子大厦遗址。“倒影缺失”的设计概念，让人强烈地感受到“失去”的感觉。广场中两个下沉式的空间，象征了两座大楼留下的倒影，同时原大厦遗址上的跌水池，更让人联想到大楼消失后遗留的痕迹；高大的落差和水流，让人感叹时间的流逝，追忆逝去的生命（见图 8-16、图 8-17）。

[一个具有深刻教育意义的公园——成都活水公园设计]

城市日益发展，人口不断积聚，生活污水处理负担突出。位于成都市府南河畔的活水公园，向城市居民提示了一条重要解决之道。该公园占地 2.4 公顷，设计中科学组织了一条由厌氧池、流水雕塑、兼氧池、植物塘、植物床、养鱼塘等构成的天然水净化系统，生动地演示了水由浊到清的自然净化过程，同时也设计了丰富的小品景观，如圆形广场、茶室等。独具匠心的设计使这座公园除了休闲功能外，还被赋予了生动的教育功能和生态功能。

图 8-15 日本京都龙安寺枯山水庭院（图片来源：徐丹摄）

图 8-16 美国 9·11 国家纪念广场实景图 1（图片来源：http://www.visualchina.com/）

图8-15

图8-16

图 8-17 美国 9·11 国家纪念广场实景图 2（图片来源：http://www.visualchina.com/）

图 8-18 成都活水公园：有趣的科普公园（图片来源：杨慧祎摄）

成都的活水公园引入人工湿地形成净水系统，将公共环境景观设计融入保护自然的理念之中，成了亲子活动与科普教育的基地，寓教于乐（见图 8-18）。

8.5 让城市设计提供更综合的城市安全方案

城市要素聚集、灾害繁多。城市设计把犯罪心理学、社会学、生态学等各种工程专业和自然科学研究成果和适宜技术，应用于城市空间的规划设计，从整体到局部，改善城市安全。

8.5.1 综合的规划设计手段

城市规划设计综合考虑交通、防火、生态隐患、社会治安等安全因素，从源头降低风险。其中，城市规划从用地布局、交通组织和空间隔离等方面，防灾减灾；城市设计在空间组织、行为引导、避灾措施等方面降低风险。在一个具体的城市设计项目中，需要去预见各种各样的城市安全问题，同时也需要从多种途径，综合地避免安全风险的发生。

[实践案例：精细设计为安全护航——北京三间房动漫产业园城市设计]

地段位于城市绿化隔离带，规划区面积约 21 公顷，重要交通干道十字穿越基地，以及过境铁路对道路沿线地块的开发带来明显的交通隐患。城郊接合部私搭乱建带来的消防和治安隐患，场地低洼的内涝隐患都威胁着当地的城市安全。在设计中，以多节点、小中心的设计，避免了在一个节点上形成大的开发量，分散了安全压力。同时在场地中规划设计一条生活性道路联系主要组团，避免过境交通对场地的直接冲击。另在大面积公园设计中采用雨水花园理念，用生态手段解决城市内涝问题（见图 8-19）。

（编制单位：中国建筑设计院·城市规划设计研究中心。
主要编制人员：杨一帆、李茜等。）

图 8-19　北京三间房动漫产业园城市设计平面图（图片来源：中国三间房国际动漫产业基地东区规划设计研究，中国建筑设计院·城市规划设计研究中心）

8.5.2　空间设计手段："公共监视"管理与"能防卫的空间"

1961 年，简·雅各布斯提出传统的街道形式和人行道对于抑制犯罪等不当行为、确保空间安全具有重要作用①。20 世纪中叶随着美国社会经济的发展，大城市蔓延和郊区化现象严重，传统的空间形态受到以低密度独立住宅和尽端式路网系统为特点的郊区形态冲击，中心城衰落，造成人际关系的冷漠，减弱了对犯罪具有抑制作用的公共监视，使城市空间中的治安死角增加，城市犯罪率上升。从增加公共监视、预防犯罪角度，她认为安全的街道空间必须具备三个条件：公共空间与私人空间具有明确区分；街道中的居住者必须能够观察到街道，临街建筑必须面向街道；人行道上必须总有行人，这样可以增加街道上的监控力量，也可以吸引临街建筑内居民的注意力。

简·雅各布斯从一个普通人的视角，朴实却深刻地对简单、机械的城市规划和设计手法进行了批判，提醒规划设计者重新回到人的关怀。以"公共"的视野，进行城市"公共"空间的安全预防，最重要的方法是这个城市"公共"空间，有"人"进行不断的参与，而不是由于工程或机动车的原因拒绝人的进入。

① 简·雅各布斯．美国大城市的死与生 [M]. 金衡元，译．南京：译林出版社，2006.

[以空间设计支持"减少犯罪计划"——英国纽卡斯特尔城市中心改造]

1999年英国提出了"减少犯罪计划"。该计划明确提出利用城市设计手段改善城市公共空间环境，设计不易犯罪的空间，从城市空间环境设计角度减少和抑制犯罪和反社会行为的发生。纽卡斯特尔城市中心改造前是犯罪高发地区，通过修缮历史建筑，划定步行区及步行优先道路，鼓励商业、居住、娱乐等功能的混合，整治环境标示等措施和空间优化设计，使该地区的犯罪率总体下降了25%，同时使该地区的白天和夜间都充满活力。

1968年，美国建筑师纽曼基于城市住宅区的犯罪问题研究，提出了"能防卫的空间"的概念①,并提出了形成易于被感知并有助于防卫的领域，有助于自然监视的领域，有利于安全防卫的建筑意象，改善居住区的社会环境等四项原则。依据这些原则进行城市设计，可以大大降低城市对公共安全的投入，有助于社区空间品质的提高，鼓励更丰富的公共活动。

[积极的空间安全防卫——华盛顿纪念碑核心区改造设计]

"9·11"恐怖袭击之后，美国国家首都规划委员会为了预防再次发生恐怖袭击，为华盛顿的国家纪念区和城市中心区制定了"国家首都城市设计和安全计划"。华盛顿纪念碑是美国极具象征意义的重大标志，安全要求自然不言而喻。但却处于大片草坪围绕的开阔地带，缺少必要的安全隔离，极易成为恐怖袭击的目标。改造设计在周边设置了不妨碍视线的花池、挡土墙和其他经过景观处理的低矮安全防护体；同时在不妨碍游人便捷穿行的前提下，利用可移动的长椅、花坛和柱桩等，对纪念碑周边环形道路进行了必要的通行限制。

8.5.3 针对生态安全问题的城市设计手段

城市生态系统是半人工半自然的生态系统，系统内无法完成完整的物质循环和能量转换，其对区域的依赖性很强。人既是城市生态系统的主体，也是整个系统的营造者。城市设计师通过对其他生态系统学习和模拟，利用景观生态学、生态工程学等原理，把生态设计融入城市设计之中，一方面减少资源消耗，实现可持续发展，另一方面降低成本，减少风险，提高生态安全。

---

① Newman O. Defensible Space: Crime Prevention Through Urban Design[J]. Bureau of Justice Statistics，1973.

[生态修复的典范——德国鲁尔区“埃姆舍尔公园”设计]

鲁尔区是德国重要的工业基地，过去仅考虑工业生产的需求，自然环境破坏严重，各城市发展分工不明，整个地区生态系统薄弱。1999 年当地举办国际建筑展，从生态学的角度，通过“埃姆舍尔公园”建构出一个面积 800 平方公里的大型生态网络。该地区通过对生态系统的治理和模拟生态系统的再造，成功实现了城市经济和社会的二次腾飞（见图 8-20）。

雨水作为重要的生态资源，对城市水资源的补给和生态循环意义重大。但如果处理不好，很有可能带来巨大的灾害，小到建筑基底的侵蚀，大到城市内涝暴发。“海绵城市”设计理念成为城市设计合理利用雨水资源、保障生态安全的重要途径。海绵城市是指城市能够像海绵一样，在适应环境变化和应对自然灾害等方面具有良好的“弹性”，下雨时吸水、蓄水、渗水、净水，需要时将蓄存的水“释放”并加以利用。

[小投入，大收益——美国波特兰市塔博尔山中学雨水花园]

雨水花园是海绵城市理念指引下的一种设计手段。塔博尔山中学排水系统管道完善，但由于当地降雨量巨大，依然避免不了地下室进水的现象。设计中把校园的一个面积为 380 平方米的小型庭院，从原来沥青停车场改造成一个低于学校场地标高的雨水花园。该花园收集校园内沥青游乐场、停车场、屋顶等约 2800 平方米的不透水面积的雨水径流，节约了十多万美元的改建成本，不仅处理了雨水，增加了绿色空间，也降低了附近教室的温度，改善了小环境（见图 8-21）。

图 8-20 德国鲁尔地区埃姆舍尔公园鸟瞰图（图片来源：http://www.chla.com.cn/）

图 8-21 美国波特兰市塔博尔山中学雨水花园（图片来源：Hannah Silver 摄）

图8-20 图8-21

1-文化商街
2-茶室
3-书屋
4-便利商店
5-后街公园
6-公园连接线
7-逸康公园
8-便利商店
9-普法公园
10-露天影院
11-青春公园
12-怀山公园
13-体育广角
14-眺望台
15-纪事走廊
16-塔
N
0 50 100 200 300
HKS
APEC
BURGUER KING

图9-1

图9-2

图9-3

第 9 章　以缝合和织补的方式推进城市更新

Chapter 9　Urban Regeneration by Seaming and Weaving

导言

Introduction

我以前的绘画老师告诉我：一幅画要一遍一遍地画，但每画一遍的色彩不能把以前的内容全覆盖，总要留下一点，这样你的画作才会因为画的遍数越多越丰富。从事城市建设和研究后，我回想：城市建设也是一样，历史积淀越深的城市越有魅力，如果有两千年历史的城市因为我们的大拆大建，只能向世人展现近三十年的面貌，它还有什么意思？

My art teacher used to tell me that a good painting should be painted with many applications of color. With each iteration, you must keep in mind that you cannot cover all the efforts of the previous layers. In this way, your painting will become more and more vibrant. When I began working in urban design, I found that it is just like painting. The deeper the history and tradition of a city, the more appealing it is. It is a tragic affair for a city with two thousand years of history to be left with only traces of the most recent several decades due to renewal.

图 9-1　怀柔老城商业街地区更新方案，通过小尺度有机更新，建立优雅从容的慢生活体验区（图片来源：怀柔老城区城中村改造模式探索与概念设计，中国建筑设计院·城市规划设计研究中心）

图 9-2　商业街入口公园设计（图片来源：怀柔老城区城中村改造模式探索与概念设计，中国建筑设计院·城市规划设计研究中心）

图 9-3　商业街中心广场设计。在拥挤的老城中心提供一个小型休闲广场，创造活力聚合空间（图片来源：怀柔老城区城中村改造模式探索与概念设计，中国建筑设计院·城市规划设计研究中心）

城市更新是一个复合的概念，既包括城市的灾后重建（Urban Reconstruction）、以拆除为主的更新（Urban renewal）、再开发（Urban redevelopment），也包含城市再生（Urban regeneration）、再活力化（Urban revitalization）、城市复兴（Urban renaissance）等，无论是国内、国外，从城市建设和发展的历史来看，每一个更新词汇的背后都各自包含着一整套的政策和特定的城市活动，并与特定时期的政府行为、治理目标、更新方式和规划的价值偏好等有关。

城市更新是一个复杂的过程，它是城市新陈代谢的必然过程，是用物质空间的提升来改善城市生活的重要手段。更新的过程应该处理好多种关系：传承历史与面向未来发展目标的关系；物质空间改造与社会组织重构的关系；某个建筑、街道、公园等个体与周边社区甚至整个城市的关系；环境改善等单一目标与经济繁荣、社会和谐等综合目标的关系……

9.1 城市更新的动力

当一个城市处于成长期的时候，为满足空间发展需求，走向外扩张建设的道路，而当城市进入成熟期，再开发就成为满足空间使用需求的主要方式。城市更新有复杂的动力机制，往往是多个内因与外因共同推动的结果，这里讨论一些主要的诱因。

9.1.1 物质空间的衰败

与人类似，城市也像生命体，经历成长、成熟、衰败的过程，有年轻、年老之别，只不过人的老化不可逆转，而老化的城市能够复兴。城市更新是实现城市复兴的途径，更新的实质是通过对一个衰败的城市区域进行改造、投资和建设，把握时机、运用正确的途径和手段，以全新的城市功能替换功能性衰败的物质空间，使之重新发展和繁荣。

[“锈蚀之城”——底特律]

底特律在20世纪70年代开始出现没落的苗头，出现“三老”症状——产业结构老化、管理方式老化、居民结构老化，具体表现为支撑产业凋敝、城市管理失序、历史包袱沉重。底特律市政当局缺乏远见，未能抓住互联网、新能源等新兴产业机遇，引导产业结构调整、升级，反而继续依赖传统汽车工业，导致经济衰退，城市竞争力持续下降，最终成为“锈蚀之城”（见图9-4）。

[工业区的复兴——德国鲁尔区]

德国鲁尔工业区在20世纪70年代中期出现“煤炭危机”和“钢

图9-4

图9-5

图 9-4 “鬼城”底特律城市一角(图片来源:http://talk.ifeng.com/online/baitaituji/detail_2013_03/28/23634278_2.shtml)

图 9-5 德国鲁尔区(图片来源:http://p.t.qq.com/longweibo/page.php?id=353851079710106&lid=5142537739945497428)

铁危机”,急剧衰退。主要表现在矿产资源趋于衰竭;产业结构单一与综合经济发展不协调;环境质量下降和生态恶化与人居环境改善的目标相抵触;失业人口的增加与社会稳定相矛盾等现象。德国当局积极应对,调整产业结构、调整生产力布局、完善资源配置、完善交通运输和改善生态环境等,取得了可观的进展,有效推动了鲁尔区的更新(见图 9-5)。

9.1.2 生活改善的压力

更新地区除了有特定的现状物质空间,还有各类人群共同生活形成特定的社区组织,城市更新不仅要满足物质环境改善,更要追求社会发展的目标。

我国大部分城市旧城更新改造仍以政府力量为主导,逐渐引入市场力量,而相比西方国家社会力量还比较单薄。自《物权法》颁布,又随着居民素质与生活水平的提高,个人对权利及社会公平性的诉求不断提高,民众的法律意识、民主意识、维权意识等也不断加强,日益强大的社会力量也是促成动迁更新进程的主要因素。

9.1.3 外来力量的影响

随着我国城镇化进程的加快,大城市优质的社会公共资源对外来人口形成了强大的吸引力,外来人口融入大城市的愿望强烈,使得大城市人口流动性呈盘底集聚效应。

外来人口的流入对城市的影响利弊共存,既促进了城市发展,也带来了一系列的问题。深圳土地面积只有 1952.8 平方公里,建市不到三十年时间,人口已经从几十万迅速增长到 2009 年的 1200 多万(其中流动人口占 85%),迅速步入特大城市的行列,并且出现了土地和水等环境资源以及城市发展空间难以为继的局面。北京近年来也面临外来人口巨大的压力,据估算,至 2010 年外来人口已由过去的 500 多万突变为1000万，加上本地人口，总人口达2200万，土地、水源、环境、交通等资源承受重压。外来人口的迅速引入，给城市带来了繁荣，也带来了一系列隐患。

因此在正确认识外来人口与城市发展关系的基础上，促进人口、资源、环境的协调、可持续发展，提高对外来人口的管理和服务水平是城市管理者的重要任务，也是城市更新的重要关注点之一。

9.1.4 产业空间的升级

城市发展带来产业空间升级，实现土地置换与资源配置优化，更新了城市的“肌体组织”，为城市可持续发展提供了动力和物质基础。

在20世纪90年代，国内的诸多城市相继开展了城市土地置换的探讨和实践工作，如很多城市的“退二进三”，上海、杭州的“城市空间置换”,济南的“腾笼换业”,曲阜等城市的“出让旧城开发权”等，这些行动促进了城市土地的集约利用，同时随着一部分城市功能（如制造业、服务业）向郊区、城市边缘区和次级中心扩散，另外一些功能（如金融、信息、保险等）则不断向城市中心集聚，引起城市土地利用模式、空间结构随之发生相应的变化。城市土地的沉默价值在置换中被重新发现，城市空间结构得以重组。这些变化适应城市发展的规律，有利于城市健康可持续发展。

[实践案例：通过空间结构的重构延续商脉，把工业用地改造地段编织到城市功能和空间系统中——苏州胥江新城城市设计与控规]

苏州胥江新城规划范围约5平方公里，处于城市建设区边缘，启动规划的初衷是把现状呈插花状存在，大量低效使用的工业用地和村庄用地进行盘整，统一规划为具有完善的公共服务、环境优越的宜居社区、高端产业园区等综合功能的城市片区（见图9-6、图9-7）。

规划团队首先对场地和周边城市功能进行了充分研究，提出了详细

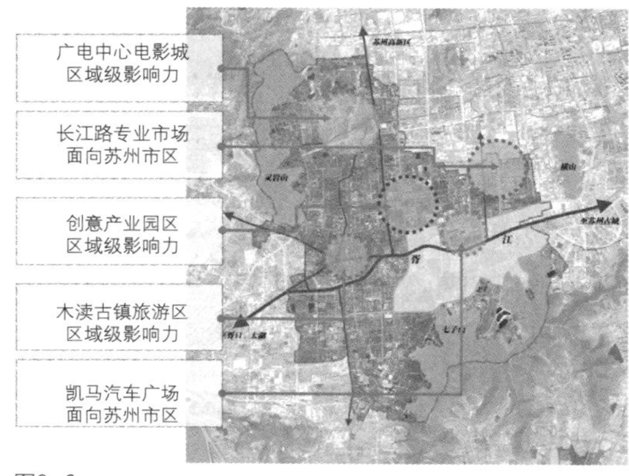

图9-6

图9-6 苏州木渎产业空间分布图（图片来源：苏州吴中木渎胥江新城城市设计，中国城市规划设计研究院）

图9-7

图9-7 苏州木渎胥江新城城市设计总平面图（图片来源：苏州吴中木渎胥江新城城市设计，中国城市规划设计研究院）

的产业策划报告，再在空间规划中逐一落实。由于是同一个团队进行策划和规划，使城市功能与空间布局得到很好契合，规划意图得到充分落实。规划把退二进三的区域融入地段周边现有的功能板块中，遵循现状已经形成的金枫路高科技总部经济板块、凯马汽车4S店发展板块、长江路大众货品批发市场板块的商脉延续趋势，把这些城市希望继续发展的功能按照产业的空间拓展规律，有序地引入规划区内的合理位置。同时融入了高品质的滨水商务休闲，该区域亟须的第四方物流园区，高端居住功能。在空间规划和设计上，保留和提升了原有的水系肌理，保留了水泥厂烟囱等标志性的地上遗存，将主题公园与购物中心综合体融为一体。详细的市场细分和精细的项目定位也使该规划成为一个高度面向市场需求的"棕地更新规划（工业用地再利用规划）"。

（编制单位：中国城市规划设计研究院。
主要编制人员：杨一帆、伍敏、肖礼军等。）

9.1.5　城市创新的必然

城市发展是一个不断更新、改造新陈代谢的过程，当城市发展到一定阶段，城市更新就成为城市自我调节机制中的重要环节，也是其突破某些发展瓶颈，开拓新的发展空间的有效手段。

透过城市发展的规律，城市在发展的过程中不断产生新的服务和功能需求，更新是建立在城市经济功能、社会功能、文化功能、生态功能提升的基础上，不断创新的城市空间再组织过程。

城市新的服务、功能的产生和组合方式的改变是城市未来发展的方向，并推动城区功能结构调整，促进城市空间的演变。

9.1.6　城市大事件的推动

城市大事件为城市空间发展带来契机。由于城市大事件的特殊性和突发性的特征，它会对城市原有功能、环境和运转秩序产生一定的冲击。

[大事件带动城市公共服务功能建设——北京奥运会设施建设]

2008年奥运会的召开，带动北京完善城市设施，变更城市形态，形成新的布局。例如，北京奥林匹克公园的建设，使北京历史中轴线向北延伸，结束于一片自然山水之中。五棵松运动休闲区域的建设，强化了该区域在北京东西长安街轴线中的功能和特色，并为周边地区的发展注入了新的活力。另外，从北京奥运场馆分布看，多数场馆的建设都加速了所在地区的发展，城市多区域的协调发展可以说是奥运给北京城市形态进化带来的重大契机（见图9-8）。

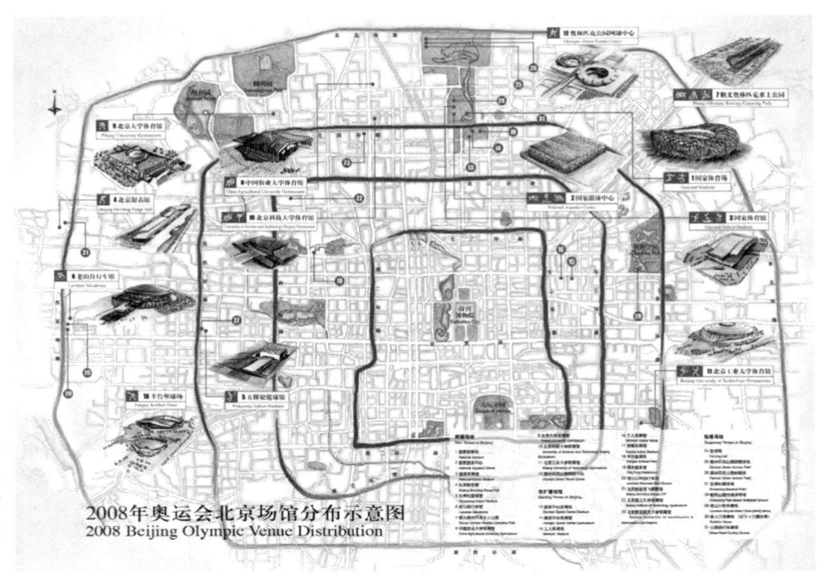

图 9-8　北京奥运会场馆分布示意图（图片来源：http://s6.sinaimg.cn/orignal/4a17b766t58b8a2819715）

[实践案例：大事件推动城市功能升级与环境建设——世园会对延庆的机遇与挑战]

2019 年世界园艺博览会选址北京延庆，既为延庆城市发展带来新的机遇也带来巨大的冲击。延庆城区远离北京中心城，目前 15 万人的小城难以提供 A1 级世园会预计 2000 万人次的游客接待能力。此次借力重大国际项目的注入，带动配套设施建设，为延庆功能复合发展提供了高端项目集聚的机遇，引领城市功能和空间品质升级。另外，短期内的大量开发建设也对延庆多年以来一直保持的小尺度、慢生活城市空间形态形成挑战。世园会园区是延庆妫水河生态景观带向西的延续，在城市功能和城市空间形态上优化了城市结构（见图 9-9、图 9-10）。中建院城规中心主持了延庆总体城市设计的编制也参与了世园会的规划设计。在这两个项目中积极促进园区与城市的空间融合，引导园区景观系统沿妫水河和三里河向城市纵深部延伸以及公共服务设施在高景观价值地区的布局，同时制定城市设计导则，控制城市尺度，引导城市公共空间、环境和建筑形态的设计。

（编制单位：中国建筑设计院·城市规划设计研究中心。
主要编制人员：杨一帆、赵彦超、白泽臣、杨凌茹等。）

9.2　城市更新者应有所敬畏

城市更新如同带着枷锁跳舞，其艺术的价值在于它在严酷的束缚中创造美。城市更新者需要勇于面对城市的历史文化背景、自然环境、形形色色的利益主体，他们可以改变这些内容，但要非常谨慎，怀着敬畏之心，反复衡量。

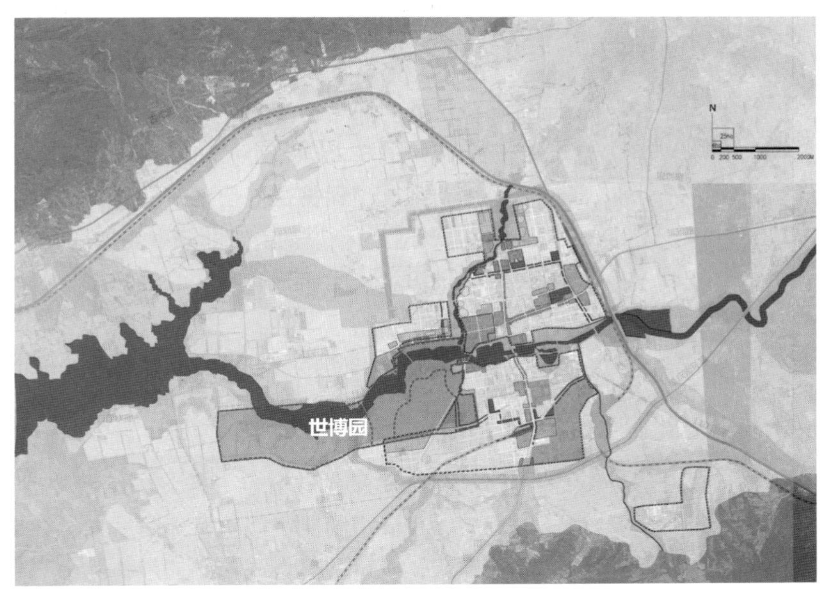

图 9-9　延庆世博园空间位置图（图片来源：延庆新城总体城市设计，中国建筑设计院·城市规划设计研究中心）

图 9-10　延庆世博园概念设计提案鸟瞰图（图片来源：北京世园会概念设计方案征集，中国建筑设计院，山水心源景观设计院）

9.2.1　城市灵魂的源泉：传统及人文环境的传承

传统文化展现了城市的本色和性格，历经数载慢慢养成，也是城市的灵魂所在。城市更新者以高度的文化自觉和文化自信推进城市建设，应延续和不断强化这种本色，成为城市灵魂的保卫者。例如：保护古城不仅仅是物质空间的留存，更要尊重历史街区中原住民的生活及与此相关的物质环境，对人文环境的留存要比留下一个历史风貌的物质空壳更有魅力；而与此同时，我们也不能为了强硬地留下传统风貌而驳回了原住民追求生活改善的权利。找到契合双方诉求的道路，如在荆棘蔓布的峡谷中行进，是城市历史保护者的责任。

9.2.2　城市再生的土壤：自然与生态环境的包容

城市是人类聚居、借以生活和持续发展的环境，城市建设应该适合人居，使城市的社会生产和生活与自然环境同步协调发展，这就要求我们在城市建设中切实保护好城市的自然环境。

自然生态要素难以移动，而人是活的，规划设计总体上须因地制宜，依山就势布置街道和建筑，局部可通过合理改造自然来适应城市街道、建筑的布局。每个城市和地段都有其独特的自然和生态要素组合，最大限度地保护这些要素，一方面减少了建设行为对城市生态的干扰和破坏，另一方面，如果城市能根据各自的自然条件与特色建设，也不至于出现“千城一面”的尴尬局面。

9.2.3 城市精神的厚度：过去及已建成环境的积淀

每个城市都是一座开放的博物馆，保留着历史与现在的痕迹，对城市历史进行深入分析有助于我们理解所在的城市。博物馆中越老的东西越弥足珍贵，城市也一样。城市精神需要世代的积累，以文字、形态烙印在城市物质空间中，熏陶后人。如果对城市文化载体采用铲除的办法，城市会变得浅薄。如果铲除历史载体成为一个城市建设者的传统，那今天的建设会被明天的建设者轻易地铲除。

9.2.4 城市活力的所在：人生活方式的多样及多变

城市中多样和多变的生活是塑造城市形态的依据，而经城市建设者塑造的城市形态又可直接促进或损害城市的活力——支撑和不断创造丰富活动的能力。人与城市空间之间经历长时间的磨合，形成较为稳定的结构关系，将赋予城市空间某种极具凝聚力的内在精神，这就是舒尔茨提出的场所精神。城市并非纯物质性的空壳，社会活动赋予了它生命活力和文化含义，推动它经历时代变迁，并不断发展完善。

9.3 以缝合与织补的方式推进城市更新

城市更新无论是改造道路、建筑、景观，还是运用新的技术手段，从方法论上讲，都可以归为两种基本的方式：第一，改变一个或几个要素；第二，改变要素间的组织关系。用缝合与织补的方式推进城市更新，主张在充分理解原有城市结构和肌理的基础上谨慎地选择新建要素和进行要素关系的重构，新建的或重构的区域不只完成自身的经济目标，更重要的是能与周边地区融为一体，强化整个城市的结构。在具体的规划设计策略上，缝合与织补更新比一般的城市改造更倾向于选择与周边协调的新建内容和形态，以及延续周边的要素组织趋势。

9.3.1 织补式更新策略

无论城市的起源和发展是自然生长还是强权干预，城市形态的演变作为一个不断进化的历史过程，常常表现为一系列规划设计和建设成果历史性的拼贴，如何将这些片段融为一体，消解空间形态上的“肌理断裂区”的割裂效应，需要进行适当的缝合与织补推进城市更新，使之成为有机的城市整体。

现代城市空间孤立而混杂，独立的建设与开发引起的城市空间形态突变制造了纹理断裂的城市肌理，城市空间的整体性也因此被生硬地割裂。缝合城市肌理，应该注意寻找城市肌理断裂区，把它们作为城市整体不可或缺的一部分，辨别城市内部结构，将断裂区重新织补到城市结构中，形成新的有机体，以达到“整体大于局部之和”的作用，为城市的未来健康发展建立坚实的基础。

[外部边界重构实现城市空间衔接——汉堡哈芬新城建设]

汉堡老城外环形绿化轴（曾经是中世纪时期的汉堡城墙），整合了沿线绿化景观和坐落其间的重要建筑物（如火车站和汉堡美术馆等），共同构成了汉堡的“艺术之路”轴线。在2000年哈芬新城南侧的建设中，规划建设者对空间进行整合，完善和延伸“艺术之路”轴线，为汉堡老城轮廓画上了完美的句号，成功利用城市轴线统筹和建立起新旧空间的有机联系（见图9-11）。

任何单一的主体都不如开放且充满活力的边界对城市空间和生活的吸引力产生更大的影响作用。就哈芬新城而言，汉堡老城的形态保持得较为完整，东、西、北侧的绿化边界与南侧运河堤岸形成的自然边界很好地围合了汉堡老城的形态。哈芬新城的建成将城市中心向南牵引，为更好与老城协调，新建筑采取与北侧老建筑在高度、体量和色彩上相呼应，并通过河岸高层的阵列加强了界面的限定。新的城市边界在空间、视觉、形态上都比原先的老城南边界更强，自然而然使“艺术之轴”在新城北侧延伸，起到了结构与城市肌理缝合的作用。在一定程度上促进了新城与老城的形态整合（见图9-12）。

图9-11　汉堡城市轴线（图片来源：谷歌地球）

图9-12　汉堡哈芬新城边界（图片来源：谷歌地球）

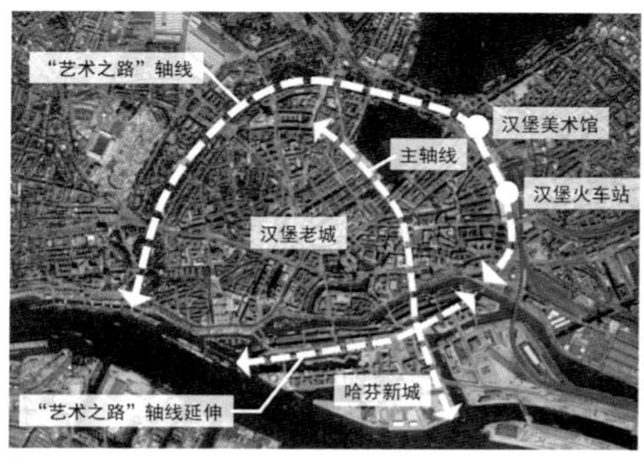

图9-11

图9-12

9.3.2 多样化的城市更新手段

城市更新手段多样，没有一定之规，而且不断推陈出新。可以是以标志性建筑或城市节点的改造带动；也可以针对绿地，街道等系统的整体梳理；可以是一个片区的整体改造；可以是借助一条河流、高架路、铁路沿线的改造，还可以在统一机制平台上，规划和设计控制下的持续小微改造与修补。

[改高架路为隧道，把地面释放为带状公共绿地——波士顿 Green Way 带状城市公园建设]

波士顿市中心交通拥堵，当地通过中央隧道工程改善城市中心区交通状况，拆除市区高架道路，清除高速公路对城市中心区用地和功能的切割，把释放出的大量用地，建成城市带形绿地和开敞公共空间（见图 9–13、图 9–14），提升城市整体的空间品质，促进城市中心区的繁荣。

[通过建筑改造实现复兴与再利用——上海太平桥地区改造]

上海太平桥地区改造前集中体现了破旧、拥挤、恶劣的居住状况。建筑修缮过程中以富有特色的石库门建筑元素为基础，保护和延续上海 20 世纪 20 年代建筑特色。改造后北里以保留石库门旧建筑为主，结合现代化的建筑、装潢和设备，变为多家高级消费场所及餐厅，菜式来自多国，充分展现了大都会的国际元素。南里以反映时代特征的新建筑为主，包括总建筑 2.5 万平方米的购物、娱乐、休闲中心，配合少量石库门建筑，实现了地区的复兴（见图 9–15）。

图 9–13 波士顿 Green Way 带状公园总平面图（图片来源：http://www.roseken nedy green-way.org/）

图 9–14 波士顿拆除高架桥建成带状城市公园 Green Way（图片来源：作者自摄）

[通过环境改善实现更好的历史记忆展示——上海徐家汇天主教堂]

始建于 1896 年的徐家汇天主教堂，是我国较早按西方建筑方式

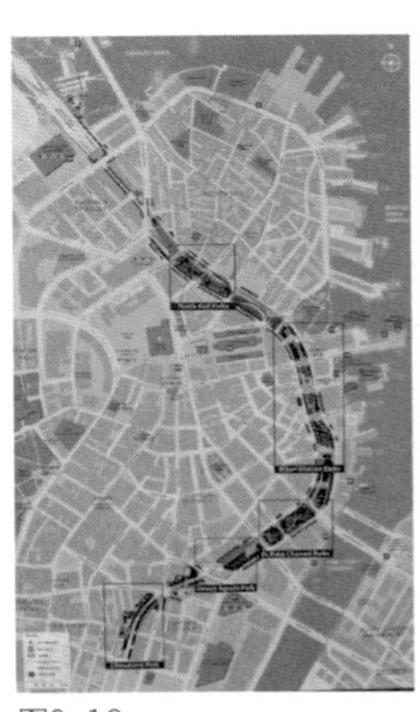

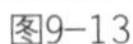

图9–13

图9–14

图9-15

图9-16

图9-17

图 9-15 上海太平桥地区改造（图片来源：杨凌茹摄）

图 9-16 西班牙巴塞罗那农贸市场改造。保留原有建筑的立面，用现代大跨结构屋顶艺术化的处理，形成一处既与周边历史建筑相协调，又有鲜明个性的新建筑。（图片来源：作者自摄）

图 9-17 上海徐家汇天主教堂（图片来源：杨凌茹摄）

建造的教堂，具有较高历史价值。但教堂周边空间拥挤，被低品质的建筑所包围，历史标志建筑得不到展示，对城市品质提升的作用得不到发挥。改造的重点是周边低品质建筑搬迁和增绿，通过两者的有机结合来凸显标志性历史建筑特色和文化底蕴。在改造方案中，入口广场上新增一些公共休闲活动场所，气象局与教堂之间的部分建筑将拆除，原来被遮挡的南立面得到完整展示。改造后的空间和教堂一同成为城市又一处重要的历史文化场所，更好地向世人展示上海这段历史记忆（见图 9-17）。

[增加具有特殊空间和功能魅力的设施或项目，实现触媒效应——苏黎世]

苏黎世是瑞士最大的商业城市，而位于利马河边的西区曾经是它的重工业集中区。1966 年后，区内工业逐渐衰落，就业率下降，城区也日益衰败。为了复兴西区，苏黎世政府启动更新计划，大力发展设计、艺术、研发、信息服务等高附加值的新兴产业，逐步将西区发展成为苏黎世的现代艺术研究、创作和展示中心，同时带动了城区居住环境品质的提升，从而促进城市再次繁荣（见图 9-18、图 9-19）。

[提供公共设施，建立联系的桥梁——巴黎东部塞纳河两岸地区]

巴黎东部塞纳河南岸地区（左岸），19 世纪中叶工业发达，到二次大战后工业没落，地区出现衰退现象，同时绝大部分政府金融机构设在城市西部，使西部迅速崛起，造成东西部不均衡发展。为促进东西联系，巴黎市政府加强了左岸地区城市基础设施的建设和公共服务的投入。一方面通过建设戴高乐桥、地铁线、法兰西大道、塞纳河步行桥联系塞纳河左岸右岸，另一方面通过对奥斯特利茨火车站区及车站周边商务办公区、法国国家图书馆及其周边居住街坊、玛思纳区 Massé na（包括传统工业厂房、巴黎面粉厂改造后安置地方大学及其商业、住宅、学校等项目）等一系列项目带动了左岸公共服务和环境

图9-18

图9-19

图 9-18 瑞士苏黎世改造后的工业厂房（图片来源：基于城市触媒理论的旧城改造规划思考[J]，扈万泰，刘宇，2012）

图 9-19 瑞士苏黎世工业区鸟瞰（图片来源：基于城市触媒理论的旧城改造规划思考[J]，扈万泰，刘宇，2012）

品质的提升，吸引艺术家、创意人群、年轻人的入住，商业投资也紧随其后，逐步推动了左岸地区的复兴。

9.4 尊重原有的城市结构和肌理

从城市的物质空间角度讲，城市的结构和肌理是它的灵魂，即使由于战争和自然灾害等不可抵抗的因素，地上物荡然无存，但重建时仍然保留它原有的结构和肌理，也就保持了它原有的灵魂和气质，维系了城市的活力，增强了城市面向未来的适应力。城市历经岁月形成的结构总有它形成的道理，延续它不只是保护一种物质符号，还在于保护了本土特有的某些活动方式和城市精神含义。

9.4.1 结构的价值

结构是城市的定位系统，在认知上让后人知道“我在哪儿？”人们在城市中的方向感通常依靠对空间方位、标志物的相对位置来识别。在路网为方格网的城市中，道路结构分明，人们可以轻易判断自己的方位。而现实当中很多城市由于自然地理等条件，路网结构存在多种形式的变化，人们可以依靠城市中的制高点、重要线型要素、纪念物的位置和朝向来定位。

结构记录了城市的空间等级，让后人知道城市中“哪儿重要？”城市是人们集中生活的场所，人们的活动过程积累着各种经历、情感与空间形态，并与生活在其中的其他人联系起来，空间由此具备了一种凝聚力。城市的结构中，按照不同区域和功能划分出不同的空间等级，也决定了人们行为的聚集特点与程度。

结构是城市骨架，让人知道城市“长什么样？”巴黎构成城市骨架的放射性大道与其两侧严整的立面，北京以故宫、老城为核心，向外通过环路形成的圈层结构，这些都给我们留下深刻的印象。这种独特的城市结构具有强烈的感染力，它们反映着这些城市特有的风貌。

结构记录了城市空间拓展的每个历程，让人知道城市“从哪儿来？”城市的独特性将人们的精神与其环境联系起来，它们通过根植在空间和环境的这种差异，丰富了人们对自己生活过地方的认识。随着城市的发展，不断演化的结构反映着城市的年轮，记录着特有的生活和历史的片段。

结构指明了城市未来发展的方向，指明“往哪儿去？”城市规划过程中，确定城市结构是确定一个城市性质及发展战略重要的步骤，它指明了城市形态的发展变化以及未来的发展趋势。

9.4.2　肌理的魅力

肌理记录了城市历史上主要物质要素流动的状态。由于交通方式的不同，带来城市生活方式的差异，以至城市肌理的变化，例如依赖步行、车行、水运的城市肌理都不一样。依托机动车交通方式形成的大城市，如北京随着城市的拓展，城市的肌理由环状放射式道路分割而成。威尼斯整座城市都浸泡在海水之中，运河是大马路，水巷是小街道，客船就是公共汽车，汽艇是出租车，新月般的“贡多拉”（舟）是自行车，运河、水道、建筑物、广场形成了城市的肌理（见图 9-20、图 9-21）。

肌理是城市微观的定位系统，如“我家在哪儿？”家是人们最熟悉的场所，无论从哪里回家都能够清楚地辨别方向、距离，找到自己的位置，知道自己要走的路径。这种路径形成的肌理具有唯一性，是城市的一小块区域在人们心中锚固的印象。

图 9-20　威尼斯运河景观（图片来源：作者自摄）

图 9-21　威尼斯水街（图片来源：作者自摄）

图9-20 图9-21

图9-22

图9-23

图9-24

图 9-22 北京传统四合院围合空间（图片来源：http://www.quanjing.com/share/68-7162.html）

图 9-23 厦门骑楼建筑（图片来源：作者自摄）

图 9-24 科罗拉多峡谷中旅游度假小镇 Vail 的街景（图片来源：作者自摄）

肌理记录了历史上的生产、生活方式。北京旧城区传统四合院与胡同组成的街坊（见图 9-22），厦门老城连绵的骑楼（见图 9-23），科罗拉多峡谷中旅游度假小镇 Vail 的街景（见图 9-24），不一样的文化背景下，形成了不一样的建筑形态和城市空间组织方式。

9.4.3 时间长河中的结构和肌理

城市是有机的整体，在历史发展的长河中不断生长、更新、代谢，留下连续的烙印，结构和肌理是该过程的外在表象。结构是骨架，肌理是城市的肌肉和血脉。城市结构在稳定中慢慢延伸和演进，肌理的延续体现了城市生活的延续。

法国巴黎以塞纳河、从卢浮宫发出的大轴线和放射型主干路为基本结构，以严格控高的小街区为典型肌理，向世人展示了鲜明的空间性格。公元 888 年，法兰西王国成立，以巴黎为首都，城市依塞纳河而建，逐步进行空间拓展。17 世纪下半叶的路易十四统治时期，巴黎经历了一轮大发展，初步形成以卢浮宫为主的中心建筑群和由香榭丽舍大道构成的主轴线。到 19 世纪中叶拿破仑三世执政时，巴黎又经历了由奥斯曼主持的大改造，完成城市纵横两条轴线和两条环路的建设，还出于整顿市容、开发市区，以及便于军队迅速开进市中心镇压频繁发生的市民暴动等目的，在密集的市区街巷中开辟了许多放射状的宽阔道路，并在交叉路口、塞纳河上的桥头建设许多广场和绿地，形成放射状路网和轴线系统，奠定了巴黎市区的空间骨架。巴黎城市轴线系统完整，主轴副轴相结合，串联着许多名胜古迹、花园、广场、林荫道。在奥斯曼的巴黎改造计划之后，轴线系统得到进一步发展，尤其是从卢浮宫指向凯旋门的主轴线，并形成了一系列新的功能和景观节点。20 世纪 60 年代后，巴黎的卢浮宫——香榭丽舍大道轴线延伸到拉德芳斯城市副中心，主轴线长达 8 公里，构成了巴黎城市骨架的中脊，这次城市轴线的延伸是城市传统结构向新区的延伸，传承了城市精神，又适应了社会的发展（见图 9-25）。

图9-25

图9-26

图9-27

图 9-25 法国巴黎主轴线（图片来源：http://s10.sinaimg.cn/orignal/6ce87cd9g92e2a49d55e9&690）

图 9-26 刻在墨西哥市政广场旁的 Aztec 时期的墨西哥城想象模型，位于城市中心的大神庙清晰可见（图片来源：作者自摄）

图 9-27 古墨西哥城大神庙建筑遗址中镶入的一条 1900 年左右砖砌的城市输水管。横贯古庙的输水管几乎破坏了神庙所有的主体建筑，而如今，这条输水管自己也已成为纪录墨西哥城建设历史的文物（图片来源：作者自摄）

在走访的众多城市中，给笔者对城市更新中“时间轴”的思考产生最大震动的，莫过于图 9-26 和图 9-27 纪录的一段历史，它反映了墨西哥城中心大神庙遗址中镶嵌的一根 1900 年左右砖砌的输水管道。横贯古庙的输水管几乎破坏了这座 14 世纪初叶建设的城市中心所有的主体建筑，而如今，这条输水管自己也已成为纪录墨西哥城建设历史的文物。看到这副图景，深深感到时间是多么的沉重，同时又是多么的幽默！这些时间长河中的对与错，都在丰富着城市更新的历史。

同时，这又是一个突出的例证，说明城市中空间锚固点客观存在。处于时间轴中的不同时期的城市建设者们常常钟情于空间中同样的重要节点——这些空间结构中的锚固点对各个时期的城市空间形态和运行都至关重要。14 世纪初叶，美洲三大文明之一的 Aztec 人在辽阔的墨西哥湖中心的一座岛屿上建造了墨西哥城。当时城市的主人在城市中心最显要的位置建设了这座雄伟的大神庙。而入侵的西班牙殖民者从原住民手中夺取了这座城市后，捣毁了大神庙，把寄托殖民者信仰的大天主教堂建在原来大神庙的废墟遗址上（见图 9-28），在教堂旁边建造了执行世俗统治的总督府，并按照西班牙的城市格局建设了市政广场（见图 9-29），后来这座城市又经历了不同的侵略和革命，统治者更替，但从建城之初的 14 世纪到 21 世纪，这块城市中心的显赫之地始终是城市精神、权力和日常活动的中心。看看古今中外众多的历史名城，它们最重要的精神中心、统治中心、商业中心一经形成，空间位置就很少更改，常常始终在那附近，空间轴和时间轴始终在那里交汇。苏州城外的阊门地区、北京城的前门地区、佛罗伦萨的老桥、罗马的波波罗广场，都是经久不衰的人气之地，让我们相信，时间的反复眷顾，一定有空间的根据。

9.5 保留有价值的细节

城市中的一幢老宅、一棵古树、一眼古井、一座水塔、一条老街、

图9-28

图9-29

图 9-28 从墨西哥城大神庙考古现场望大都会天主教堂（图片来源：作者自摄）

图 9-29 大神庙遗址、墨西哥城大都会天主教堂、作为世俗权力中心的总督府、公共活动中心市政广场都相互紧邻（图片来源：杨凌茹改绘自谷歌地球）

一条水弄都可能是有保留价值的城市细节，它们是城市记忆的载体，也是联系未来与过去的纽带。

9.5.1 细节存在的形式

形象符号

去一个城市，总能找到一些它独有的文化符号，可能是一栋建筑、一处文物古迹、一项特有的工艺、一种民俗、一种花甚至是一味地方的小吃等，这些能够让人牵挂和心动的文化符号，总会让你形成对这个城市的记忆。而城市设计关注其中被物化后的空间与形态符号。消灭这些空间符号，将损害城市个性，千城一面，让她的客人（城市的游人）丧失了欣赏的价值，对她的孩子（城市的居民）也丧失了家的意义。

边界的印迹

城市边界对城市形态产生影响。城墙是影响城市整体形态的最重要的人工边界。古代城市为了防御而修筑城墙，城墙的约束使得城市像一个整体，并易于在边界内建立空间秩序，从而形成非常清晰的建设范围和城市肌理，而现代城市没有了城墙的束缚，加上机动化的推动，城市建设区不断跨越人工和自然边界（如山体，河流）向外拓展。多数现代城市由于缺乏“边界”的约束而呈现“松散”的空间形态。不同历史时期的城市边界是城市生长的年轮，是那时城市的轮廓，是当时城市发展规模、活动范围和强度的重要反映，是城市记忆的重要组成部分。

有意义的路径

笔者曾经参加 2010 年 4 月青海玉树地震后的规划重建工作，这里 97% 的居民信仰藏传佛教。转经路是城市和乡村重要的精神路径，是转经这一带有浓郁地方特色的宗教和日常活动的物质载体，在特定的城乡地带，其路径相对固定，但未经规划和统一设计，在灾后重建中容易被忽视。考虑到这些路径的特殊含义和对灾区居民心理重建的意义，灾后规划编制组特意巡访和发掘了这些路径线索，予以恢复。

几乎所有的城市或聚居点都可以找到类似的路径，它们记录了城市演变的历程。纽约著名的百老汇大街原是殖民者在曼哈顿岛上建立他们心目中的新纽克镇时，纵贯南北的缓丘脊线上印第安人放牧的一条小路，历经城市的多次更新和改造，如今在形态上已有翻天覆地的变化，但仍旧是全岛最重要的人气之路，依然在这最摩登的大都市中保持它在最早原始状态下的走向——与曼哈顿方格网道路格格不入的不规则斜线。

城市中的形象符号、城郭、特殊路径等只是城市更新中需要特别关注的有意义的细节的一部分。无论有多少种类型，这些细节以什么形态存在，他们都是城市设计关注的要素，有的具有局部的意义，例如一处古树或古建筑，有的已经具有全局的或结构性的意义，例如古城墙和历史路径。

9.5.2 “上帝住在细节里”[①]

细节是城市的记忆，亦是希望，被人感知、冥想。城市每一个发展的痕迹，即使是片段性的，也总会激发人们的灵感和憧憬。

细节具有标识性，可以是珍稀文物、可以是城市的艺术品、也可以是城市的高点、地标，最直接地与人的活动相关联，也易于触发人的情感。

细节体现城市文明、展示城市的真实发展水平，它们对城市更新活动的突出价值在于，更新的目的不是简单地改变物质空间形态，而是对“人”提供更多的关怀，提高人们生活水平及品质，其中既有物质内容，也有精神的方面。

古老的细节不可再生、无法取代，岁月在不断增添它们的价值。更新不是彻底地否定和铲除过去，而是过去的延续和发展，更新过程中应该认真地评估和妥善地对待这些细节。

香港街道上的隔离护栏，很多是 20 世纪 60 ~ 70 年代用铸铁制造的，至今仍在使用，让行人悠然而生历史感，这种对细节的保护，是对城市历史与文化的尊重。英国伦敦很多电话亭、出租汽车还是 20 世纪 70 年代甚至是 50 年代的产品，但他们强调了伦敦的“格调”。俄罗斯很多城市的路灯用 20 世纪 20 ~ 30 年代煤油路灯改造而成，它们向后人传递着城市的记忆。冯骥才先生说：济南是非常重要的历史文化名城，但是保留下来的老建筑太少了，一些老城内的生活片区也没有了，希望以后不只在博物馆见到城市细节的藏品，而是我

---

① “上帝住在细节里”——著名建筑设计大师密斯·凡德罗的名言，原文为“God lives in the details”。旨在强调细节对建筑设计的重要性。这里借用这句话表达细节在城市设计和城市更新中的重要意义，甚至精神含意。

们就生活在这些细节旁边，感受到它们带来的历史和文化厚度。

细节是城市的眼睛，散发着灵气。顺应新陈代谢的规律推进城市更新过程中，保护历史文化名城、历史街区、文保单位、历史建筑、历史细节是一脉相承的工作，历史细节的丰富程度决定了历史文化名城的文化厚度。很多老物件一个个、一件件在我们身边消失，使我们这座城市缺少了"眼睛"，没了灵气和历史纵深感，一旦传承历史的载体没有了，这座城市的历史链条也随之断裂。细节是城市文化的重要组成部分，细节是体现城市是否精致的重要参照物，如果只有路网、街区，而缺少细节，城市将无以承载丰富的文化、表现个性，城市空间和其容纳的生活必将留于平淡。

城市中的历史细节应被看作骄傲，受到珍视和呵护，城市应该成为陈列和维护这些文化载体的活着的博物馆，他们不因被"收藏"而终止使用寿命，而是在使用中不断丰富文化价值。

9.6 城市更新的进程

城市更新从策划、规划、设计实施、运行是个漫长的过程，甚至在规划设计程序上也有统一规划分步实施和分阶段规划的不同方式。城市更新是个动态的过程，广义上讲，城市无时无刻不在更新的进程中，狭义上讲，才把城市物质空间密集的改旧换新称为更新。

[商业综合体建设带动周边区域复兴——圣地亚哥霍顿广场]

圣地亚哥是加利福尼亚州太平洋沿岸的港口城市，城市人口约 130 万，是美国西海岸主要的军事基地。霍顿广场是位于市中心的一座大型购物中心，美国捷得国际建筑师事务所（The Jerde Partnership）规划设计，建成于 1985 年，占地 4.6 公顷，包括约 8.9 万平方米零售面积以及餐厅、写字楼、酒店等功能，由三个主体商场和一个连锁超市形成商业街区，成为圣地亚哥的重要消费目的地，也是捷得提出的"体验建筑"（Experience Architecture）概念的第一个成功案例。

20 世纪 70 年代，霍顿广场建成以前的城市中心区活力消退，逐渐破败。高收入人群和大型购物中心陆续迁往郊外，中心区成为无家可归者的天堂和失落空间。而霍顿广场以在外部融入城市空间文脉，内部突出欢快和丰富空间体验的设计理念一举成名，使专业人士和普通市民都耳目一新，不仅该项目本身获得商业成功，还使中心区再次成为吸引人的地方，带动人气回流。政府趁机推动周边地区的更新改造，经过近三十年的不断努力，如今的圣地亚哥市中心已是一个充满活力和魅力场所的地区。

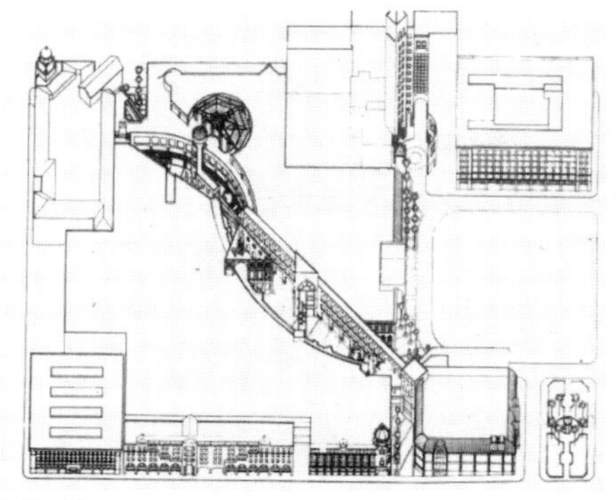
图9-30

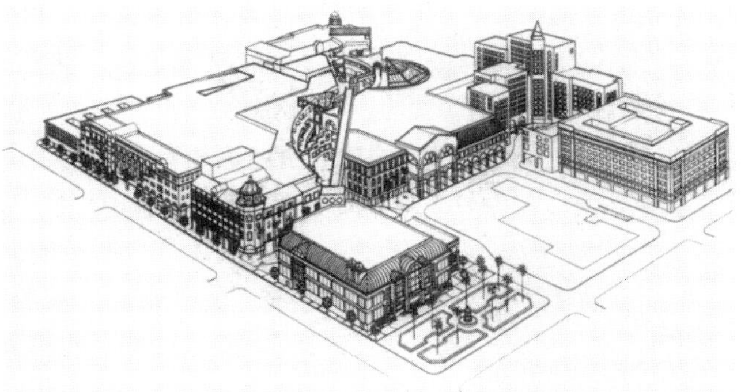
图9-31

图9-32

图9-33

图 9-30　圣地亚哥霍顿广场平面图（图片来源：中国当代城市广场设计－反思与再研究[D]，张蕾，2006）

图 9-31　圣地亚哥霍顿广场空间示意（图片来源：中国当代城市广场设计－反思与再研究 [D]，张蕾，2006）

图 9-32　圣地亚哥霍顿广场丰富的建筑空间（图片来源：作者自摄）

图 9-33　圣地亚哥霍顿广场丰富的建筑形式（图片来源：作者自摄）

霍顿广场北面靠近居住区，西北侧是旧城区，保存有许多早期的建筑物。在空间维度上它是城市整体空间系统的有机组成部分，在时间纬度上则起着延续地区历史文脉的作用。霍顿广场的主要规划设计策略包括：

第一，空间布局考虑城市空间特性，延续城市肌理。购物中心整体上继续延用周边地块的街区模式，外部建筑立面也注重在尺度、色彩上与周边老建筑的协调，并不夸张地去表现自己。

第二，平面以灵活性和适应性避免对环境造成不利影响。以一条沿对角线方向的步行街来组织内部交通，同时又是集中体现“体验建筑”理念的好玩的空间，活跃了整片街区的空间形态（见图 9-30、图 9-31）。

第三，街区内部空间利用和色彩复杂而多变，有着丰富的视觉感受和空间体验。霍顿购物中心形成开放式特色街区，并通过不同的色彩组合吸引顾客，不同楼层街区层次分明，形态变化多端（见图 9-32、图 9-33）。

第四，这种外边谦逊，内部张扬的设计策略，既保证与周边城市形态的协调，又赋予商业建筑鲜明的个性，有力支撑了商业的繁荣。

[成功的工业区更新改造规划——波特兰珍珠区综合改造]

珍珠区（Pearl District）形成于1869年，当时是欧洲移民和蓝领工人聚集地；在1896年随着波特兰联合车站建成带动了珍珠区的客货运发展，使得该地区在19世纪末到20世纪中期被誉为“西北工业三角区”，成为波特兰经济发展的重要引擎，盛极一时；到20世纪50～70年代，随着高速公路与航空运输发展，铁路和传统制造业没落，珍珠区盛况不再。

波特兰市政府面对“内城衰退”的困境分阶段制定规划，逐步推进更新改造。1972年制定《波特兰市中心再生规划》促进中心活力提升；后又在1988年和1994年相继提出《波特兰市中心规划》和《沿河区域发展规划》，施行减税刺激政策，改造废弃厂房，吸引文化产业工作者和年轻中产阶级的聚集；到2001年推动产业转型，制定《珍珠区发展规划》鼓励更多开发和投资，重点关注地块开发、建筑环境、社区设施、交通体系、文化与经济发展等方面，尤其是引入地面有轨电车，加强珍珠区与中心区和其他地区的联系，使得居住、创业、工作、旅游人数大量增加。2008年又制定新一版《珍珠区北区规划》进一步推动珍珠区发展。目前，珍珠区高级公寓、高档餐厅、酒吧、画廊、艺术创意企业云集的区域，成为波特兰乃至全美的明星城区。

在20世纪90年代初至今的20年间，珍珠区成功实现了由萧条破败的工业区向集约高效的现代城市中心区的转变，重塑了鲜明的地域特色，展现了高度的经济活力，成为城市更新的典范。

更新策略一，珍珠区的建设合理利用原有废弃厂房资源，在拆除与新建方面慎重选择，小心谨慎地维护片区的整体风貌，既传承了街区传统，又容纳了众多新兴设计。

更新策略二，在开发过程中不断评估，适时调整更新步伐，制定相应规划方案。

更新策略三，开发还注意了与城市肌理的结合，注意与周边区域加强交通、产业等方面的协调等（见图9-34、图9-35）。

在我国快速城市化进程中，很多城市人口和建设用地需求快速增长，一些城市经济增长对土地等资源投入过度依赖，人地矛盾更加突出。在土地、用水等资源日益紧张，可持续发展已从理论研究变为很多城市迫切的现实需求的今天，如何合理而集约地利用城市空间资源，挖掘城市潜力，整合已有城市空间，促进老城活力和新城的结构优化，

图9-34

图9-35

图 9-34　波特兰珍珠区（图片来源：Judy Walton 摄）

图 9-35　波特兰珍珠区坦纳·斯普林斯公园空间景观（图片来源：Santiago Mendez 摄）

应对未来城市发展未知的问题，还需要在城市设计中继续探索更多的更新途径，实现既保护环境、延续历史、控制城市的无序蔓延，还能营造良好的人居环境的发展目标。

［实践案例：建立“公共廊道”整合碎化的片区——绵阳热电厂用地改造提案］

绵阳市御营坝热电厂及周边地区改造范围约 1.62 平方公里，现状是空间和功能混杂，公共空间和服务功能缺失，面临大量拆迁、严格的航空限高以及复杂的地形和高压走廊等场地限制和挑战。

规划区内植被良好，但绿化不连续，整体生态效益较低，没有形成有效的生态廊道；用地权属混杂；工业厂房需结合整体设计进行拆迁和景观重塑；现有村庄建筑及环境质量问题亟待解决。规划设计方案在尽量少改变地形和产权格局的情况下，重新建立公共空间系统，进行功能布局规划。其中主要的空间规划与设计策略是：

第一，规划依托坡地、水系、广场、绿廊及景观道路，构建自然景观与公共空间结构，布局步行系统，形成完整的绿道网络，并与公交系统密切联系，营造完整的慢生活绿地景观系统。

第二，建立通山达水的公共走廊，打通山体与水系联系的自然绿色廊道，自西向东串联城市、片区、单元三级服务中心，顺应地形建设联系山水景观的功能景观复合带，把公共空间和服务设施编织到城市现有肌理中（见图 9-36、图 9-37）。

（编制单位：中国建筑设计院·城市规划设计研究中心。
主要编制人员：杨一帆、李茜、刘超等。）

［实践案例：“微循环”更新路径的探索——怀柔老城商业街周边地区有机更新提案］

怀柔老城区约 10 平方公里范围内有 15 个城中村，城市人口密度和现状建设强度都很高，城镇建设用地与村庄用地混杂的现象突出，

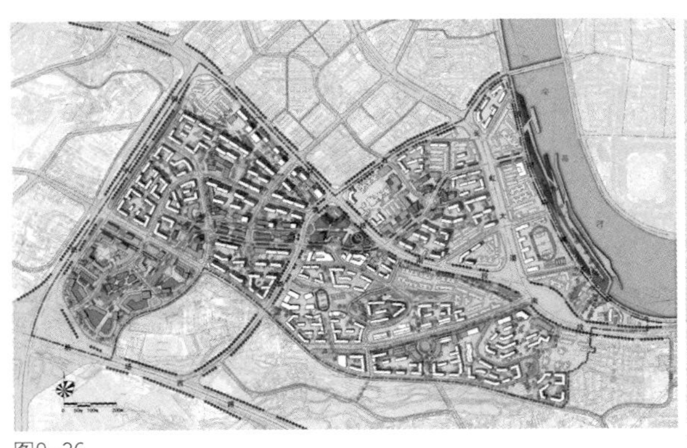

图9-36

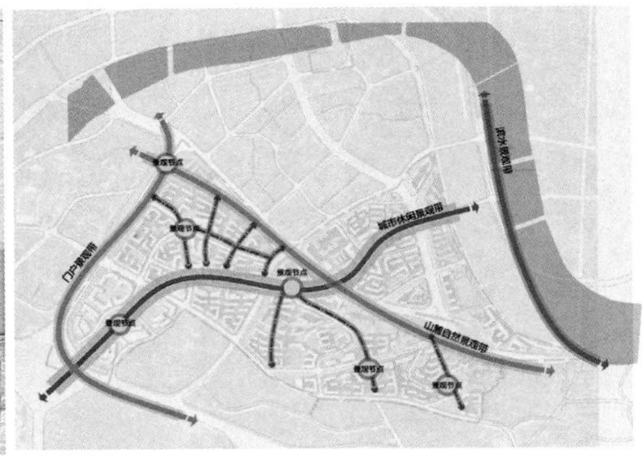

图9-37

图 9-36 绵阳市御营坝热电厂片区城市设计总平面图（图片来源：绵阳市御营坝热电厂片区城市设计，中国建筑设计院·城市规划设计研究中心）

图 9-37 绵阳市御营坝热电厂片区城市设计景观结构图（图片来源：绵阳市御营坝热电厂片区城市设计，中国建筑设计院·城市规划设计研究中心）

城市空间拥挤且建设品质有待提高，面临城中村改造和公共服务设施配置不足的双重压力。商业街地块是老城区乃至整个怀柔区的商业服务中心，毗邻政府、学校、医院，它们共同构成了怀柔区的功能中心和形象中心。但是商业街现状表现出新旧建筑混杂、新旧肌理交叉；业态落后，风貌不佳；设施陈旧，绿化缺乏（见图 9-38）等多种空间与功能问题。

针对这些问题，城市规划小组提出城市更新的目标：依托旧城更新，完善服务配套，挖掘并植入空间主题特色，提升中心区形象和文化气质。同时，织补中心区空间脉络，把消极空间转化为街区空间网络的积极组成部分。形成与大拆大建截然相反的重建城市公共空间系统的小微改造路径——编织城市公共空间和现状功能资产（见图 9-1）。

更新策略一，建立联系路径，串联各功能区。推动怀柔老城区逐步形成三片相对的特色片区，中心区是突显城镇生活特色的人文景观区域；生活区以旧城改造为契机，结合社区内部公共空间，择机布局步行道路及休憩空间，置入部分社区服务职能；滨湖区依托怀柔水库的山水自然界面，形成兼具城市和山水之美的绿色景观生态区。

更新策略二，在联系路径上，形成有序的公共空间系统，促进城市交通与生活的微循环。依据现状条件，因地制宜地引导建设主要、次要和小微公共空间节点。通过整合现有公共资源，形成公共体育中心、青春广场和文化商业街三个主要公共空间节点；在不同片区交接或者公共空间相对开敞的地段规划次级公共节点；通过现场调研访谈和视野分析确定的景观台、休憩点和小微绿地，也作为小型节点整理出来发挥景观和休闲功能。

更新策略三，注重空间细节处理。例如：丰富路径空间，增加文化主题要素，通过设计 APEC 会议等大事件抽象构筑物形成世纪走廊，

图9-38

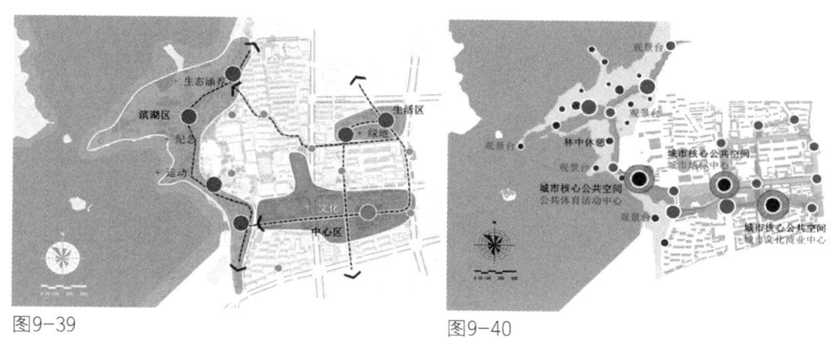

图9-39　　图9-40

图 9-38　怀柔老城区城中村改造模式探索与概念设计现状分析图（图片来源：怀柔老城区城中村改造模式探索与概念设计，中国建筑设计院·城市规划设计研究中心）

图 9-39　怀柔老城区城中村改造模式探索与概念设计功能分区图（图片来源：怀柔老城区城中村改造模式探索与概念设计，中国建筑设计院·城市规划设计研究中心）

图 9-40　怀柔老城区城中村改造模式探索与概念设计公共空间系统图（图片来源：怀柔老城区城中村改造模式探索与概念设计，中国建筑设计院·城市规划设计研究中心）

突出地区特色；采用小街坊模式，为人们提供更多的步行空间和路径选择，使步行空间向街区渗透，改善小街巷的空间体验等（见图 9-39、图 9-40）。怀柔老城区小微改造方案编制后进行了经济预算。采取政府主导公共空间建设，政府引导下的小型地块商业开发和自建相结合的模式，可以在不断提高现有建筑高度和尺度的情况下，容积率提高 0.2 ~ 0.5，基本实现经济平衡。

（编制单位：中国建筑设计院·城市规划设计研究中心。
主要编制人员：杨一帆、盛况、王倩、胡亮、何文欣、王振茂等。）

图10-1

第10章　生态友好的城市设计

Chapter 10　Eco-Friendly Urban Design

导言

Introduction

建设生态城市的出发点是把城市及其紧密结合的乡村地带当作有机体，并在建设过程中充分尊重该有机体内部的和谐关系。有机体区别于机械的基本特征是：应对任何局部的挑战时，随时可能调动全部的资源去应对，而局部问题也可能直接影响全身的健康。有机体的局部创伤可能带来全身其他器官的衰竭，而机械的局部损坏一般不会直接导致其他部件也损坏。城市生态系统更接近于有机体，例如污染的扩散、滞洪区的侵占、水源的破坏等局部问题都可能导致全城的机能失调。因此，城市设计在面对城市生态问题时，应持广泛联系的观点。

The starting point of building an eco-city is to give due respect to the organic composition that is the harmonious relationship between the urban realm and its surrounding rural region. A fundamental difference between an organic entity and a machine is that an organic entity's partial problem can have implications for the whole, but it can also use all of its resources to cope with its partial problems. Urban designers should maintain a perspective of inextricably interdependent systems to solve urban ecology issues.

图10-1　西雅图中心区跨越高速公路的空中花园系统（图片来源：作者自摄）

10.1 把城市当作生命体：生态友好的城市设计原则

10.1.1 城市像生命一样运行

“城市是能够创生、成长、衰老和死亡的生命体。”生命体由器官组成，而器官由细胞不断创生、死亡，往复交替，使生命体稳定存在。正如 Serge Salat 在《城市与形态》一书中所说：“生命体的组成部分并不可靠，但其整体确是可靠的。”[①] 区域生态系统正如生命体，区域水系网络正如血脉，城市如同器官，区域“生态流”向城市输送能量和氧气，城市内部的生态要素如同细胞，不断新陈代谢，但其组成和结构以一定的形态和组织方式稳定存在。

生命体的正常运行得益于健康的生活环境，一旦环境改变，就会产生反应，使自己重新适应环境，达到新的平衡，区域生态系统具有同样的特性。生态友好的城市设计目标就是遵循自然规律，在推进城市发展的同时，努力维护区域生态环境、生态要素流、城乡空间三者的平衡状态。

本章将以区域生态环境为背景，研究城乡空间适宜的规划设计策略。以生态要素流的运行规律为切入点，生态要素流把城乡空间与区域生态环境紧密联系在一起，构成生态网络。区域提供了人居环境的外围条件，城乡空间是人集中生活的场所，社区是与人关系最密切的人居单元，人是生态友好的最终受益者。本章聚焦于区域生态环境或生态流域、城乡空间、社区与人的相互关系，将内容按照区域、城乡、社区，从宏观到微观逐层叙述生态友好的城市设计策略。

10.1.2 评价生态健康的因素与指标

衡量一个区域或城乡空间内部的生态健康水平，以及对外界产生的生态负担或贡献，有很多指标。其中包括生态的自我修复能力、生态足迹、生态容量、生物多样性以及各生态要素之间的平衡关系等。

生态系统的稳定性不仅与生态系统的类型、规模、结构和发育程度有关，而且与外界干扰的方式和强度有关，是一个比较复杂的概念。生态系统的稳定性可以理解为生态系统维持正常运行的能力，主要包括抵抗力稳定性和恢复力稳定性。

每个生态系统都具有一定的自我调节能力，但不同生态系统的自我调节能力有很大差异。一个生态系统的物种构成越复杂，结构就越稳定，功能越健全，生产能力越高，自我调节能力也就越高。物种的

---

① Salat S. 城市与形态：关于可持续城市化的研究 [M]. 陆阳，张艳，译. 北京：中国建筑工业出版社，2012: 29–195.

减少不仅降低生态系统的生产效率，同时降低它抵抗自然灾害、外来物种入侵和其他干扰的能力。在物种多样性较高的生态系统中，处于各生态环节的种群类型和数量众多，不易因某一物种的问题迫使整个生态过程受阻，整个生态系统可以因环境变化而自我调节，以维持各项功能的正常发挥。例如，物种丰富的热带雨林生态系统要比物种单一的农田生态系统的自我调节能力强。

[实践案例：生态修复与生态经济并举——山西省中阳县张子山乡采矿塌陷区修复计划]

运用生态的自我修复性和稳定性恢复资源枯竭的废弃地。煤炭开采对环境的破坏极大，随着一批批煤矿的关闭，棕地（废弃地）再利用逐渐成为城乡规划重点关注的问题，也是《中阳县城镇体系规划》面对的棘手问题之一。中阳县位于山西吕梁南部，以焦煤、钢铁生产为主要产业，县域内东侧一条自北向南的矿脉经过十几年的开采，煤储量已所剩不多。矿脉穿过的张子山乡由于塌陷等生态问题严重威胁村民的生命财产安全。县政府实施了“整乡移民”计划，将村民西迁到县城附近安置。规划中对张子山的生态修复运用了以下四个方面的生态策略，包括受损农地再利用、合理开发和修复未利用废弃地、地质灾害防治、生态景观建设。在生态景观建设中，通过对塌陷坑的充填平整、裂缝的修补、矿山污染治理及其整形和绿化、荒坡地绿化等措施进行综合整治。通过生态修复，发展新型农村田园景观，发展休闲农业、观光农业等新的农村经济类型，既能解决当地农民的就业，又能为市民提供休闲活动、享受大自然的田野风光的场所。

（编制单位：中国建筑设计院·城市规划设计研究中心。
主要编制人员：盛况、韩尧东、李真等。）

生态足迹和生态承载力是相互关联的一对指标，生态足迹表示人们对环境的需求，生态承载力是环境对人数量的要求。生态足迹（Ecological Footprint，EF）就是能够持续地提供资源或消纳废物的、具有生物生产力的地域空间，其含义是要维持一个人、地区、国家的生存所需要的或者指能够容纳人类所排放的废物、具有生物生产力的地域面积。简言之，生态足迹是反映支撑人们生存所需资源数量的指标，生态足迹越高，说明人们对生态资源的消耗越多。生态承载力与生态容量概念相似，即在某一特定环境条件下，某种个体存在数量的最高极限。当一定区域内的人口数量超过生态承载力的额定量时，一方面生态系统无法提供足够的水、食品、能源、新鲜空气等生态资源，人的生存质量急剧下降；另一方面，生态系统无法代谢人产生的垃圾，

图10-2

图10-3

图 10-2 卡尔加里生态足迹（图片来源：紧缩城市[M]，迈克·詹克斯，伊丽莎白·伯顿，2004）

图 10-3 切斯特环境容量图（图片来源：http://www.footprintnetwork.org/en/index.php/GFN/page/calgary_case_study/）

环境恶化不可避免。因此，测算一定地区的生态足迹和生态承载力，可以确定地区资源可支持的人口及其活动规模的阈值，只有低于这个阈值，地区的可持续发展才有保障。

[制定降低生态足迹的目标与战略——加拿大艾尔伯特省卡尔加里市]

生态足迹和生态承载力可以作为检测方法和规划框架，为城乡的可持续发展提供依据。国际非营利组织全球生态足迹网络（Global Footprint Network，简称 GFN）就是一家致力于国家资源核算的智库机构。他们指出：生态足迹和生态承载力评价体现在相互独立的地区单元，每个单元每年提供这样的生态服务能力，并将生态足迹作为检测工具，在全球多个地区进行推广。例如加拿大艾尔伯特省最大的城市卡尔加里，是第一个确立混凝土生态足迹减排目标的城市。GFN 协助卡尔加里市从资源和环境承载力出发进行城市发展规模预测，并将评估结论转化为城市土地利用策略。同时，通过生态足迹分析得出交通是该市生态足迹最大的挑战，提出通过交通系统改善和职住平衡减少生态足迹的方法（见图 10-2）。

[以环境容量为控制方法的可持续城市规划——英国切斯特市案例]

英国历史名城切斯特以环境容量为控制方法制定规划框架，目的是建立一套可行的评定环境容量的方法，并提供改善建议。其框架明确规定切斯特保证在既定的环境容量下才可以正常地执行各种功能。环境存在一个阈值，超过了这个限制，环境就将不堪重负。切斯特把与环境容量相关的因素图示化（见图 10-3），包括具有环境价值的关键景区、有潜在容量的区域、城区的明确边界等。在这个区域划分下，将城市的问题分为城市建设的全局观、发展战略、城市设计、历史性建筑物、交通、步行城市等几类分别提出了发展意见，以达到可持续发展的目的。

生态要素间要保持平衡的状态。保持生态环境的健康要求人和社会产生的资源消耗要控制在一定阈值范围内，才能保持生态要素间的平衡。自然生态环境中，生态平衡是指生态系统内部，生产者、消费者、分解者和非生物环境之间，在一定时间内保持能量与物质输入、输出的动态平衡。对区域环境来说，生态平衡可以表现在生态要素的合理分布，区域中城乡空间、生态环境的自然融合。维持生态要素间的平衡要求人工环境对区域自然的最少冲突。区域生态环境可以被区分为自然、半自然和人工环境。自然环境通常存在于城市区域的外围，少有人的足迹。半自然环境类似于自然生态环境，受过有限的人工改造，有时混合有集约利用的建设区域和大面积开敞空间，比如人工绿地。人工绿地一般指人类使用或管理的植被，比如草坪、公园或耕地。人工环境是已开展大量建设的区域，自然生态循环受到抑制。这个从自然到人工的环境转变过程实际上是生态退化的过程，因此生态友好的城市设计最主要的是遵循最少干预自然的原则。

10.1.3　注重减法的设计

减少生态干扰

自然生态环境本身有完整的循环路径，周而复始，万世不竭。然而，由于人类活动的扩张，尤其是城市的建设活动，切断了很多这样的循环路径。生态友好的城市设计应该尽量保证生态系统的健康，遵循生态自然的规律，避免破坏生态循环的回路，尤其是避免人工环境对自然环境产生的以下四类影响：切断、阻滞、加速和改变路径。

切断——由于城市不透水下垫面的扩张，切断了城市地区地下水的补给，尤其当城市建设于地区的地下水补给区时，将造成严重的生态混乱。纵横交错的线性基础设施，例如高速公路、铁路切断了小动物自由迁徙的道路，阻断了生态斑块之间的相互补给，造成“汇板块”枯竭，“源斑块”萎缩。人工河坝的建设，切断了水生生物的回流，造成生物灭绝。

阻滞——由于城市下垫面加大了空气流动的摩擦，造成城市地区风速的下降，降低大气自我更新能力。城市硬质地表减缓了自然土壤的物质循环，导致城市中绿地质量的降低。

加速——城市硬质铺地和发达的排涝设施，使降水迅速从地表排走，降低了城市地区自然蒸发的强度，蒸发散热大大减少，是城市地区形成热岛效应的重要原因之一。

改道——城市由于防洪设计的失误，造成地表径流的路径改变，城乡之间、城市之间、城市地区之间造成生态对抗，或嫁祸现象。城市硬质地表过于集中，改变了能量循环过程，造成严重的垂直逆温，也改变了城市的大气循环，污染不能及时稀释，造成城市光化学雾等严重生态灾难。

减少生态赤字的3R原则

城市通过输入和排放，这两种途径造成生态环境的负担。已经被广泛接受的3R原则有助于解决这方面问题，即：减少使用（Reduce）、重复使用（Reuse）、循环利用（Recycle）。其目的都是减少资源消耗、减少废物排放，而不降低城市发展水平。

减少资源消耗主要是指减少不可再生资源的消耗，尤其是会造成污染的化石能源的消耗。由于城市活动的物质、能量消耗基本依靠外部输入，对生态环境是净负担，城市在资源利用上必须开源节流，一方面扩张输入的范围，一方面提高利用效率。而提高利用效率是根本的途径。

由于城市大量的物质排放需要到自然生态环境中分解和转化，大量的能量释放造成了生态环境的能量混乱，甚至造成生态系统的结构性破坏，这都需要生态环境消耗巨大的资源和经历较长的时间进行修复。因此，应当限制城市的物质和能量输入和输出。

10.1.4 生态友好城市设计的三个层次：区域、城乡与社区

生态友好城市设计常常被置于可持续发展的大议题中讨论。研究可持续发展一般针对大区域的战略规划、政策协作、多方合作、政府控制能源、碳排放等。例如，欧盟将碳排放控制目标分配到每个成员国，各国通过制定国家层面的政策完成这一碳排放的目标。而生态友好的城市设计将目标尺度锁定在数十个平方公里以内，对人日常活动范围内的城市结构、融合自然、提高能源使用效率、城市综合防灾的可持续性做出考虑。克利夫·芒福汀在《绿色尺度》中将可持续城市设计的重点放在“地区”，认为以地方行政机构参与街区、社区的规划设计更有效。然而，随着设计向区域延伸，可持续规划设计的落实向具体空间贯彻，两者的互动跨越了多个空间层次。

城市设计涉及的生态要素流动在纵向上跨越了城镇群或区域、城乡、城市、社区和街区；在横向上，关系到人与自然共享空间中的方方面面，例如能源、交通、建筑、基础设施、人的行为的可持续性等。生态友好的城市设计关注城市空间与生态环境的关系，因此按照空间的跨度，本章内容将从区域、城乡到社区逐层展开。在区域层面，以流域的视角审视建设区与非建设区的组织与安排；在城乡层面，规划设计要促进不同

类型生态区的交流与相互支撑；在社区层面，系统的规划设计从人与自然和谐共生的角度关注设计细节、落实生态设计。虽然三个层次的规划设计都遵循类似的原则，但在不同的层次，关注点各有不同。

10.2 区域尺度的生态网络与“流”

10.2.1 建立“流域”的区域设计观

“区域层面上的流域和地方尺度的汇水区是生态规划分析的理想单元。汇水区是由分水岭划分，以一条河流或一个水系为中心的排水区域，更大尺度上来讲就是流域。”尤金斯·奥德姆认为：应当将流域看作“一个将自然和文化属性结合在一起的，管理上很实用的生态系统”[①]。在流域中，由于水流贯穿了整个区域，因而区域内的各个要素被连接起来，从而使流域成为分析过程中理想的划分单元。流域边界是以主要生态要素运行范围来确定的，随着尺度不同而有所不同，可根据社会、经济和政治等各种问题作出调整，便于分析生态活动规律并提出设计策略和措施。

[建立流域的区域设计观——荷兰—比利时林堡省—德国亚琛跨国区域规划案例]

以绿色路径和都市路径连接活动和自然景观，这些“流”像双螺旋结构的铰链一样，用地区文化和特色的代码联结了所有的元素（城市 DNA）（见图 10-4）。荷兰—比利时林堡省—德国亚琛这一地区的主要空间要素有城市中心、开放空间和公园、废弃煤矿、历史矿工居住聚落、露天矿产修复区和矿山废石堆，这项跨国区域规划将这些空间组合成具有新的多元使用功能的活动单元。规划通过一条主要公路串连以上要素，建立了能够给予物流支撑的区域性主干道，成为区域动脉。绿色路径扮演着人行道和自行车道的角色，沿着河道的结构从埃菲尔山延伸到北海，同时也使构建一条连接区域不同公园的生态走廊成为可能。这条路径依托生态廊道，具有极好的可识别性和可达性。该规划由荷兰、比利时林堡省、德国亚琛大都市区域合作，是典型的跨国区域协作案例（见图 10-5）。

区域层次的空间规划设计重点关注生态网络和生态要素“流”。生态网络由核心区域、缓冲带和生态廊道组成。自然保护区及其之间

① Moore. Planning without Preliminaries[J]. Journal of the American Planning Association, 1988, 54(4).

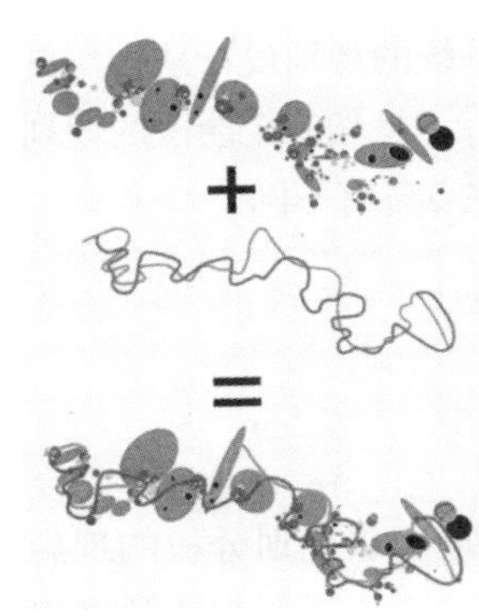

图10-4

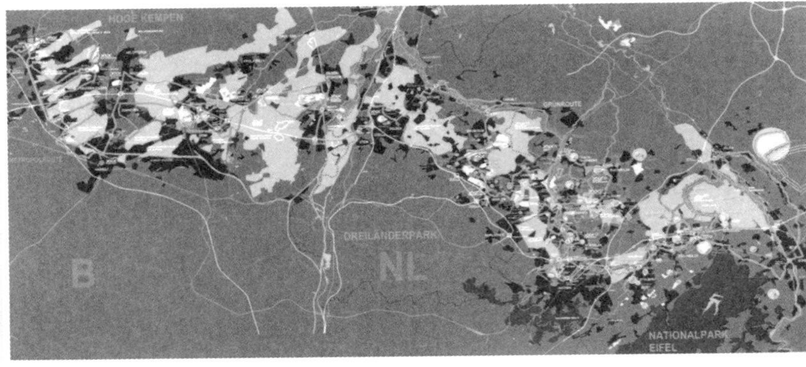

图10-5

图 10-4 区域“流”的双螺旋结构（图片来源：生态都市主义 [C]，理查德·T.T. 福尔曼，2014）

图 10-5 荷兰、比利时林堡省、德国亚琛绿色都市计划方案（图片来源：生态都市主义 [C]，理查德·T.T. 福尔曼，2014）

的连接系统构成生态网络的基本要素，这些连接系统将破碎的自然系统连贯起来。相对于非连接状态的生态斑块，生态网络能够孕育更丰富的生物多样性。

生态要素流将河流等生态廊道视为生命线。生物物种与营养物质在生态单元间的流动被称为生态流（eco-flow），它的流动情况反映出生态环境的健康程度与活力。永定河是北京南部地区生态网络中的重要生态廊道。中国建筑设计院规划中心在北京南部及首都新机场周边地区空间布局研究中重点将永定河作为区域生态网络的核心要素，围绕它组织区域的生态格局和景观格局。在安排城镇建设区时重点避让这一区域生态走廊（见图 10-6）。

以流域的观点进行区域规划设计除了提醒我们重视生态廊道的保护，还要求我们重视区域中生态要素流与生态网络的运行规律，动态的上下游关系、不可以邻为壑。区域中多要素交叉流动，要素间存在系统性影响，单要素衰败可能带动系统衰败，加之生态恢复的缓慢性，以邻为壑的行为导致流域衰败，终将殃及自身。

10.2.2 区域性生态基础设施

关于生态基础设施各国采取办法不尽相同，其中以美国提出的“绿色基础设施”得到最为广泛和成功的推广，究其本质也是生态网络和生态要素“流”的体现。1999 年，美国保护基金会（Conservation Fund）和农业部森林管理局联合组建了一个工作组，由它制定一项帮助把绿色基础设施纳入州和地方政策之中的计划。该工作组提出：“绿色基础设施是国家自然生命支持系统，即水系、湿地、林地、野生动物保护区及其他自然地区，公园、绿色通道及其他保护区，森林、牧场和种植场，以及养育天然物种、保护空气和涵养水资源，并对人的健康和生活质量有所贡献的荒野和其他空地的互通网络。”绿色基础设施包括各种天然和得到人工恢复的生态系统及景观要素，它们构成

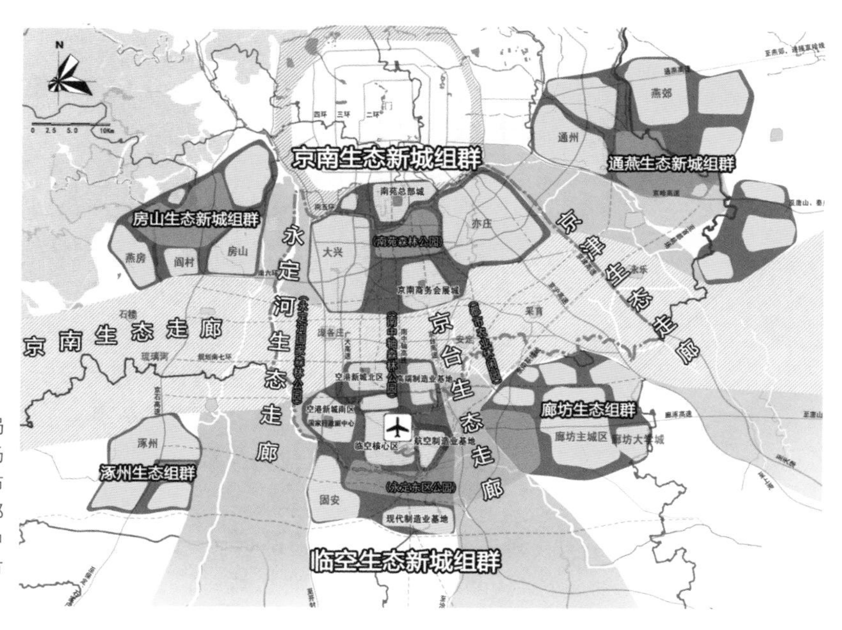

图 10-6 北京南部生态格局（图片来源：新机场临空经济区空间布局及北京城市南部地区规划研究，中国建筑设计院·城市规划设计研究中心）

一个由“网络中心”（hub）和“链接环节”（link）组成的有机网络。网络中心是绿色基础设施的决定因素，是迁往或途经该网络的野生动物和生态过程的起点和目的地。而衔接环节则将整个绿色基础设施系统紧密地连接起来，使网络得以正常运转，这里体现了生态要素“流”之间的沟通和物质交换。

以此概念为基本原则，区域性生态基础设施可以确立这样的整体性策略。首先，减少人对自然的生态影响为原则，确定设计方法；其次，建设和保护区域生态走廊，比如可修建地下通道和天桥，保留水循环廊道和动物的迁徙路线；再者归并并列的区域道路，减少对区域的割裂；最后慎重考虑大型基础设施的修建，避免人工构筑物对生态的影响。

《绿色基础设施》（马克·A·贝内迪克特等，2010）一书提出了绿色基础设施的十条原则：连通性是关键；分析大环境；绿色基础设施应该被置于美丽的风景和土地利用规划的理论和实践之中；绿色基础设施应能发挥作为保护和开发框架的功能；绿色基础设施应该在开发前被规划和保护；绿色基础设施是一项至关重要的公共投资，应该被放到首要位置；绿色基础设施能使自然和人类获益；绿色基础设施尊重土地所有者和其他投资人的需求和期望；绿色基础设施需要同社区内外的各种项目相协调；绿色基础设施要求长期的允诺。

在具体落实生态基础设施规划中，针对不同密度的城市或乡村，往往有不同的网络设计对策。

[中心(Hubs)—链接(Links)生态系统规划策略——美国马里兰州生态规划方法]

美国马里兰州实践了一套适用于低密度郊区与乡村的生态友好设计对策——中心(Hubs)—链接(Links)生态系统规划策略。马里兰州的这套策略被美国许多州效仿，成为从大尺度生态保护规划发展而来的绿色基础设施的范例。马里兰州是美国一个面积很小的州，很多土地都已经开发，剩下的乡村景观也由于农场建设而破碎化。为改变这一现状，该州的绿色基础设施网络设计的五个基本步骤分别是：详述网络设计的目标，收集和处理景观类型数据，确定并连接网络元素，为保护行动设置优先等级，寻找反馈和投入。

[强调五大交织的网络系统——美国西雅图模式]

作为高密度城市化区域，西雅图的生态友好对策重视五大交织的网络系统：开放空间、低影响交通、水、生物栖息地、新陈代谢。西雅图模式最鲜明的特色是它立足城市，综合各领域的研究成果，为可持续的城市生活模式搭建绿色的框架。开放空间以建立公园体系为重点，连接已有的各公园；低影响交通让自行车道和步行道与城市开放空间整合；水的考虑主要从小流域生态系统角度理解城市生态问题，模拟自然水系统管理城市雨水资源；生物栖息地的重建注重乡土植物的应用，提升城市生物多样性；新陈代谢可利用城市闲置地建设苗圃、都市农场等(见图10-1)。

10.3 城乡生态网络

10.3.1 城乡生态网络的构成

城市和乡村是相互区别又相互交流的生态类型，但在区域角度下，城市和乡村可以作为一个共生体存在。不同的城乡共生体串联于“流域”中，构成区域。城市是人口规模聚集的群落，乡村是人口散状分布的群落。城市是以人类意愿创建的人工环境，科学的城市规划与设计能使城市生态系统保持良性循环，呈现各个生态要素的合理布局。从景观生态学的观点出发，城市是人类活动强烈干预下形成的各种景观斑块的混合体。

城乡生态系统中存在相互区别又相互交流的生态类型，这些生态类型以占主导地位的生态因素命名，常见的有城市型、乡村型、山林型、湿地型等。城市型由大量的人工景观要素构成，如以建筑物为主的居民区、商业区、工业区、公共服务区、交通道路、城市公园等。乡村型是低密度的人居群落直接融入自然生态环境的形态；山林型是以山区地形地貌为生态基质形成的形态；湿地型是以大型湿地为生态基质的形态。

这些不同的生态类型具有不同的生态敏感性。用地的生态敏感性在城市设计中，运用 GIS 和当地基础资料，可以通过城乡资源综合评价，建立生态适宜性分析模型，构建城乡自然生态安全网络，以确保城乡基本的生态安全，为城市规划布局和各系统的绿色环保设计提供前提条件和设计依据。

生态视角下的用地适宜性分析步骤首先通过单因子识别高程、坡度、坡向、用地等因素；其次可将多因子叠加构成高敏感、中敏感、一般敏感地区划分；最后进行用地适宜性评价得到该地区的不适宜、较适宜、适宜的建设区域。我们在浙江玉环新城城市设计项目的编制过程运用了生态敏感性分析。由于新城选址紧邻国家海洋湿地公园、蓄淡湖区等生态高敏感地区，规划编制组先通过生态敏感性分析、综合用地适宜性分析等手段，确定需要严格保护的不可建设地区，再进行用地布局，将新城建设对原有生态环境的影响降到最低。通过水工模型分析和校验，支撑在整个新城地区的健康水环境系统规划。同时对场地现状条件进行了详细的排查，作为规划前提。

10.3.2　城乡生态景观网络的形态要素：斑块、廊道、基质

美国生态学家 R・Forman 和法国生态学家 M・Godron（1986）认为，组成生态景观的基本结构单元有三种：斑块（patche）、廊道（corridor）和基质（matrix）。

斑块泛指在性质和外观上与周围环境有明显差异，但在自己内部相对均质的空间部分，这种内部均质性是相对于外部环境而言的。城市或乡村生态系统中斑块可以是自然斑块，也可以是建成区斑块，例如森林、草原、湖泊、农田和居住区等。

自然斑块中，大型的中央公园作为斑块最重要的表现形式，在城市中起核心的生态作用。伦敦海德公园、纽约中央公园就是这样有高识别性的公园，作为独立的"生态斑块"或者"中央控制区"，在高密度建设区的城市中，使生物群落有了栖息地，也缓解了城市生态压力。英国利物浦的伯肯海德公园便是最早用于缓解城市生态压力而建造的公园（见图 10-7）。工业革命时期，城市绿地大量减少；居住空间拥挤，缺乏风景优美的休闲娱乐场所；城市污染严重，卫生条件恶劣，导致疾病频发，人均寿命低下等一系列问题。城市公园作为建成区中的大型自然生态斑块，在一定程度上缓解了这些城市问题，部分满足

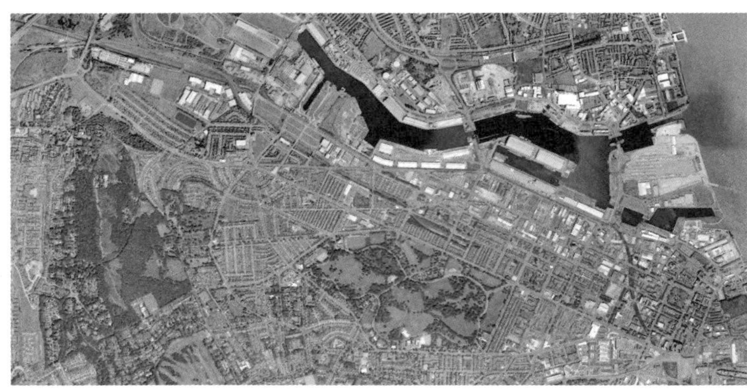
图10-7

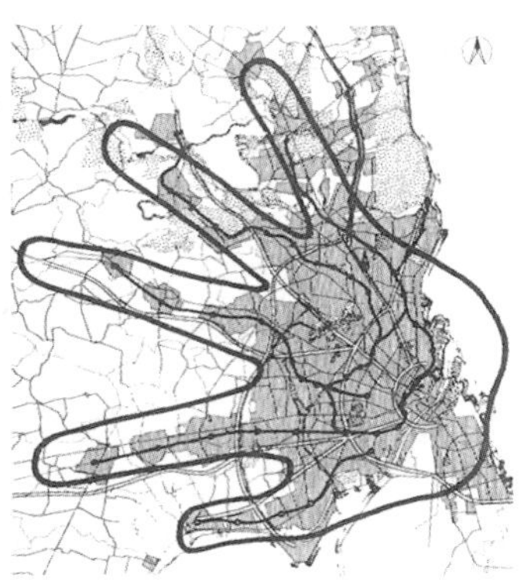
图10-8

图 10-7 英国利物浦伯肯海德公园影像图（图片来源：谷歌地图）

图 10-8 哥本哈根指状规划（图片来源：景观中国 [DB/OL]）

了公众对休闲、社交活动场所的需求。公园沿用到现在，更是解决城市雨洪管理、噪音及空气污染等问题的自然斑块。

建成区斑块，5 公顷以下的可以与邻里概念联系，对该尺度的空间设计以提高景观细节和微观生态效益为主要目标。中尺度的斑块上升到城市规划结构中居住区或"组团"的概念，小组团的规模约在 0.5 ~ 1 平方公里，大组团的规模可以达到 3 ~ 5 平方公里。应优化组团内部生态要素的合理分布，建立廊道系统，生态效益可以在这个尺度上发挥最佳的效果。10 ~ 15 平方公里的城市空间如果以一个斑块的形式存在，倘若内部没有公园系统和绿带穿插其中，该尺度下只有城市居住区的分布，城市的拥堵、环境恶化等问题将会严重威胁该区的生态稳定。我们反对"摊大饼"的城市形态，一个重要的原因是城市建成区斑块过大而无法被自然代谢，造成生态退化。

[建成区斑块与自然斑块的合理穿插——丹麦哥本哈根城市形态]

建成区斑块在城乡形态上可以具体表现为整个城市建成区或者一片居住区。R·Forman 强调：斑块的功能和形状存在相互关系，其生态学意义上的最佳形状应为一个大的核心区加上弯曲的边界和指状突起，且斑块延伸方向应和周围"流"的方向一致。哥本哈根的指状形态可被看作是最符合生态学要求的城市形态之一。1947 年，哥本哈根规划提出了"掌状形态规划"概念，五根手指从哥本哈根中心分别向北、西、南等方向伸出。形似手指的城市建成区从哥本哈根的市中心向外发散，"手指"之间被由森林、农田和开放休闲空间组成的"指间斑块"（绿楔）分隔。建成区以"手指状"的斑块存在，与"指间斑块"的穿插，这就延伸了自然斑块与建成区斑块间的边界，达到建成区与自然的高度融合，城市森林的功能得以充分发挥。由此看来，自然斑块与建成区斑块的自然镶嵌，并且建成区斑块中含有自然斑块的这种相互穿插模式在生态意义上非常合理（见图 10-8）。

图10-9

图10-10

图 10-9　华盛顿城市中穿越的宽阔绿廊（图片来源：作者自摄）

图 10-10　华盛顿城市中穿越的宽阔绿廊（图片来源：作者自摄）

廊道的功能与城乡形态有密切的关系。廊道是指景观系统中与两边环境不同的带状结构。常见的廊道包括河流、峡谷、林带林带等。廊道类型的多样导致了其结构和功能类型的多样化。廊道常常相互交叉，形成网络，使廊道和斑块与基质的相互作用复杂化。

廊道在城乡形态中以绿廊、绿带、绿楔等形式存在。公园作为核心生态斑块，需要生态廊道的连接。这种生态廊道的连接，可以串联城市或乡村中各个级别的公园，从而形成城市的生态骨架（见图 10-9、图 10-10）。

廊道越宽其生态效益越明显。俞孔坚在《"反规划"途径》一书中总结了不同宽度的廊道的功能及特点。从生态角度看，宽度小于 12 米的廊道几乎就没有了生态功能。当宽度大于 60 米时，生物的多样性保护功能才能被满足（见表 10-1）。

对不同学者提出的生物保护廊道的宽度及其功能总结　**表10-1**

宽度值	功能及特点
≤12米	廊道宽度与物种多样性之间相关性接近于零
≥12米	廊道宽度与草本植物多样性的分界点，草本植物多样性平均为狭窄地带的2倍以上
≥30米	含有较多边缘物种，但多样性仍然很低
≥60米	对于草本植物和鸟类来说，具有较高的多样性和林内种群；满足动植物迁移和传播以及生物多样性保护的功能
≥600~1200米	能创造自然化的、物种丰富的景观结构，含有大量林内种群

资料来源：俞孔坚，李迪华，刘海龙．"反规则"途径［M］．北京．中国建筑工业出版社，2005.23.

基质是指景观中分布最广，连续性也最大的背景结构，常见的有森林、草原、农田、城市用地等。基质可视为城乡形态中的缓冲区，通常用来保护核心斑块。

城市生态系统中，基质一般以大尺度空间存在。大尺度的大地景观或基质被视为洪水调蓄、水源涵养、生物栖息地网络等维护自然生态过程的永久性地域景观，用来保护城市和乡村的生态安全。生态红线的划定，能够保证生态格局不被破坏，一方面用来限定城市发展方向、空间结构和城市形态、指导周边土地利用；另一方面，生态基础设施可以延伸到城市结构内部，与城市绿地系统、休闲游憩、雨洪管理、慢行系统、遗产保护和环境教育等多种功能相结合。

[实践案例：基于生态景观网络的高端郊区城市设计——苏州阳澄湖旅游度假区规划设计]

近年来，阳澄湖正面临生态功能退化、环境质量下降、特色景观与人文资源丧失等问题，迫切需要全面系统的保护与控制。同时，阳澄湖是长三角、苏州市空间格局中的重要生态功能斑块和水源地，严格保护水体功能和沿湖生态环境，对保持区域生态安全格局、城市山水景观格局、城市供水安全具有战略意义。我们利用生态斑块、廊道、基质的特性，将“大地景观化”的理念运用在阳澄湖度假区概念规划中，确定了“一心、一带、双轴、多片”的空间结构。其中，“一带”即贯穿南北的绿化景观带，这是串联全岛各主要风貌区的重要纽带。景观带宽度从 200 ~ 500 米不等，设立景观带的首要目的是保持全岛的开敞空间特征。“双轴”位于小镇中部的“十字水街”，由现有十字交叉的两条主要通航河道构成，成为组织小镇公共活动的空间骨架。度假区形成的开敞空间系统主要包括南北贯穿的景观带、小镇区的中央花园、分隔各主题酒店的楔形景观林带、滨水开敞绿地。景观带是串联各主要景区的纽带，同时也构成了景观中脊；中央花园是小镇建设区的景观中心，小镇密集建设区围绕它展开；滨水开敞绿地形成了建设区与阳澄湖水体之间的景观过渡，同时提供了主要的自然景观背景；楔形景观林带将滨水区与南北绿廊有机地联系起来。这些构成了核心区“中心放射”的开敞空间骨架（见图 10-11）。

（编制单位：中国城市规划设计研究院。
主要编制人员：杨一帆、伍敏、肖礼军等。）

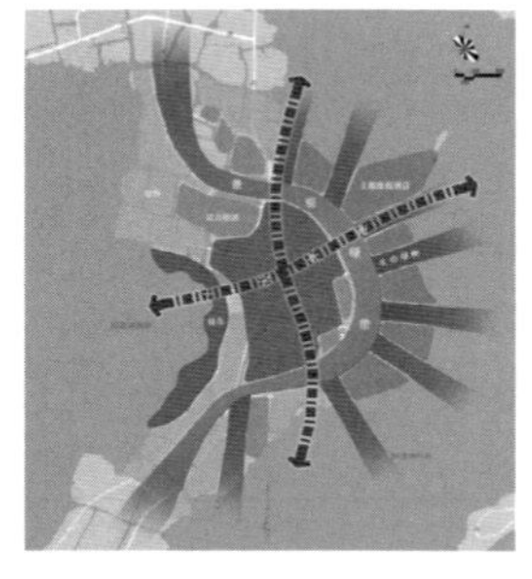

图 10-11 苏州阳澄湖旅游度假区规划设计空间结构（图片来源：苏州阳澄湖旅游度假区规划设计，中国城市规划设计研究院）

在工作实践中，要确切地区分斑块、廊道和基质有时很困难。一般而言，斑块是基本形态，可以把基质看作景观中占主导地位的斑块，廊道也可被视为带状或线性的斑块。此外，由于景观结构单元的划分总是与观察尺度相关，斑块、廊道和基质的区分往往是相对的。例如，某一尺度上的斑块可能成为较小尺度上的基质，或许又是较大尺度上廊道的一部分。

10.4　生态社区

10.4.1　生态社区愿景

社会学家对社区定义不尽相同，但普遍认为社区应该包括一定数量的人口、一定范围的地域、一定规模的设施、一定特征的文化、一定类型的组织。这里讨论的重点是社区所在的地域空间及人与生态环境关系。社区层次生态设计的关注点是人与自然的和谐共生。1967年美国的麦克哈格所著的《设计结合自然》首次将生态价值观引入城市设计，强调了自然环境因素在社区土地规划中的重要作用。生态社区规划的关注点主要有紧凑型土地利用、紧凑城市、扁平中心体系、土地混合使用、城市形态组团化、公交网络主导、以人为本、资源循环流动、资源利用集约、系统排放低、对区域影响小等。世界范围内的生态城或生态社区也主要集中于对以上这些方面的尝试。

[以公共交通为导向建设的生态城市——巴西库里蒂巴]

位于巴西南部的库里蒂巴被认为是世界上最接近生态城市的城市之一。该市制定的城市规划具有较高的可持续性，尤其是公共交通发展规划备受称赞：城市沿着 5 条交通轴进行高密度的指状开发。城市总体规划推行 TOD 建设方式，以城市主干公交线路为中心，组织用地布局，鼓励混合的土地利用方式。库里蒂巴以人而不是汽车为中心，确定优先发展的内容，改进公共服务和休憩空间，新建图书馆系统，加强公园和绿地建设项目，改善环境并保护文化遗产。库里蒂巴还非常注重社区平等和社区救助，帮助无家可归的人，提供各种实用技能的培训等等。

[尊重生态限制的生态社区——德国埃尔兰根社区规划]

德国埃尔兰根市（Erlangen）是一个只有 10 万人口的小城市，它在城市发展规划中对经济、社会和环境三方面的需求和效益取得了较好的平衡。埃尔兰根的主要经验包括：制定以可持续发展为目标的总体规划，高度重视城乡景观和重要生态功能区的保护，在建成区内及周边地区建设更多的绿地和绿带，城市建设对生态限制充分尊重，确保经济社会在生态承载力范围内发展，广泛开展节水、节能活动，采用多种措施防治水、气、土壤污染，实行步行、公交优先的交通政策。

[形成一体化的循环网络和带状公园，建立能源替代研究中心——澳大利亚怀阿拉]

澳大利亚怀阿拉的生态城市项目开始于 1997 年，规划建设中充分运用了可持续发展的多种技术，包括：综合的水资源循环利用计划，对新建住宅和主要的城市更新项目要求安装太阳能热水器，给予财政刺激措施，并采用提高能源效率的设计，形成完善的带状公园系统和，建立替代能源研究中心等。

10.4.2 生态社区的建设模式

以尊重自然为生态社区设计原则，尊重本土性的城市形态是尊重自然的表现。“城市空间的通风和辐射交换在很大程度上受到城市形态的影响，他们形成了决定热舒适度、空气质量和能耗的城市小气候。”《城市与形态——关于可持续城市化的研究》中介绍由城市形态研究室利用形状因子建立一个关于城市形态、城市小气候和建筑能耗的简化模型。城市形态因子包括体积表面积比、被动空间、表面积和水平剖面周长随高度的变动、纵断面和方向性、复杂性的比较。选取图卢兹、伦敦、柏林为测算对象，利用城市形态因子分析后得到的结论是：“从节能角度而言，历史越久的城市结构被证明是越可持续、越有效率的肌理。”[①] 根据英国学者欧克来在《建筑环境科学手册》中的分类方法，结合中国国情，将中国气候分为四种：湿热地区、干热地区、冬冷夏热地区、寒冷地区，并根据分区提出了城市设计策略。例如在湿热地区，人们通常支付不起高额的空调费用，通过建筑和城市设计减少人炎热的体感最为重要。这样做不仅经济廉价，也减少了空调使用后氟利昂等物质对大气层的破坏，达到可持续发展的目的。网格道路的城市形态、正南正北的道路并不一定适合于每一个北方城市，街道的方位走向需结合日照、风向而定。城市道路的走向在一定程度上可以改善城市的小气候，如平行夏季主导风向，避免与冬季主导风向平行，如果只是模式化地采用正南正北的方格网，街区地块内的居住区可能会因为气候不适宜加大空调的使用量，造成全城的能源浪费，因此城市形态设计之初对当地的自然因素分析尤为重要。

道格拉斯·法尔《可持续城市化：城市设计结合自然》一书中总结五个重要的社区设计要素，分别是：社区中具有可识别的中心和边界；在步行社区尺度（在 16 ~ 80 公顷左右）进行密度梯度化设计；整合适于步行的路网，整合的路网要求每个街区平均周长小于 460 米左右，设计时速小于 40 公里；为城市开发预留特殊场地，包括公园、广场、运动场等；以步行为主要的交通方式，公共交通形成网络。

---

① Salat S. 城市与形态：关于可持续城市化的研究 [M]. 陆阳，张艳，译．北京：中国建筑工业出版社，2012: 29-195.

[典型民居是尊重自然、利用自然的良好体现——湖南怀化洪江古建筑群]

最直接最简便的城市设计方法是参照本土的城市形态。本土的城市形态是经过历史沉积形成的，是原住民的建筑智慧的结晶。原始的居民没有现代的居住条件，没有空调等现代化的居住设施改变室内温度等，他们往往要利用自然条件来达到“冬暖夏凉”的舒适度。窨子屋是侗族创造的民居建筑，为湘黔赣地区的特色传统建筑，至今有1000多年历史。窨子屋形似四合院，多为两进两层，也有两进三层或三进三层的，三层上南北间有天桥连通。它的总体结构是外面高墙环绕，里面木质房舍，屋顶从四围成比例地向内低斜，小方形天井可吸纳阳光和空气。高高的外墙既保证了商户的私密性，又起到了防火的作用。

生态社区以步行为主要的交通方式，公共交通形成网络，支撑绿色社区的建设。以步行交通为主，街区或社区外部接驳公共交通网络被认为是生态社区合适的交通方式。

生态社区交通的关注点主要有两点，一是社区规模以可以满足步行从边界到达中心为宜，街区尺度不宜过大，密度适宜。二是公共交通乘车点的合理布局，社区交通与城市公共交通有良好的接驳。以此为原则，世界第一座旨在向零污染发展的城市马斯达尔做了此项尝试。初衷是建立一座没有汽车行驶的城市。城内街道设计得非常窄，一些地方甚至只有约3米宽。来访者把汽车停放在城外，进了城就必须步行、骑自行车或乘坐无人驾驶的公共电车。城内公共电车在半空中的轨道上行驶，由于交通系统完善且布局合理，人们从任何一个地方前往最近的交通网点和便利设施的距离都不超过200米。社区交通设施的优化设计，可以降低能源消耗，增强社区的安全性。

社区内景观系统应分层级、网络化，可与城市景观系统连接。小尺度的社区景观斑块应该是城市景观格局中城市绿地系统的一部分。比如社区公园连接各个社区步道，再延伸向外界的农田或城市绿地系统。社区的景观系统只有在城市中联通才能达到其生态效益。建设城市系统中的风廊实质上是改善城市微气候的需要，这些绿色廊道不仅有景观效果，更有通风的作用，有利于降低夏日炎热的程度，也为行人提供了良好的步行通道。此外，社区的景观系统可与生态技术相结合，使生态效益最大化。雨水处理系统包括蓄洪水库、生态保水公园、生态保水井、自然滞水地、可渗透铺地、集约的种植屋面等。场地设计手法上可设置雨水花园、生物过滤池、生物湿地；减少硬质铺地的停车面积，降低社区道路宽度以减少占地面积、放弃尽端式道路设计。另外采取照明分区方案，按照功能分区设置智能照明。建筑的屋顶用于收集太阳能。城市内的树木和城外种植的农作物将使用经过处理的废水灌溉等。

10.4.3 生态社区设计引导人的绿色行为

生态社区不仅是各个要素或指标达到了生态要求，更重要的是生态社区为社区居民提供了宜人的生活环境，并可以引导人的绿色行为。适当的社区尺度和友好的步行空间增加人们步行和运动的机会。例如：社区内或社区周边规划一定比例的生态农业用地，可促进社区内的“自产自足”。这一方面有绿色经济上的意义，另外还适应人们对自然的一种向往。生态社区引导居民崇尚简朴的生活，避免浪费。鼓励适量消费和循环再利用。社区景观的多层次、适当设计小面积的生态农田或草坪，可引导居民体验田园生活和生活的多样性。日本规划师海道清信总结的现代城市社会的范式简练地表明了生态社区的特征：自足的、自立的；简朴，避免浪费；田园生活，多样化；适量消费，循环再利用。

[实践案例：在建成区中心地带促成城野互融的生态景观片区——湖州西山漾及周边地区城市设计]

湖州西部生态景区规划范围约 12.37 平方公里，一条宽约 800 ~ 1200 米的绿带从基地中央纵贯南北，其中包含近 2 平方公里的湖面和交错纵横的水系，两处受到开山采石破坏的山体，最高的西山高出地面 90 米，以及部分需要保留的基本农田。整个规划范围处于湖州市向东发展形成带状组团城市的重要拓展区，未来带状城市的几何中心，城市总规等上位规划围绕基地中央主要水面——西山漾规划了吴兴区政府、市民中心、总部基地、大型购物中心等重要的城市公共服务职能。

规划编制组经过分析认为南北向大型绿带向北直通太湖，向南延伸到城市郊野空间，属于区域性的重要生态景观走廊，其中保留村庄和农地与上位规划确定的都市职能并不冲突，相反通过山体和水体的生态修复、景观设计，与乡村景观的梳理，适当引入部分都市休闲项目，可以丰富场地功能，突显场所特色。最终的规划设计通过项目策划、功能布局和空间设计加强基地与周边地区在生态、产业、功能、交通、空间景观、基础设施等方面的协调；明确保留了部分农业耕作区和村庄，同时提出这些区域的特色化发展引导要求；提出山体修复方案和积极利用策略，把山水景观、人工与自然景观进行融合设计，既有适合都市活动的人工化景观节点和带状区域，又有大面积具有农耕野趣的田园风貌；同时，对枝杈状的水系及两岸绿地进行景观设计引导，

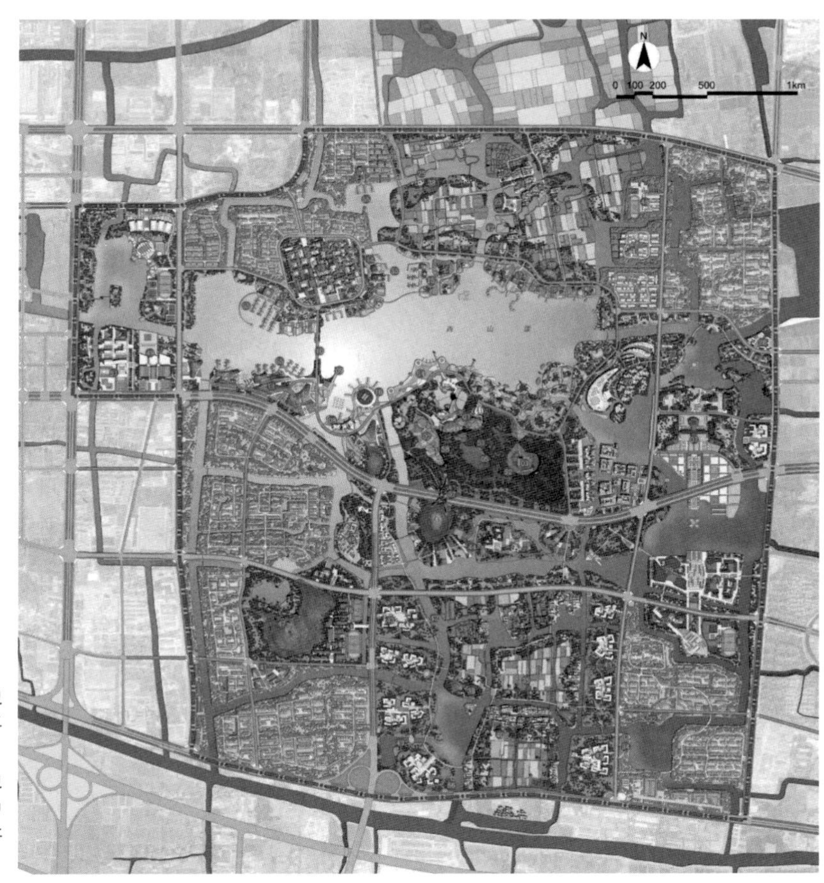

图 10-12　湖州西山漾及周边地区城市设计总平面图（图片来源：湖州西山漾及周边地区城市设计，中国城市规划设计研究院）

向绿带两侧大面积的城市建设区渗透，甚至在渗入城市建设区的部分带状绿地仍然保持荒蛮的原始状态，保持很高的生态功能。之所以采用这样的规划设计策略和手段，是由该项目的基本条件和功能定位决定的，目的是在规划布局和设计引导两方面形成城野交融的状态。

在绿带两侧的城市建设区，还提出了鼓励采用适宜生态技术的指导意见，例如：循环、洁净、可持续的水资源利用技术；高效、清洁、低碳的能源利用技术；生态建筑材料、建筑节能等节约、环保、面向未来的资源使用技术；适应通勤、休闲等不同需求的绿色交通系统与组织方案等（见图 10-12）。

（编制单位：中国城市规划设计研究院。
主要编制人员：杨一帆、肖礼军、伍敏等。）

图11-1

图11-2

图11-3

第 11 章　以空间创新鼓励城市创新

Chapter 11　Spatial Innovation Supports Urban Innovation

导言

Introduction

创新一直是推动城市进行能级跃升的核心动力。城市沿着资源中心、生产中心、消费中心、资本中心和价值中心的发展阶梯攀登，在同一能级中发展主要依赖增长，在能级跃升时主要靠创新。以空间创新支持甚至引导城市的科技创新、文化创新、资本创新和生活方式创新是城市设计者应有的远见。

Innovation provides the power to enhance a city's status. A city begins as a center of resources, and its development trajectory is to next become a center of production, then center of consumptions, then center of capital, and eventually the center of values. Pure growth can enable a city's advancement within a level of development, but if it wants to jump strata, this requires innovation. An urban designer should have the vision to use spatial innovation to support or even lead the innovation of technology, culture, capital, and lifestyle.

图 11-1　Google 公司总部充满解构色彩的建筑（图片来源：作者自摄）

图 11-2　Las Vegas 街头的火山喷泉景象（图片来源：作者自摄）

图 11-3　北京 798 旧厂房建筑改造利用（图片来源：作者自摄）

11.1 创新氛围和创新空间

创新环境由丰富的要素条件构成，包括城市生态环境、城市人居环境、城市经济环境、城市社会环境和城市文化环境等。这些丰富的环境因素融合成一种可以源源不断激发新的构想和创造力的氛围——创新氛围（Creative milieu）。充满创新氛围，且具备创新活动所需的“软”、“硬”件基础设施的空间就是创新空间，它可能是一栋建筑、一条街道、一个社区，甚至整座城市。这是一种鼓励交流，易于促成共同行动的空间。

11.1.1 构成创新型城市的基本要素

创新型城市是指依靠科技、知识、人力、体制等创新要素驱动发展的城市，是城市发展的高级阶段。而创新型城市由创新主体、创新资源、创新制度和创新环境四个基本要素构成。

创新主体是创新型城市的核心，包括我们所了解的高等院校、高新技术企业、科研机构、技术转移中介机构等。创新主体可以是以上所列的单个主体，也可以是由产、学、研等多个主体共同构成的创新群体。创新资源，即创新活动的基础，包括知识、技术、资金、基础设施、信息网络等。创新制度，是指能够为创新活动提供有效保障的制度安排，包括竞争、评价、监督和激励等创新机制，以及相应的政策、法律法规等。创新环境，即维系和促进创新的社会环境，包括教育水平、文化观念、创新精神等软环境。

而这四大创新要素若要顺利运行，真正产生创新，最依赖于城市的人力资产。城市聚集各类人才的总和成为一个城市的核心资产，这些人的才华、技能与创意，也正取代地理位置、自然资源、资本和各种设施，成为主导城市发展的核心资源。至于城市未来的成功，也取决于那些在当地居住、工作，并负责管理的人们的创造与革新。城市创新需要集中一大批多样化的创新型人才，而城市如何提供能留住人才的条件和环境是规划设计关注的问题。

11.1.2 全球创新型城市的基本特点

激励城市创新成为推动城市经济和文化发展的重要途径。在网络时代，创新已成为一种全球性活动，建设创新型城市有赖于总结全球创新型城市的建设经验，同时结合自身的发展特点，提出具有本土特色的创新城市发展之路。多项针对全球创新型城市的研究表明，创新型城市具有一些共通的基本特征。例如：一、创新型城市大多集中在区位条件优越和交通便利的区域；二、城市具有强大的综合经济实力和较大的人口规模；三、大多数城市都拥有密切的对外经济联系和广泛的全球市场；四、创新型城市能够吸引并维持大量具有较高科研能力的组织机构，形成强大的科研团队；五、具有健全的科技中介机构和科技服务能力；六、建成运转良好的创新平台和空间载体；七、创新型城市应具有开放和包容的创新文化氛围。

11.1.3　创新的城市环境和城市空间

城市建设应为创新之树提供肥沃的土壤和充足的水分。城市创新是一个系统工程，需要各个创新要素的互相协调，有机融合，而创新要素中的创新环境和空间等是城市创新活动的重要载体。城市设计尤其要重视城市中创新环境和创新空间的综合设计，通过创造优美的城市环境和优化城市创新空间布局来提升整体城市创新能力，促进创新型城市建设。

城市创新的软环境要求技术集群的高度、文化的融合程度、社会的包容程度、政策公平程度、全民文化教育程度、法制监管完善程度与城市宜居宜业的程度,可以称之为城市创新的“七度空间”（林跃然等，2013）。城市设计应在塑造城市物质空间方面支撑创新软环境的形成，应在各个空间层次上关注这七度空间的培育，例如关注人们如何才能会面、交换意见并建立网络。

城市创新集中体现于一个有利于企业创新的环境和空间，促进区域内各种资源优化组合，最大限度地激发一切能够创新的因子，使其能够形成普遍、持续、富有效率的积累，逐渐推向一种跨越式发展，即创新，推动本地区技术进步和产业结构升级，提高经济发展质量和区域竞争力。

美国硅谷作为创新型区域的典范，在近 80 年的发展过程中，始终保持着较高的创新活力。硅谷是创业家和创业企业的栖息地，高新科技公司创业的圣地，创新是其永恒的主题。在硅谷，凭借一个新技术、新想法就能获得投资，开创一个新的事业。而正是硅谷独特的创新社会、文化和生活环境成为孕育其创新活动的“土壤”。

硅谷创新环境的主要特点包括：一、平等的社会环境。硅谷形成了一种相对宽松的交往氛围，相对于别的地方，更易于创意者跨越阶层和各种社会壁垒，平等地交流思想。平等的人际关系有利于促进非正式交流的形成，这是实现区域内知识共享的重要途径。二、宽容失败、开放包容的文化环境。在硅谷，人们对于失败极为宽容。硅谷对多元文化具有较强的包容力，对最广泛的个人与企业创新提供了基本保障。硅谷的开放思想还表现在这里的企业对知识的扩散持开放的态度，跨企业的合作和学习降低了硅谷的创业成本，而且还使硅谷的企业获得了创新所需的知识、资本和市场。三、优越的生活环境。硅谷

图 11-4 Google 总部庭院里散布着不少充满诙谐气质的小品（图片来源：作者自摄）

为人才提供了优惠的居住条件和完善的生活配套。

Google 总部位于美国加利福尼亚州的 Mountain view（山景城），这里到处都是绿草欣欣，景色宜人。Google 的办公大楼是由一幢幢低矮的办公建筑分布在自然的景观中，使办公空间充分与自然环境相结合。Google 所做的一切都是为了创新：为随时发生在任何员工身上的创意提供最大的方便和支持，而不是限制（见图 11-4）。

建设创新型产业园区是建设创新空间的常用途径之一。一些亚洲国家为了促进经济的快速增长，充分利用创新资源，产业园的规划层出不穷，且收效不一。其中，新加坡的纬壹科技城是个能给我们很多启发的成功案例。

[环境优越，配套完善的城市创新空间——新加坡纬壹科技城]

新加坡纬壹科技城位于新加坡西南的 Buona Vista，距离 CBD 约 20 分钟车程，是新加坡政府 21 世纪“科技企业家计划”的重要项目之一。园区的建设推进了新加坡向知识型社会的转型，促进了新加坡经济的增长。纬壹科技城是一个完全按照创新理念来建设的科技园区，突破了传统园区的设计框架，它把各类科技人才、科研专家和企业家集中在一起，为他们提供方便舒适的生活、工作、交流和娱乐的空间，综合考虑了工作、学习、生活、交流、消费等各方面需求，并特别注重为人与人之间的交流创造机会和空间，增进互动和交流。纬壹科技城在创新环境建设上的特点可以概括为：一、优越的自然环境。新加坡本身就堪称“花园城市”，在自然景观环境方面得天独厚。二、科研环境。产业园临近大学和科研机构，形成产业园发展的智力基础。三、

图11-5

图11-6

图 11-5　纬壹科技城舒适的工作环境（图片来源：http://news.163.com/11/0712/03/78NUS0UD00014AED.html）

图 11-6　纬壹科技城功能组团规划（图片来源：http://wenku.baidu.com/view/d67de56bc5da50e2524d7fa4.html）

园区广泛采用生态化的空间设计，运用生态、节能的建筑技术，如太阳能技术、空间动力垃圾回收处理系统等新技术。四、建设适宜的高品质生活和工作环境。总之，园区通过构建具有创新环境的社区，为科技园区营造出一流的园区竞争力（见图 11-5、图 11-6）。

创新型园区的打造本质上讲是对创新人才环境的营造。无论是从物质环境还是交往平台的搭建，规划设计始终秉承着以人为本的基本原则，坚持服务于创新型人才的城市建设才是创新的城市环境和空间。

11.1.4　创新型城市空间的设计策略

创新的城市环境和空间是城市创新中不可或缺的两大要素，它们既有彼此相近的融合之处，也有自身的发展特点。为了构建生态、活力、多元的城市创新环境，城市设计应体现丰富多元的城市自然和人文景观，要体现出城市的文化内涵和精神面貌，提升城市归属感。

首先，要建构一个开放的创新城市空间系统，便于容纳支持创新的物质要素，更重要的是创新制度和创新文化等软要素。再者，创新空间的建设要与城市基础设施（包括信息和交通基础设施）建设相结合，形成创新活动的物质支撑。

在城市创新空间的规划中，应考虑多样化的空间功能和空间形态，为多样性的城市活动提供空间平台。城市创新空间作为聚集创新活动的场所，是以创新、研发、学习、交流等知识经济活动为主导的城市空间系统，应使人感到方便与舒适，甚至惬意。

公共空间是一个位于创新环境核心的多层面的概念。它不仅是一种物质环境，也是一种集自然景观、社交网络与信息技术、文化艺术等软、硬要素于一体，便于轻松交流的活动场所。它涵盖从非正式到诸如研讨会等较正式集会的空间与场合。创新型公共空间是城市创新思维碰撞的地方，是联系城市中各个创新单元——工作室、办公区、创意社区、创新企业……的公共客厅。

城市创新空间的功能设计与布局——从简单初级的自发性发展阶段到地方自觉规划引导，并与城市内部资源禀赋、创新主体以及创新环境紧密结合，成为推动城市经济发展的明确行动。

城市创新空间的结构和形态模式是由特定的功能特征和精神特质决定的。信息技术快速发展背景下的城市创新空间应体现一种平等、自由、开放的空间精神特质，使工作生活于其中的个体感受到充分的人文关怀，使人的个性得到舒展，交流自然流畅，才能得以充分发挥。城市创新空间体现出一种多元包容的要素高效混合：一方面要慢生活式的轻松环境；一方面以不断推陈出新、分秒必争为特征的高技术研发、文化创新、资源运作活动，又要求创新空间的结构模式能够高效运转。

在城市传统的空间体系中不断融入创新型空间的需求，逐渐促成城市空间的布局呈现多中心、多节点的发展特征。

在中心城区，主要由政府、企业、大学、科研机构共同参与推进，构建高能级创新引擎，构筑多元创新空间。其中政府考虑政治目标、公共利益和社会发展需要，企业则以追求利润和效益为主，而大学和科研机构则以人才培养和科学研究为己任，三方通过正式和非正式的合作与交流，互动、互补、互惠，有效促进创新成果的转化。例如在美国波士顿坎布里奇市，在高等教育、技术研发以及产业化方面，政府、学校、企业与社区间的创新合作十分发达，通过发展高度共享的复合型创新空间推动功能简单的大学集聚区向中央智力区转变。

在郊区，重点推动科技园区产城融合，完善科技园区的城市功能。城市近郊的科技园区不再是孤立存在的产业区域，而是内部的各种创新活动所需物质条件齐备，宜居宜业，对外联系方便，融于区域的健全社区。

[“自然、人文与科学融合”——法国安蒂波利斯技术园]

创立于1969年的安蒂波利斯（Sophia Antipolis）技术园坚持“自然、人文与科学融合”的建设理念，有效确保了科技城的持续发展，是法国乃至欧洲最大的高科技园区。它位于普罗旺斯—阿尔卑斯—蔚蓝海岸地区里维埃拉的中心，是世界著名的旅游地区。一方面，科技城注重对区域生态的保护，合理控制开发强度，为区内企业和居民提供了优质的工作与生活环境，保证了科技城的“天然吸引力”。另一方面，科技城以教育科研为核心，强调以人为本，在保持区域生态环境的前提下，不断完善交通、居住、娱乐等配套功能。尽管在土地利用效率方面受到一定质疑，但这种建设理念确保了科技城的可持续发展，科技城也因其宜居宜业的环境、完善的城市功能受到了众多科技型企业和高科技人才的青睐，成为欧洲乃至全球最具吸引力的创新区域之一。安蒂波利斯科技城拥有大量的科技资源，配套功能日益完善，从最初的酒店会议等商务配套，到商业、住宅等生活配套，经过 40 余年的建设，目前科技城建立健全了集“研发教育、酒店、住宅、商业、休闲旅游、公共配套”为一体的城市功能体系，城区也从单一的功能区逐步发展成为功能完善、宜居宜业的科技产业新城。

在大城市的郊区形成以科技创新为主导的科学城。国际上成熟的城市远郊园区或新城的发展趋势都是从一个园区成长为独具特色的科技型城市，如台湾的新竹等，园区内容已远远超过了发展产业和培育企业的范畴，还承担着为公众和社会创造良好生活和娱乐环境的功能。

11.2　虚拟空间与实体空间的协调

虚拟空间和全球性虚拟社区的发展在很大程度上推动城市经济从单一实体经济（Real Economy）跨越到虚拟经济（Virtual Economy），与实体经济并行的阶段。

如今，虚拟空间全方位介入实体空间中人的各项活动，比如生活方式、娱乐方式、学习方式、工作方式等。这种介入也导致了虚拟空间技术的全方位拓展。虚拟空间技术的快速发展是人类技术创新不断进步的重要体现。未来虚拟空间的发展将对实体空间的演变产生巨大的影响。

11.2.1　虚拟空间的概念

虚拟空间是依托互联网技术而形成的具备进行社会交往、休闲娱乐和商品交易、商务办公、信息共享和存储等多种功能的网络空间。由于网络和信息技术的发展，虚拟空间研究扩展至网络空间（Cyberspace）、数字场所（Digiplaces）和网络景观（Cyberscape）等多个方面。

11.2.2　虚拟空间对实体空间的影响

虚拟空间的技术创新对实体空间产生了较深的影响。首先，虚拟空间打破了传统的空间限制。信息技术的创新和应用使得用户不受区位和时间因素的限制，可以通过宽带服务及时和永久地接入网络空间，这促进了实体空间和网络空间的融合。其次，交易空间的虚拟化，影响甚至颠覆传统城市规划的区位理论。决定市场区位优势的标准受到高度发达的网络交易平台的巨大冲击，商品销售范围也已突破时空地理界限，被互联网普及和跨地配送所颠覆。最后，虚拟空间中快速的知识更新和活跃的技术创新也为革新实体空间规划的工作方式、工作程序注入了新活力。主要有三点：第一，规划网络数据库应用及互联网空间地理信息平台（GIS）的建立，可以进一步促进规划对实体空间的科学认知和分析，虚拟空间中数据库技术的应用使规划项目管理从图纸管理时代步入数据库时代。第二，互联网人际交往空间对规划的决策和实施具有产生重大影响的潜力。第三，公共服务虚拟化、办公空间虚拟化等都迅猛发展，对城市规划产生影响。

11.2.3 虚拟空间和实体空间的协调

在城市规划设计中，要尽可能地利用虚拟空间技术来服务实体空间的规划，此外还要根据虚拟空间的发展特点来调整城市实体空间的规划布局。运用虚拟空间形象化、动态化的特点，来展示城市规划和城市设计成果。要把握围绕虚拟空间技术而催生的一系列新物质空间需求，进行合理的用地增减和布局调整。适时增加一些用地的安排，如快递呼叫服务、服务配送中心依赖的物流中心、数据中心、配送中心、团餐业的中央厨房等。而一些非体验类的传统服务在萎缩或被替代，如图书馆、书店、购物中心，应适时调整和减少相应用地的安排。

同样，一些传统服务设施功能悄然转变，结合方式发生重组。譬如体验经济的兴起，购物中心由传统单纯购物功能向体验型转型，大型综合性体验文娱项目的开发等。虚拟空间使不需要亲临现场的传统活动（一般是功能性的）大大简化；同时因其跨时空的强大整合能力，大大解放了人的想象力，激发了高感知、高体验的新需求。

11.3 大数据时代的城市设计

2012年，高德纳（Gartner，大数据研究机构）给大数据（Big Data）的定义为：大量、高速或多变的信息资产，它需要新型的处理方式去促成更强的决策能力、洞察力与优化处理能力。大数据典型特征为："4V+O"，即大量（Volume）、多样（Variety）、价值（Value）、快速（Velocity）、开放（Open）。

大数据推动资源的精确投放，促进了其基本功能单元的小型化、专业化，加上环保技术的提高，推动了传统上机械功能分区的瓦解，以前看似不相关甚至相互干扰的功能可以整合到很临近的地段中，甚至在垂直空间中进行整合。

11.3.1　大数据——为复杂的城市提供了巨大的数据支撑

信息技术加速了知识、技术、人才、资金等的时空交换与流动，促进了产业重构和空间重组，进而改变着城市或区域的空间格局。数据化的核心理念是“一切都被记录，一切都被数字化”。现代城市空间将会是各种要素交汇、大量信息交融、多种空间交叉的复杂综合体。

城市空间布局的目的就是让政府、企业及居民等享有便捷的城市空间，通过土地的高效利用和混合安排来满足不同群体的日常空间发展，这就需要对相关信息数据进行模拟分析，从而调整和优化城市空间结构。

首先，利用信息技术和大数据可以提高城市土地利用的效率，并且促进土地的混合使用。现代城市规划和设计要在新的时代背景下，打破传统的功能分区思想，通过对土地的混合使用来营造新的城市空间形态，从而结束粗放的土地利用所带来的若干城市问题。

同样，信息技术和大数据的使用有利于在更大范围进行城市公共资源的空间配置，提高社会公共资源的利用效率，为城市居民提供更加便捷和公平的社会服务。

在城市中，多种功能和信息交汇的节点空间越来越成为城市发展的热点地区，使得传统的城市居住、工作、商服及休闲等空间不断交叉和融合，这也是解决城市交通拥堵、碳排放增多、土地浪费等诸多问题的重要途径。应充分发挥大数据在记录和检测城市发展动态上的重要作用，以此促进城市空间的高效混合利用。

11.3.2　大数据时代的“数据 + 经验”工作模式

大数据推动城市规划和设计从经验判断走向量化分析，使社会资源利用更高效，服务投放更精确。规划师可以通过对居民就业、出行、游憩等行为数据进行汇总分析，发现整个城市居民活动的时空特征及与城市空间不匹配的问题，从而对城市空间结构和用地布局进行合理优化和调整。

城市规划设计者在大数据时代应善用数据而不能被数据所累。既要看到数据对规划设计工作的巨大作用，又要认识到在城市这个复杂的系统中，任何数据或数据组合都只是局部数据，而“经验”是综合历史事件的知识，两者应相互补充和支撑。一种值得推荐的工作方式应该是一个可循环采用的，不断逼近“正确”的工作流程。大数据时代规划者的工作方式应该是由经验提出假设，通过数据校验求证，对经验进行不断修正，引导正确判断或决策。

[实践案例：移动电话用户活动情况与城市中心体系的空间匹配关系——苏州手机信令数据与城市空间关系研究]

手机信令数据及分析技术作为大数据时代的新兴调研手段，其数据来源能够精确表征城市中的个体行为。针对大量手机数据用户进行统计归纳和关联分析，能够深入挖掘居民行为和城市用地、功能组团等因素之间的内在关系，契合城市规划和管理中的数据应用与分析需求。

用于苏州城市分析的手机数据来源于中国移动用户的信令数据，经过用户身份信息过滤后保留必要的时间信息、空间信息（基站信息）和少量的用户特征信息，并利用GIS平台进行居民时空分布的可视化模拟。

通过对手机用户长期历史数据进行处理，得到手机用户在不同日期各个时间段所处的基站编号，根据基站的分布情况进行用户分布的可视化模拟，分析城市常住人口的居住分布和就业分布情况。将苏州总体城市设计中心体系图与基于移动电话信号的人口分布图进行对比，不难看出城市空间结构和城市居民每天的生活状态之间这种密切的联系，空间结构当中的核心节点、轴线和廊道也确实是人们活动最密集的地方（见图11-7、图11-8）。（详见5.7.3节实践案例：苏州总体城市设计。）

（编制单位：中国建筑设计院·城市规划设计研究中心，北京宽连十方数字技术有限公司。主要编制人员：杨一帆、胡亮、韩尧东等。）

图11-7

图11-7 基于移动信号的苏州市人口分布图（工作日上午9～11点）（图片来源：苏州移动电话与城市空间关系研究，中国建筑设计研究院·城市规划设计研究中心）

图11-8

图11-8 《苏州市总体城市设计》中心体系图（图片来源：苏州总体城市设计，中国城市规划设计研究院）

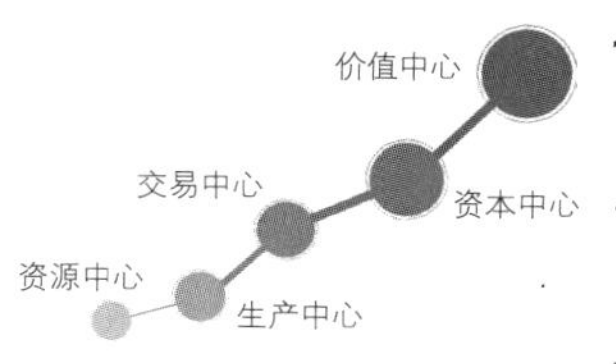

图 11-9　城市能级跃升的五个阶梯（图片来源：胡亮绘）

11.4　城市的远见：以空间创新支持城市创新

11.4.1　城市上升运动的五个能级

城市一直处在动态发展的过程中，工业经济时代、服务经济时代再到信息经济时代，城市的功能内涵经历不断变化。一般而言，城市的向上发展大致经历资源中心（资源输出）、生产中心（加工）、消费中心、资本中心再到价值中心这五层阶梯式的阶段（见图 11-9）。价值中心是城市发展的最高级，处于最高级的城市主导着价值观的输出和国际规则的制定。城市在进行艰辛的能级攀爬征程时需要具备强有力，而且持续的发展动力。

一个城市在同一能级上的发展主要是依赖要素的积累和规模增长，而要实现能级的跃升则主要是依赖创新。经济学家熊彼德甚至只承认创新才是真正意义上的发展。城市的远见在于支持不断地创新。

11.4.2　城市发展的动力：创新的“四轮驱动”模式

创新一直是城市发展的主要驱动力，城市的发展伴随着生产关系和社会关系的变革而处于动态的演进过程中。不同发展阶段的城市驱动因素呈现出不同的发展状态。越处于高能级的城市，越面临全球化浪潮的冲击和世界城市位次调整的挑战。随着全球化下创新节奏的加快，城市发展动力因素也越来越趋向于多种因素的融合，即科技、资本、信息、人才、制度、文化等创新驱动要素的融合。

创新的四轮驱动模式是指科技创新、文化创新、资本创新和生活方式创新，共同推动城市创新。其中前三项是创新活动中最活跃的要素，而最后一项生活方式的创新既是创新的基本需求来源和动力所在，也是创新活动的根本目的，科技、文化、资本的创新最终体现在生活方式的改变上。而城市设计需要通过城市空间的设计创新更好地服务这四大创新活动。

11.4.3　科技创新：空间利用效率的不断提升

科技创新是引领城市未来发展的核心动力。从科技创新的角度，观察未来城市的发展趋势，已在很多领域有所体现：清洁能源将成为城市能源的主要形式；资源的循环高效利用将成为城市生产的主要方向；城市的运行将具备高感知和自适应能力；通讯与交通技术发展使城市群结合更紧密（万钢，2010）。知识型服务业将成为城市未来产业的主要形态，这决定了城市经济的现代化进程离不开科技创新的巨大推动作用。城市科技创新能力主要体现在知识创新能力、技术创新能力、成果转化创新能力、科技管理创新能力及科技中介服务创新能力等方面。如韩国大田正是依靠科技创新实现城市崛起的典型案例。大田原本是个土地贫瘠、资源匮乏的小城市，现今却从一所大学建设开始，走上了一条以科技创新促进城市创新发展的道路，建成一座研发与成果转化融为一体、科研与产业密切结合的高科技科学城，推动了城市经济发展。作为韩国大德研究基地和国内外 27 个科学城市之间结成的 WTA（世界科学城市联合）事务局所在地，这座科学技术城市取得了显著的发展，以巨大的经济能量和创新能力成为“亚洲新硅谷”。

科技创新如何影响城市空间？科技创新的空间通过互联网技术将城市中的交通、通信、资源和能源等公共服务信息有机整合，为城市设计提供新的工具和思路，更高效、便捷地服务于城市在生产、生活、生态各方面的需求。智慧城市是科技创新空间的一种高级形态。在城市基础设施方面，智慧城市带给居民便捷的生活方式，使城市更有效地为人服务。在城市运行管理方面，智慧城市更加高效化、智能化。智慧城市可带动城市高科技产业的发展，并具有环境友好的特点。更重要的是，智慧城市将是面向未来，对各种新技术高度开放，具有前瞻性的城市形态。表 11-1 是 IBM 公司定义的智慧城市的服务范围。

IBM：通过智慧城市解决的城市问题 **表11-1**

问题	目标	案例
城市服务：服务交付系统单一	为大众提供个性定制服务	利用技术统计各个服务交付机构，确保大众获得更为满意的服务
市民：无法顺利使用所需信息；在医疗保障、教育、住房需求等方面获取的信息十分有限	通过分析数据，有效降低犯罪率，保障城市公共安全；完善的联网，先进的分析技术，集合大量数据，改善市民健康状况	芝加哥设立了一个公共安全系统，保证实时监控，提高对紧急事件的反应速度；哥本哈根已建立医生快捷查档系统，跟进患者健康记录，在世界范围内获得了最高的满意度和最低的错误率
交通：交通十分拥堵，浪费时间、能源	无拥堵，制定新的税收政策，各种交通方式结合，节约经济成本	汽车进入斯德哥尔摩时，使用动态收费策略，将中心城区交通量从25%降至14%，中心城区零售业收入增加6%，带来了税收新浪潮
通信：许多城市通信连续性不佳；上网速度慢，设备移动性差	使用高速互联网，建立商业-市民-付费系统网络	韩国松岛建立“城市无处不在”应用程序，合并医疗、商业、居住和政府管理等在线服务系统
水资源：过半水资源被浪费，水质较差	分析整个水源生态系统，包括河流、贮水池、水泵和管道；个人及企业需要随时观察其用水情况，提高节水意识，定位水源低效利用地区，减少不必要的开销	爱尔兰戈尔韦利用先进的传感系统和实时数据分析，监控、管理、预报水源方面的问题，给所有与之相关的行业，从科学研究到渔业，提供实时更新的水源信息

续表

问题	目标	案例
商业： 有些地区必须解决一些不必要的行政负担，同时存在监管滞后的问题	指定商业活动的最高标准，提高商业运作效率	为提高国有经济生产力，迪拜使用一种软件简化商业过程，可以整合约100种公共服务设备的交付及生产过程
能源： 能源存在危险性和不稳定性	让用户提出价格讯号–能源给予–市场回应，顺畅消费，降低用量	西雅图正在进行一个实验：让住房者知晓实时能源价格，按需索取，平均降低了15%的节点压力和10%的能源消费

资料来源：智慧城市与城市规则——基于各种空间尺度的实践分析［J］，王鹏，杜竞强，2014.

城市设计需要关注智慧城市的具体应用，采用更多高效模拟系统解决城市问题，创造一种新环境，使得更多市民能够参与到未来城市与社区设计工作中，感受到智慧城市的便利。这可以使城市规划一直倡导的“公众参与”得以更好的实现。

我国现行规划体系如何响应智慧城市？我国现行的城乡规划编制体系可分为区域城镇体系规划、城市总体规划及详细规划。将智慧城市建设理念融入三大规划层次，从而使城市建设步入以科技创新为导向的新阶段。

城镇体系规划层面的智慧城市建设，应充分利用信息技术强大的数据分析能力，科学判断区域内各城市的比较优势和发展目标；在区域产业分工与合作基础上，建立广泛的信息共享平台，甚至建立区域性的智慧协调机制，逐步建设和完善智慧基础设施，保障资源在区域中有效的流动与分配。

城市总体规划的主要任务是确定城市发展目标、建设规模、用地和重大设施的布局，同时提出生态环境、历史文化、城市安全等保护与建设要求。而在该层次的规划中，智慧城市比传统规划技术更具有优势，可帮助建立更加精准的供需评价，引导更高效的资源投放。同时，利用信息技术模拟城市发展情景，在确定城市用地和重大设施布局的过程中使之更为符合实际发展趋势。此外，通过智能交通、智能基础设施的运用，推进城市安全保障和各支撑系统的高效运行。

详细规划层次的智慧城市规划与设计可体现在以下几个方面。第一，在场所与空间设计中，运用更精确的人口、就业、出行信息进行精细化设计，使空间资源得到更高效的利用。第二，利用智慧系统对城市空间的使用权进行精细管理和分配，大大提高原有空间的利用率。此外，办公楼宇和居住区智慧管理系统，保障社区智慧运行，避免资源浪费。城市交通、市政和公共服务智慧管理系统与社区规划设计相协调，有效提升地块内居民的生活服务水平。

科技创新空间的很多典型应用已经在很多地方实现。智慧城市可以用于城市的方方面面，从公共安全到交通治理，从基础设施运营到城市更新，各种类型的智慧城市产品正在深刻影响和改变公共服务和个人生活。

[智慧城市的顶层设计——智慧伦敦计划的总体政策布局]

2013年12月底，由伦敦市长鲍里斯·约翰逊发起，并由伦敦市议会发布了《智慧伦敦计划》(Smart London Plan，下称《计划》)。该计划是以“利用先进技术的创造力来服务伦敦并提高伦敦市民生活质量”为目的战略规划，用以应对伦敦到2020年将会面临的机遇与挑战。

《计划》阐述了伦敦智慧城市发展的七个主要方向：让民众更好地参与城市的政策制定过程；提供更加开放的公共数据获取途径，增强政府问责机制；充分利用城市的研究、技术资源，鼓励创新；整合伦敦的创新生态系统；用先进技术革新伦敦基础设施以满足未来城市发展需求；以服务市民为宗旨，提高政府运作效率，包括部门间数据共享等；为所有人提供一个更智慧的伦敦。

伦敦政府在七个方面都给出了行动方针，努力将抽象的目标具体化，提出实现目标的期限和数字指标。例如，到2020年，交通领域减少50%的排放,温室气体排放降到1990年水平的40%以下等。《计划》最突出的特点是对于城市规划与治理机制的革新，强调促进民众参与城市治理，为公众提供更公开透明的数据，借助社会力量解决城市问题，以及吸引更多的科技人才等目标①。

[信息技术支持的即时民众参与机制——波士顿市民联系系统(“Boston Citizens Connect”)]

波士顿的“Boston Citizens Connect”是一个广受好评的城市公共服务平台，让市民通过手机APP，随时定位并向政府报告公共设施的损坏情况及困扰很多西方城市的墙面涂鸦问题，也可以随时查看问题的解决过程。这些市政市容问题一般很难完全排查，波士顿也总是出现很多市政服务盲点，引来很多抱怨。通过该平台的运用，政府和市民间搭起了一座便捷的信息桥梁，使公共服务变得更高效②。

波士顿市政府还推出了另一种称为Street Bump的手机APP。市民可以通过它报告居住地附近的道路状况，自动形成道路状况和地理

① 资料来源：智慧城市与城市规划——基于各种空间尺度的实践分析[J]，王鹏，杜竞强，2014

② 资料来源：智慧城市与城市规划——基于各种空间尺度的实践分析[J]，王鹏，杜竞强，2014

图 11-10　国家农业园规划图（图片来源：国家农业科技城昌平园总部基地核心区及周边城市设计研究，中国建筑设计院·城市规划设计研究中心）

位置的信息，报告给市政部门。在成功运用以上数字管理技术的基础上，波士顿市政府、IBM、波士顿大学正继续合作推出更多的智慧市政产品，波士顿期待智慧城市吸引更广泛的公众参与，创造更高效的城市管理[①]。

[实践案例：生态型郊区总部产业园规划——国家农业园昌平总部基地规划]

该产业园区位于北京中心城区北部约 20 公里的昌平区，是国家农业园昌平园区的组成部分，定位为国家涉农企业的运营研发总部聚集区。

规划构建宜人的生态景观环境，创造环境优美的农业总部办公和研发环境；构建完善的高端总部服务功能和科研配套服务功能；规划设计中要创造多样的利于交流的公共空间和便捷完善的绿色交通系统。

设计方案采用组团化的布局方式，将农业高端服务核、国际、国内涉农总部办公区按照功能特点分布在场地中，给各个重要的办公空间最大限度地提供优美的办公环境。其次，在规划中还安排了服务于总部办公的总部配套组团、智能农业展示组团、特色人才公寓等配套功能，形成科研、办公、居住、文化娱乐等综合的总部基地（见图 11-10）。

（编制单位：中国建筑设计院·城市规划设计研究中心。
主要编制人员：张宏桥、陈奥博、马昱等。技术指导：杨一帆。）

① 资料来源：智慧城市与城市规划——基于各种空间尺度的实践分析 [J]，王鹏，杜竞强，2014

11.4.4 文化创新：创造有意义的城市和空间

文化创新可以为城市创新提供内在动力，有力地支持城市创新行为，是科技、资本与生活方式等其他创新要素的黏合剂，成为提高城市创新力的关键因素。城市规划大师沙里宁（E·Saarinen）说："让我看一看你的城市，我就知道你城市中的人们在文化上追求什么。"城市空间和形态被深深地印上了文化的烙印。城市设计可以在多个层面推动城市空间塑造与文化创新的协调。

第一，宏观层次上协调城市文化定位与城市整体风貌。

美国历史学家安东尼·维德勒（Anthony Vidler）指出"不应该野蛮地以'现代化'名义对城市进行重塑，而应以负责任的态度对有价值的城市老建筑加以保护，使其成为城市的亮点。"快速的城市建设过程对城市文化的发展产生巨大冲击，大量、快速的建设活动破坏了城市文脉，刚建成的"现代化"新区文化匮乏而又缺乏活力，虽然很多局部城市空间看似"精彩"，但是整体上却缺乏内涵，城市往往给人们留下"千城一面"的印象（丁灵鸽，2011）。因此，协调城市文化定位与城市整体风貌关键的是将城市本土文化融入城市建设中，只有植根本土的文化才可能赋予城市形象以不可复制的独特个性和特色。

城市建设应该自觉的以本土文化认知为指导，才能更好的吸收和利用外来文化，通过本土文化的继承和创新促进城市的发展。城市文化是城市历史积淀的结晶，是导致城市与城市之间差异性的根源。将城市文化融入城市设计，城市本土文化营造城市空间，从而塑造鲜明的城市特色。但由于现代生活方式和建造技术与以前已发生了巨大变化，城市设计应注重采用现代手段诠释本土文化，这需要在城市建设中探索现代性与本土性的结合。

第二，中观层次上协调城市文化认同与城市总体格局。

芒福德（Lewis Mumford）对城市的文化功能给予了高度评价。他说："城市是文化的容器，这容器所承载的生活比这容器自身更重要"，"城市通过它集中的物质和文化的力量加速了人类交往，并将它的产品变成了可贮存和复制的形式，城市通过它的许多贮存设施（建筑物、档案馆、纪念性建筑、石碑、书籍）能够把它复杂的文化一代一代往下传，因为它不但集中了传递和扩大这一遗产所需的物质手段，而且也集中了人的智慧和力量，这一点是城市给人类的最大贡献。"

随着城市生产活动的不断发展，城市的社会功能也在不断演变。一个城市或者地域在不同时期可能有不同的主导文化，但城市文化由单一走向多元已是一种必然趋势。在此背景下，如果一个城市缺乏文化认同，城市建设也必然难以形成文化主线和特色。这时，在城市中进行广泛的本土文化认知讨论，加以总结和归纳，可以强化城市文化认同感，从而强化公众对城市特色的认知，并使城市总体格局的空间形态得以确定，而城市物质形态的建设反过来又可以巩固新的城市文化。如厦门市在城市总体规划的修编中，提出了挖掘八闵文化中的“海洋文化”，形成“镇定自若，冒险进取”的“新海洋文化”精神。同一时期推进的厦门市城市总体规划确定了从海岛型城市向海湾型城市发展的总体格局，在文化层面上体现了这种新的城市认知和与之相应的空间格局。（何邕健，张秀芹等，2006）

第三，微观层次上协调城市文化要素与城市建设要素。

空间规划设计与文化创新的关系不仅要重视整体空间格局，而且还要重视微观的城市建设要素，使城市文化得到充分展示。城市微观环境建设中涉及的一系列要素犹如组成物质的化学元素，它们按照本土特有的规则排列组合，形成了丰富的城市空间与形象，折射着本土文化。常见的城市建设要素如地方特有的建筑形式、文化符号、常用色彩、建造方式与建筑材料等。一个城市或者地域在继承本土文化的同时，不断受到外来文化的影响，更由于本地生产、生活方式的不断演进和发展，会不断衍生出新的建设需求和文化形态，它们都会不断的反映到城市建设活动中，城市设计应该敏锐的把握这种潜移默化的趋势，通过空间和形态规划设计，支撑文化创新发展。在这一过程中，文化要素与城市建设要素呈现出丰富的互动关系，这也正是城市设计灵感和创新的重要源泉之一。

11.4.5　资本创新：无形的手推动城市演进

世界经济体系正处于全面转型的新阶段。全球城市正从“全球生产网络”向“全球创新网络”升级。全球城市体系从资源、商品、资本的控制节点向信息、知识和人才的流量枢纽升级。

资本在全球城市网络中运转的速度越来越快，运行方式和存在状态不断推陈出新，不断涌现新的全球性金融机构和金融产品。资本有了更多的与实体经济结合的方式，更加速向虚拟经济的延伸。资本创新对城市空间发展也在产生巨大的影响。

资本创新使城市产业结构更加合理，在城市发展重视“存量”与“减量”规划的背景和要求下实现产业转型升级、城市转型发展和社会转型融合。资本创新重视城市环境营造和产业联动、复合、集成发展，重视产业之间、产业与就业之间、经济建设与社会建设、城市基础设施建设与服务之间的融合。更加强调产业发展环境建设，通过营造宜居、宜业的城市环境吸引高端人才集聚，提升城市产业综合竞争力。产业发展更加强调低碳、绿色以及环境友好，产业结构呈现节能和环保趋势，注重城市的可持续发展和环保形象，强调绿色产业、绿色交通、绿色建筑和绿色生活方式，引领绿色时尚。

资本创新下能够创造出多元创新城区。2014年5月，美国布鲁金斯学会发布《创新城区的崛起：美国创新地理的新趋势》研究报告，提出了"创新城区"的新概念。认为创新型城区主要分为三种模式，"支柱核心"模式、"城市区域再造"模式和"城市化科技园区"模式。

第一种模式一般位于中心城市的中心区，特征是在主要的支柱性创新机构周边，集聚大量参与创新的商业化公司和延伸企业，形成大规模的混合功能开发，如亚特兰大中心区。2008年国际金融危机以来，全球以金融业发达而位居高能级的城市纷纷转而培育创新、创意中心功能。2007 ~ 2011年，在全美主要创新城市风险投资下降的同时，在纽约的风险投资上升了34%，如今已成为美国最重要的创新中心之一。曼哈顿下城更因新媒体产业的崛起形成新的创新集聚区"硅巷"。2012年奥运会之后，伦敦大力促进科技创新与文化创意的融合，提出"城市战略机遇空间"概念，如原遭废弃的Shoreditch已转型成为一个繁荣的高科技地区，容纳了3200家科技公司，产生4.8万个就业岗位。

第二种模式一般依托城市滨水空间，历史上被工业或仓库占据的滨水区经历了经济结构与物理空间的转型。便利的交通体系为其提供了区位优势，比起附近地价高仰的中心区，具有明显的成本优势，丰富的历史建筑遗存和滨水岸线提供了独特的文化和景观环境优势，上述因素与文创、研发、商务机构的进驻，共同推动了区域的创新发展。布鲁克林海军码头区、波特兰珍珠区以及波士顿的南岸区都是这类地区的典型代表。

第三种模式一般位于城市郊区甚至远郊区，北美这些以往因城市蔓延而成的地区，通过增大密度以及引入一系列零售商业、酒店以及科技或商务园区等新功能，提高了城市化水平。北卡罗来纳创新三角区域，作为美国20世纪最具有标志性的研发型校园之一，是这类模式的典型代表。其战略规划方案中提出新增一个具有活力的中心区，增加居民住房、零售业以及轻轨交通体系，从而避免了依赖小汽车所造成的隔离性环境。

11.4.6 生活方式创新："生活得更好"一直是城市创新之源

过去数千年人类文明发展不断催生着生活方式的变迁——城市化和逆城市化都是由于人们对于生活方式的不同诉求所引发的对于截然不同的城市空间的追求。而其实无论何时何地，人们追求舒适、安全且具有活力的生活空间的愿望并未发生改变，不管是城市中心还是郊区，只要能够提供吸引人的空间环境并一直保持空间品质，便能吸引人群，甚至创造出生活方式的新地标。许多城市中心区的复兴规划便是很好的佐证。1870 年巴黎城市改造，直接催生出“林荫大道 + 露天咖啡馆”的文化生态，引领了全球文化人的集聚和世界文化之都的形成。

空间创新的趋势——设计面向未来。规划和设计从来都不只是现在进行时，我们规划和设计的城市空间不仅要服务当代，更要面向未来的城市、未来的使用人群和未来的生活方式。空间创新不是制造“空中楼阁”，空间创新的几个趋势包括功能融合（SOHO 综合体、Business Park 商务花园等）、空间超体验（迪拜购物中心室内滑雪场、新加坡金沙酒店屋顶泳池等）、空间灵活弹性（功能流动、“开源”的社区等）、绿色基础设施（雨水花园、分布式能源）等。创新的功能融合和空间体验调动了参与性、提高了吸引力，而空间的灵活弹性和绿色生态则保证了空间的持久生命力。

[实践案例：建设一个城市的活力中心——义乌国际文化中心城市设计]

义乌是全球最大的小商品集散中心，被联合国、世界银行等国际权威机构确定为世界第一大市场。随着义乌与世界各地的贸易往来日益繁荣，不同的文化在这座小城中交融汇聚。逐步开放的贸易和文化必将加速义乌的城市发展，改善人们的生活面貌，继而影响整个城市未来的建设愿景。

在过去快速的城镇化发展进程中，义乌形成了高密度的城市空间。然而日益增长的不仅有城市密度，还有人们对高品质文化、休闲娱乐场所的需求。义乌国际文化中心的出现恰好弥补了公共领域的匮乏，它像荒漠中的一片绿洲，为单调的城市图景增添了跳跃的色彩，为城市公共生活的潮流变迁提供灵活的空间载体。

义乌国际文化中心选址于义乌江畔，与北部几近建成的金融中心隔江相望，西邻体育中心，东接国际会展中心和现代城居住社区，地块内规划建设包括剧院、音乐厅、美术馆、博物馆、文化综合体在内的一系列公共文化设施和配套商业设施，新的城市中心区呼之欲出，文化中心即将成为点睛之笔。

规划大胆地提出了建筑空间景观融为一体、螺旋向心的方案，在“包容、欢快、生态”总理念的指导下，围绕基地中心的人工湖，以“综合体”的形式规划设计了一系列形态富于创意和变化的公共文化建筑和商业建筑，极具未来感。规划将多种形态的公共空间、多种功能的公共服务建筑紧密结合、巧妙搭接，通过功能的充分融合吸引不同年龄、不同需求的使用人群，从而丰富了公共活动种类、增加了使用时间跨度，继而充分激发城市公共文化空间中多元文化和生活的交流与碰撞，迸发城市活力。另外，规划切实贯穿生态技术景观化、建筑景观生态化的设计理念，通过生态技术展示馆、引水湿地、雨水调蓄、排水湿地串联形成景观展示带以及绿色建筑的全面覆盖，让生态发展的理念体现在文化中心的每个角落，以形成真正面向未来的区域地标（见图 11-11 ～图 11-13）。

（编制单位：中国建筑设计院·城市规划设计研究中心。
主要编制人员：杨一帆、赵彦超、杨凌茹等。）

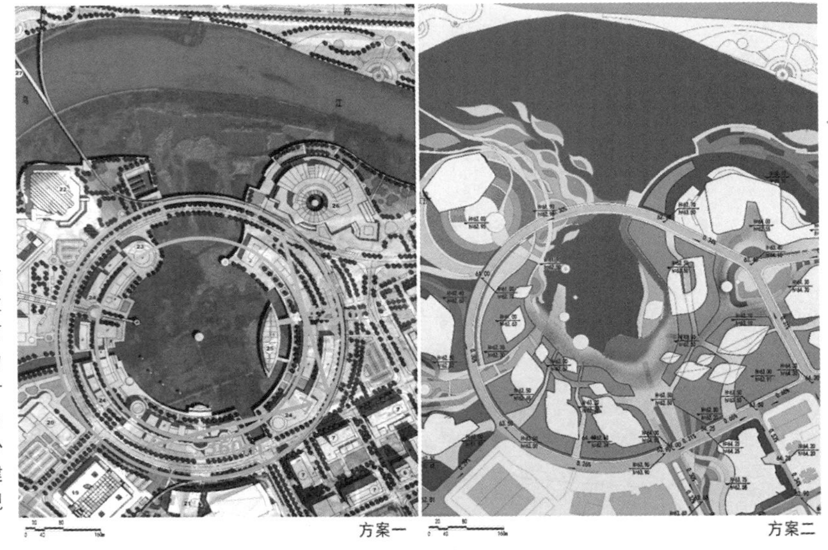

图 11-11 义乌文化中心城市设计方案对比。左图为 2003 年城市设计方案，右图为 2014 年城市设计方案（图片来源：义乌国际文化中心城市设计，中国建筑设计院·城市规划设计研究中心）

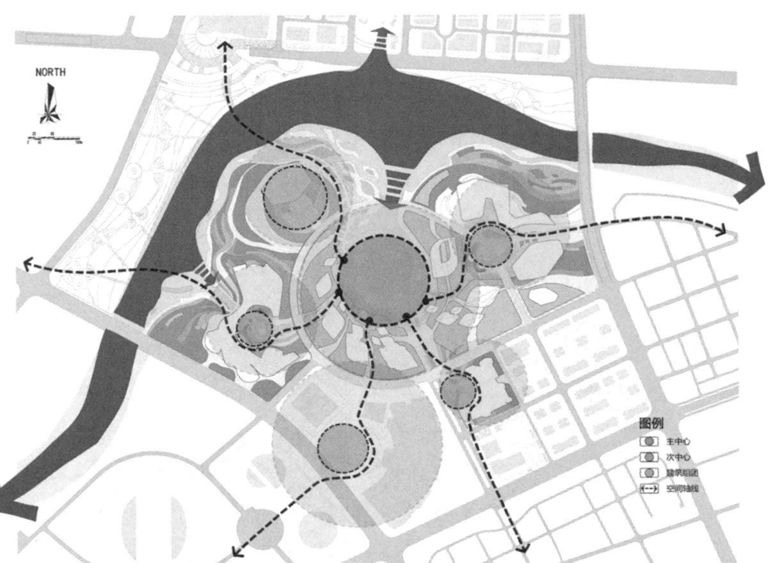

图 11-12 义乌文化中心公共空间系统（图片来源：实践项目，中国建筑设计院·城市规划设计研究中心，义乌国际文化中心城市设计）

图 11-13　义乌国际文化中心鸟瞰图（图片来源：义乌国际文化中心城市设计，中国建筑设计院·城市规划设计研究中心）

图12-1
图12-2
图12-3
图12-4
图12-5

第12章 把设计转化为行动

Chapter 12 Translating Design into Actions

导言

Introduction

城市设计首先是城市建设各利益攸关方达成规划设计共识的平台，其次才能转化为约束城市建设各参与方的契约——管理平台。因此，城市设计的有效性围绕两个核心内容：第一，是否能够达成最广泛且有前瞻性的规划设计共识；第二，能否准确地把共识翻译成有约束力的管理文件并建立实施机制。

Urban design is primarily a platform wherein related parties of interest reach their consensus. Only after consensus is made can urban design become a governing instrument that bonds all parties who have entered a formal contract to build their city. Consequently, evaluation of urban design's validity includes two main aspects: first, whether a design can achieve the most extensive and foresighted consensus, and second, whether the design can be translated into binding documents and form an effective administrative mechanism.

图12-1 青海玉树震后受灾情况实景（图片来源于网络）

图12-2 青海玉树康巴风情街城市设计效果图（图片来源：玉树康巴风情街城市设计。中国城市规划设计研究院和中国建筑设计院）

图12-3 青海玉树康巴风情街建成实景照片（图片来源：玉树康巴风情街城市设计。中国城市规划设计院和中国建筑设计院）

图12-4 作者向青海玉树康巴风情街灾后重建业主代表解释城市设计方案（图片来源：会议现场照片）

图12-5 青海玉树康巴风情街灾后重建业主代表参与访谈和设计，规划师向当地群众了解意愿和要求（图片来源：作者自摄）

12.1 物质形态反映利益格局

城市的空间和形态反映城市生活的需要，是城市各利益攸关方相互斗争妥协的结果，是各方意志的物化表现。城市设计是通过规划设计技术手段直观再现这种博弈，指引各方达成共识的理想工具。

城市设计是联系策划决策阶段与建设实施阶段的纽带。城市设计高度重视城市历史演变规律、经济发展需要、政策方针导向等影响城市发展的内在因素，通过运用包括城市职能、生态系统、交通体系、景观设计、环境评估等外延分析方法，解读场地特征、挖掘地段价值、提升环境品质、解决基层需求，最终形成编制阶段的城市设计决策成果。

运作阶段以城市设计编制阶段形成的决策为基础，通过经济学、社会学、法学、管理学、信息学等学科辅助，结合市场预测、行政组织、项目融资、公众参与等方式辅助政府决策部门将相关政策施加于城市建设中，在市场机制与政府机制的共同作用下，通过城市设计的引导和控制，达成城市发展目标。

城市设计是利益攸关方达成共识的途径。它首先不是追求美，而是追求“城市生活之幸”，它不仅渗透了城市形态的塑造，还需要追求对公权与私利的平衡、城市的健康发展和持续的活力。规划师通过制定规则对建设过程形成干预，以达到平衡的城市之美。如北京市保险产业园（见图 12-6），方案通过设计手段，最大限度利用现有道路资源，挖掘次干路和支路的交通服务能力，合理分配公共交通、机动车、停车、自行车和行人的道路空间（见图 12-7）。

[实践案例：人本设计思维——北京保险产业园城市设计]

通过纹理路面、交通渠化、减速设施等稳静化设计[①]手段，提高交通组织效率和舒适度。对机动车道路材质进行调整，以降低园区内车速，既减少了外部车辆对园区的穿越和干扰，又保障了园区内步行活动的安全与舒适（见图 12-8）。上述案例说明了在有限的道路空间中不是所有的需求都应该和可以得到满足。城市设计要恰当处理公共资源的分配，兼顾效率与公平。城市建设者要把“公交优先”和“以人为本”等发展理念落实到实际规划和建设中去，不一定都采用立体的人车分流等“大工程”手段，而综合考虑交通、土地利用、景观、街道设施等因素，通过“精细化设计”在多数情况下能起到更好的效果。（编制单位：中国建筑设计院·一合中心与城市规划设计研究中心。主要编制人员：于海为、杨一帆、刘超、李茜等。）

---

① 稳静化设计：交通稳静化是道路设计中减速技术的总称，即通过道路系统的硬设施（如物理措施等）及软设施（如政策、立法、技术标准等）降低机动车对居民生活质量及环境的负效应，改变鲁莽驾驶为人性化驾驶行为，改善行人及非机动车环境，以期达到交通安全、可居性、安全性目标。

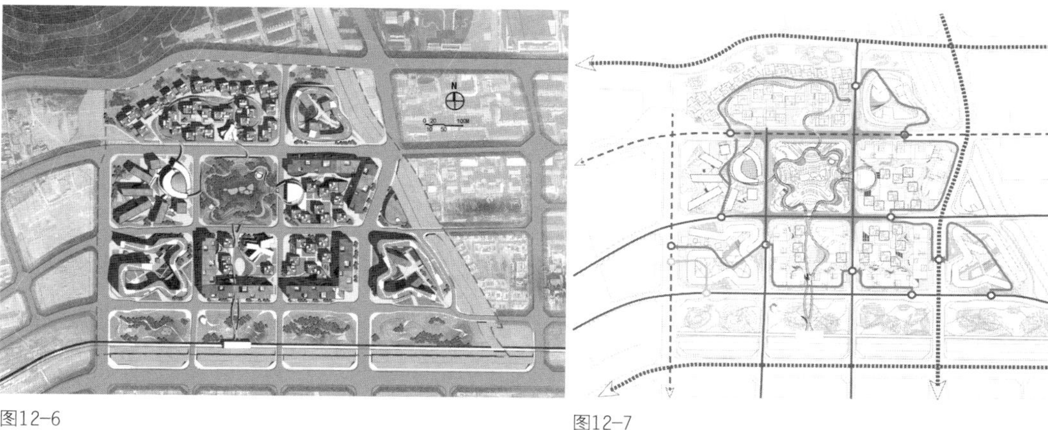

图12-6　图12-7

图12-8

图 12-6　北京保险产业园核心区城市设计规划平面图（图片来源：北京保险产业园核心区城市设计，中国建筑设计院·一合中心与城市规划设计研究中心）

图 12-7　北京保险产业园核心区城市设计园区道路交通规划图（图片来源：北京保险产业园核心区城市设计，中国建筑设计院·一合中心与城市规划设计研究中心）

图 12-8　北京保险产业园核心区城市设计道路断面稳静化设计图（图片来源：北京保险产业园核心区城市设计，中国建筑设计院·一合中心与城市规划设计研究中心）

城市设计常以追求城市之美的方式出现，除了因为美蕴含着一定和理性外，还因为城市之美本身就是城市各利益攸关方重要的共同利益。城市设计中充满了理性与感性的交织，以追求城市之美的名义号召各利益攸关方，易于达成共识。

12.2 达成与强化共识

12.2.1 利益攸关方的关切

城市设计给社会发展带来的价值是多层次、多维度、综合性、长效体现的，涵盖社会、经济、环境诸多方面。对于受城市设计影响的利益群体而言，这意味着不同的成本支出和利益获得。参与者之间的利益博弈决定了城市设计过程的最终成效，因此通过政府干预来调节城市设计各利益攸关方的成本与收益分配，弥补市场对公共资源与利益分配的缺失，对于促进城市设计的良性运作具有重要意义。如果将城市设计涉及的参与主体划分为社会大众的“公众利益”、自然资源的“环境利益”、政治家的“政治利益”、投资者的“经济利益”和不同社群的“民族和历史文化诉求”五类，那么五大利益集团关注城市设计运作的缘由趋向于三个方面：首先，以满足城市投资者利润需求的经济利益。经济利益主体往往追求的是在合理的风险下，如何获得最大的经济回报。投资者之所以关注城市设计，主要是希望能够因此获得更多的开发权或便利，促进房地产的销售或者提高地产价格和租金。其次，以改善城市使用者生存环境的公共利益。公共利益主体包含了社会公众、生态环境和政府的利益。公共利益高度关注城市设计，是希望通过政策和法律的手段保护广泛的公共权益，为开发行为划清“底线”，避免为盲目追求经济利益对环境带来的不利影响。但是当经济目标与社会、环境目标发生冲突时，政府往往难以处理其间的矛盾。最后，以保留乡土和文脉为主的文化利益。文化利益主体由于将直接承受开发带来的各种影响，通常以保守的态度高度警惕地关注城市设计的动向，以防止无视文化利益的开发造成的无法挽回的后果。事实上，文化利益常常没有影响开发决策的作用，无法左右城市开发决议。

邹德慈（2009）曾提出“城市发展首先是公共利益，公共利益应该是政府首要保障的利益，这部分利益是宏观的。第二是私人的利益，不仅是房地产开发企业，还有经济领域很多企业与个人，它们的利益是局部的，或者说是微观的。由于利益的不同，考虑的角度不同，视点就会不同。房地产开发商首先关注的是经济回报，老百姓关注各种生活所需，人民大众的利益可能还要分成个人和群体。因此，为了更好地促进城市设计的有效运作，公共利益的重要代表——执政者和规划设计者，需要在规划决策或设计制定的过程中充分考虑不同利益主体的需要，通过广泛的公众参与获取来自社会各方的意见，并加以调节和整合，从而为城市设计项目的具体实施铺平道路。”

把城市设计作为统合各利益诉求的空间棋局，有利于城市设计师和决策者、各参与方达成共识，进而形成行动准则，最终按照契约精神逐项落实这些共识。规划的制定者通过将城市设计融入法定规划来限制不合理的个人利益述求，平衡公众利益，例如规划条件

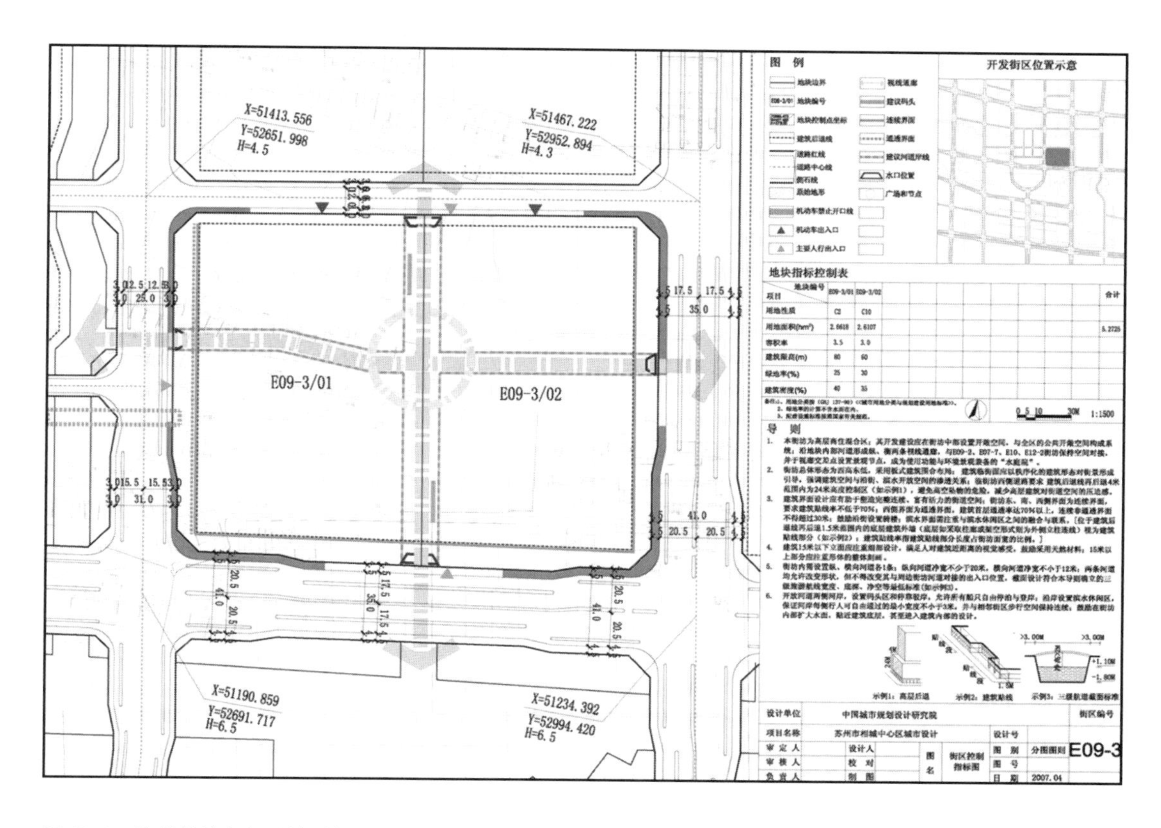

图 12-9　苏州相城中心区城市设计导则（图片来源：苏州相城中心区城市设计，中国城市规划设计研究院）

作为土地出让合同的重要组成内容，合同一经签订生效，具有法律效力，将直接对投资者的建设行为产生约束。

[实践案例：城市设计条件作为规划管理重要依据——苏州相城中心区城市设计导则]

《苏州相城中心区城市设计》是我国少数有独立立法权的城市对传统控规的创新研究，即通过城市设计控制图对控规图则进行建筑形态的补充，并赋予城市设计控制图类似于控规图则的法律地位，用于指导提出规划条件和核发建设工程规划许可证。城乡规划主管部门根据控制性详细规划、城市设计导则提出规划条件（见图 12-9）。

（编制单位：中国城市规划设计研究院。
主要编制人员：杨一帆、朱隋隋等。）

12.2.2　多专业的介入

城市既然是一个多方利益角力的场所，那么需要用多专业的手段去分析多方主体的需求。传统的城市设计不太注意区分利益的问题，仅仅是技术性的安排，把城市当作一部机器，依次安排道路系统、绿地系统、功能分区等。现代的城市设计注意各种利益的协调问题、公共政策的问题。城市设计是一项科技工作，也是一种社会性的工作。约翰·M·利维指出“人不一定要懂得规划历史本身，但他一定要将规划放在历史和意识形态的背景下来分析”。对城市进行研究就要求研究城市的历史，研究它的发展动力，研究它的多样性和内在规律，包括社会、经济、环境、政治等方方面面的影响。研究城市应该关注城市的历史以及它的发展动力，研究它的多样性和内在规律，包括经济、社会、环境、政治等各方面的影响。对城市研究越透彻就越能减少盲目的判断与决策，既需要长期经验的积累，也需要多专业参与的客观分析。

[实践案例：通过四种评估工具进行方案校验——北京商务中心区东扩区规划提案]

中国城市规划设计研究院提出的北京商务中心区（CBD）东扩区规划方案围绕城市功能的7个主题区域各规划一个公共中心，每个中心根据空间要素分析形成了各有特色的功能分区和建筑空间，再通过功能的互动和空间的联通，形成完整的公共领域系统。另外，方案对十二种场地空间要素进行详细分析，通过四种量化评估工具对方案进行反复对比校验和优化（见图12-10）。其中运用空间句法模型对过程方案的空间活力进行校验，为最终方案的形成提供了技术支持；分析CBD交通特点，采用“轨道＋步行”的模式改善交通运行状况；通

图12-10 北京商务中心区东扩规划四种量化评估工具图（图片来源：北京商务中心区东扩区规划，中国城市规划设计研究院与北京市气象局、Space Syntax公司等）

图12-11 北京商务中心区东扩区规划提案平面图（图片来源：北京商务中心区东扩区规划，中国城市规划设计研究院）

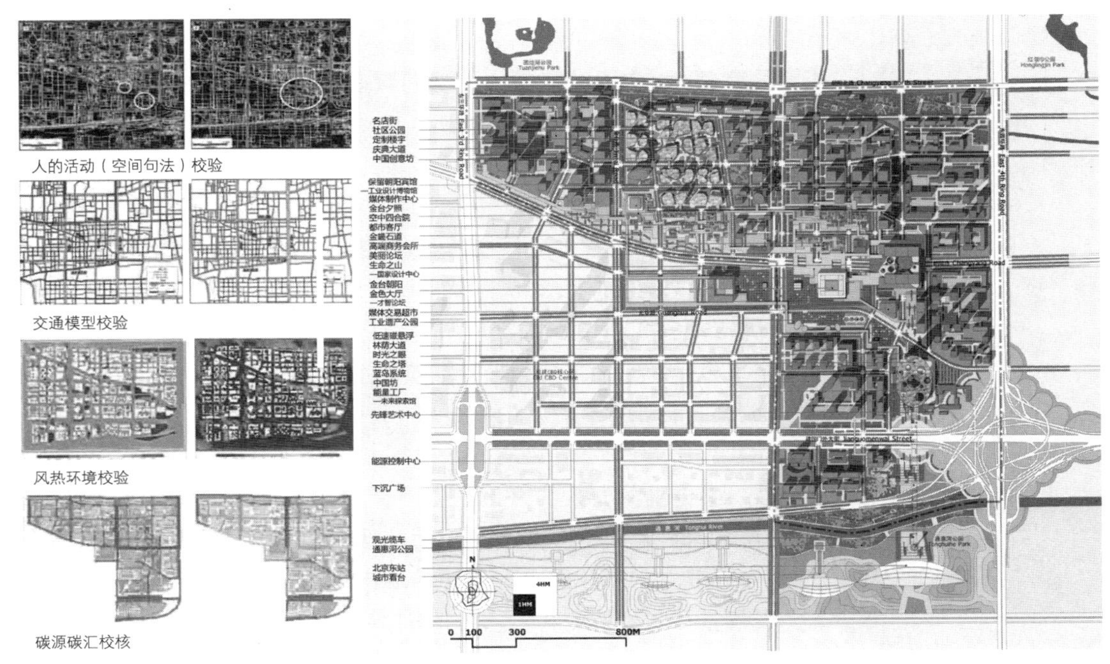

图12-10

图12-11

过优化用地布局和建筑组合，利用绿地构造风廊，改善微气候，通过生态隔热雨水利用系统等新兴技术缓解热岛效应；采用节能建材、新型围护结构和分布式能源、集中供热等节能技术及措施，使碳排放总量减少约 20%（见图 12-11）。

（编制单位：中国城市规划设计研究院。主要编制人员：邓东、杨一帆、伍敏、肖礼军、胡耀文、刘继华、盛志前、桂萍、Tim Stoner、陈岩等。）

12.2.3　谈判

或许城市发展最确定的就是它的不确定性，而正由于不确定性的存在，才赋予城市建设的各参与方巨大的谈判空间。城市设计可以被用作规范谈判过程和量化谈判的空间工具。城市设计作为控制城市空间形态的手段之一，一方面城市设计者需要全程参与，帮助各利益主体达成共识，并持续地指导建设实施；另一方面，以城市设计为技术支撑的谈判过程有利于推进方案设计，起到提升场所品质的目的。

城市设计中的“底线”——城市设计者以基本的公共利益为设计谈判的底线。例如关系到城市公共安全的防洪标准，防火间距；保障市民基本生活质量的绿地空间，医疗、教育等公共服务设施用地，保护和传承城市历史文化的文物保护，历史街区保护要求等。这个“底线”随着人们对生活标准、文化述求等要求的提高，和不同地段的特殊性也会有所变化和不同。但无论如何，城市设计者在代表公共利益参与规划设计谈判时，一定要对该项设计的谈判底线有清晰的认知——底线是不可突破的。

城市设计的“谈判空间”——城市设计中可以商榷的内容，所涉及的不是公共核心利益，而是公共局部利益与个人利益的有限冲突，或是群体与群体之间的偏好问题。谈判空间的标尺左右滑动，来回博弈，最后落定的过程是城市设计谈判的魅力所在。优秀的城市设计者应该是一个具有公信力的谈判高手，而谈判内容和结果应该以某种成文的形式固定下来，成为一份城市的“空间契约”。例如，20 世纪 70 年代起美国很多城市对于城市文化、景观给予了越来越多的关注，希望能够通过城市开发创造具有特色的生活环境，反对以单调的手法形成所谓的“统一景观”，所以较大规模的社区开发案一般会召集较多的建筑师共同参与，制定从建筑高度、外墙色彩、窗户规格到屋顶坡度、立面划分的设计导则，在不影响各利益群体核心利益的前提下，形成整体风格统一、内部形态多样的城市风貌，并用区划（Zoning）和城市设计导则（Urban design guideline）的形式确定下来，控制和引导城市建设。其中区划（类似于我国的控规）主要规定刚性或者说“底线”的内容，而城市设计导则主要规定了弹性的、鼓励的、引导性的内容。在一些对城市形态和风貌要求很高的案例中，城市设计导则的一些关键要素要求，也被作为刚性条款严格执行（例如后文谈到的纽约炮台公园城综合开发）。鉴于区划管制与城市设计的各自优势与不足，我国很多城市根据管理需要形成了以城市设计成果辅助控规（类似于美国的区划管制）的控制方式，以兼顾环境建设的质量与开发管理的效率和公平。作为城市建设指导文件，城市设计成果应具有适当弹性，要能够适应市场机制作用下实施环境和对象的动态变化，做到“以变制变”。城市设计文件应该包括刚性规定和弹性指导两类。刚性规定主要是对涉及公共利益“底线”的城市设计核心目标的一贯坚持，如对城市公共设施和公共空间用地的规定，必须严格遵守，一般以政策、法规和控制指标的形式出现；弹性指导是对设计的意向引导和建议，并不构成严格的限制和约束，允许在符合指导原则下的设计发挥，以图、导则的形式出现。

12.3 两种典型机制：市场机制与政府机制

12.3.1 市场的作用：市场资源的配置

市场是引导城市资源配置的强大力量。由利润最大化和效用最大化的动机在市场机制下的竞价过程，在交易中确定价格，并最终成为引导资源配置的风向标。这一价格配置机制带来了向下倾斜的土地租金曲线和房价曲线，金融、商业、住宅、工业等功能所能支付的价格在这条下行曲线上滑动，决定他们在城市空间中所能占据的区位、规模甚至形态。但是，市场并不是万能的。当市场驱使个人或企业做出不利于社会福利最大化的行为时，市场就成为一股阻碍社会发展的力量，称为市场失灵。市场失灵的主要表现包括：一个或几个企业对某一行业的集中垄断；资源过分集中于某些近期内高收益的产品生产导致另一些必要产品过度短缺；以利润最大化为目标的企业无法提供充足的公共用品；市场无法为弱势群体提供有效服务。极端的例子如美国汽车业高速发展时期，三大汽车公司合谋收购了汽车之都底特律的公共交通系统，并故意将它废弃。这加剧了贫富矛盾和加速了城市中心区的衰败，如今的底特律中心区成了著名的恐怖之都。

利用市场机制的城市设计。19 世纪上半期，纽约从一个步行城市，循着 1811 年规划留下的简洁的方格网道路体系，和市场主导的城市空间资源分配机制，通过改变容积率和土地承载力，逐步从教堂主宰的天际线发展成以金融和国际总部占据的摩天大楼为典型标志的现代大都市形象（见图 12–12）。

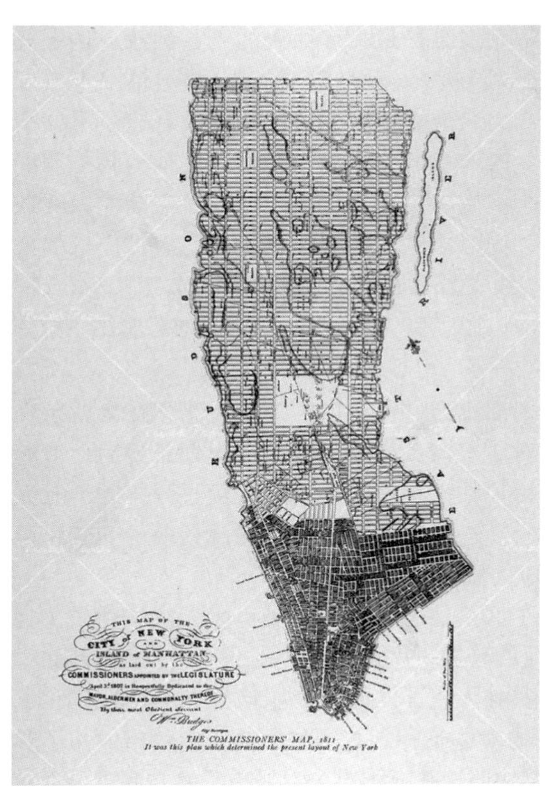

图 12-12 1811 年纽约曼哈顿岛道路网体系（图片来源：http://www.travel-studies.com/geography-nowhere/new-york-1811）

对于大多数城市来说，早期的城市形态大多是自然衍生的结果。微观经济组织（如家庭）的规模和活动方式决定了城市街道纵深和地块尺度。由于人类活动强度的增加，尤其是工业化和市场经济的作用，人们对效率的追求越发强烈，不断挑战城市空间、形态和容量的极限。以经济需求驱动不断攀升的城市空间需求为面，以不断提升的资本和技术能力为水，相互交融，面多了加水，水多了加面，城市走向非人性所愿的巨型化方向。

市场机制下，对城市空间资源的配置是综合和复杂的。拿道路与土地的关系来说，在计划经济条件下，不存在土地市场，道路的目标就是满足交通需求，而用地则服务于土地的使用功能，于是我国形成了大街区、宽马路。但是在市场经济条件下，道路等基础设施的投入，要通过土地增值得到回报。道路的效率是从土地的价值中体现的，在这里道路和用地的供给评价标准就不再是相互独立的，而是相互关联的。道路和街区不是越大越好，而是如何用最小的道路投入获得最大的土地产出。道路提供的最终目的是土地的升值，更好的交通只是实现这一目的的中间手段（赵燕菁，2002）。

12.3.2 政府的作用：配置公共资源、制定公共政策和保障市场运行

市场不是万能的，尤其是很多重要的公共目标无法依靠市场的力量来达成，因此大多数公共设施和服务由公共部门提供。例如道路建设、公园的维护、环保等。这些直接由政府主导提供公共产品的行为只是政府作用的一个方面。在城市建设中，政府的作用主要体现在三个方面：第一，主导财政、土地、水、自然资源等公共资产的配置，直接为城市提供公共产品。第二，制定公共政策维护城市、乡村的良好运行，甚至必要时使用强制手段维护公共利益。例如颁布环境保护条例，拆除违章建设等。第三，维护健康的市场秩序，引导或支撑市场的发展，甚至直接参与市场运行。例如制定房地产交易规则，推动新的产业园区建设，主导招商引资，推动地方经济发展，公私合营推进保障房建设等。由此可以看出，政府既是规则的制定者，又是一些具体建设行为的参与者，既当裁判，又当球员。正是这种特殊身份要求强化社会对政府行为的监督，同时政

府也应约束自己，坚决地站在维护最大多数人的公共利益立场上行事。另外，政府应把自己对市场的干预降到最低，多数情况下市场配置社会资源的效率更高，只有在市场失灵的情况或有违公平的情况下，政府才直接介入。政府机制的主要问题经常表现为政府职能使用过度、无效和不作为。政府主导规划或参与建设活动应以实现公共利益最大化为目标，同时应顺应客观经济规律，促进广泛的公共参与，避免出现只体现决策者个人意志的城市建设蓝图。

12.3.3 规划设计的维护

城市设计与城市规划都应当进行定期的评估。比如在出让条件中加入城市设计条件，对建筑竣工验收阶段核实规划条件后，对城市设计和建筑设计进行后评估，反思整个规划管理过程，并不断完善规划管理制度和机制，动态地完善相邻地区的规划条件和建筑设计要求，并及时更新相应的城市设计导则。

1916 年，纽约出台了区划法案，旨在遏制恒生大楼式建筑（见图 12-13）贪婪攫取空间的趋势，倒逼建筑师对设计手法进行创新，对公众利益进行充分考虑,并形成了以帝国大厦为代表的建筑造型（见图 12-14）。1961 年，作为对建筑师创造力的回应，纽约市颁布了奖励机制法案，当建筑方案按照法案要求充分对城市公共空间进行退让和设计，他们将因此而得到加建 20% 建筑面积的奖励。但由于法案中未明确公共空间的经营方，很多高层建筑将消极空间进行简单装饰，所谓的“广场”形成了城市公共安全隐患死角。纽约市政府 1976 年

图 12-13 俯瞰纽约华尔街（图片来源：作者自摄）

图 12-14 纽约帝国大厦（图片来源：作者自摄）

图 12-15 纽约花旗银行大厦（图片来源：http://www.027art.com/art/hyys/192027.html）

图12-13

图12-14

图12-15

时意识到了这一点，调整了原法案，要求退让的公共空间由遵守配套规范的开发商经营，规定了公共空间的朝向并与城市街道的公共空间进行整体设计，对公共空间的配套设施进行了详细规定。法案的调整令后来建造的大楼（包括1976年的花旗银行大厦）注意设计其出让的空间（见图12-15），诞生了一批生机勃勃的街头休闲场所。正是纽约不断评估城市设计影响城市建设的机制，才使得纽约的城市空间建设不断提高品质。

另如纽约做的PlaNYC规划，每年都发表进度报告，每5年会更新一次。而波特兰城市增长边界的编制，要求每5年进行评估，根据评估确定城市增长边界需要扩张的区域。波特兰通过自下而上的对规划体系的动态维护，不断地通过城市片区规划，更新调整城市总体规划及区划的条文。在片区规划通过城市议会的审批之后，随即就进行对总规条文的修改，从1980年到2011年，每年都至少有一次修改，而1996年对于总体规划的修改多达6次。对规划的长期修改并没有丧失规划的严肃性，而是通过更新法案条文使规划得到动态维护，不断适应城市发展需求的变化，从而维护了规划的合理性，维护他的权威，最终是维护规划的正义性和合法性。要达到这一点，规划动态维护的程序正义和公共监督作用能否有效发挥是关键。

《中华人民共和国城乡规划法》要求“应当组织有关部门和专家定期对规划实施情况进行评估，并采取论证会、听证会或者其他方式征求公众意见”。规划法中没有对评估周期进行要求，在实际操作中，规划评估往往只是政府修编规划的理由，而没有真正起到积极推进规划完善的有效途径。其实，在规划法提出规划动态维护的要求后，地方行政机构应进一步细化和明确适用于本地的动态维护的目标、程序、工作内容和执行标准，使规划设计的维护实至名归，有效运行。

波特兰对于城市增长边界的修改有着明确严格的修改程序，第一种是最严格的按照每五年一次的评估进行的修改，第二种是需要增加大量用地进入增长边界的程序，第三种是增加少量用地进入增长边界的程序。明确的修改程序保证了城市增长边界的严肃性与适应性的统一。

由于《中华人民共和国城乡规划法》中现行规划体系和城市设计关系不明确，导致城市设计对法定规划的辅助和支撑作用不明显，20年年限的总体规划缺乏与其他规划的对应修改程序，也缺乏城市总体形态的控制。住房和城乡建设部的课题《建筑设计方案确定的体制和机制》中提出了以“总体规划、控制性详细规划、修建性详细规划”为主线的法定城市规划体系，完善与之并行的城市设计机制，从“城市、片区、地块”三个层次，补充编制城市设计专项，以保证规划可以从多专业、不同层次的角度对法定规划进行论证和修改，通过制定法定规划与专项规划对应的修改程序，有利于实现规划严肃性和适应性的统一。如在《绵阳御营坝热电厂周边地区城市设计》中规划范围由石塘片区和御营坝片区组成，两片区控规由于编制范围有交叉重叠（面积约20公顷），在片区交接处的道路交通、用地权属及各配套设施缺少衔接与整合，造成了配套设施配置不均且不成系统，城市设计将两片区控规中既有公共服务设施进行了梳理和重新配置，并在城市设计控制图中对重点建筑、视线视廊、界面连续性作出定性要求，以塑造片区空间结构，提升公共空间活力和环境品质，对已批控规从形态、功能、公共服务设施配置和道路交通整合等方面进行了反馈（见图12-16～图12-18）。

12.4 从战略到措施

城市设计战略是一个具有远见的共同行动纲领，经过了自上而下

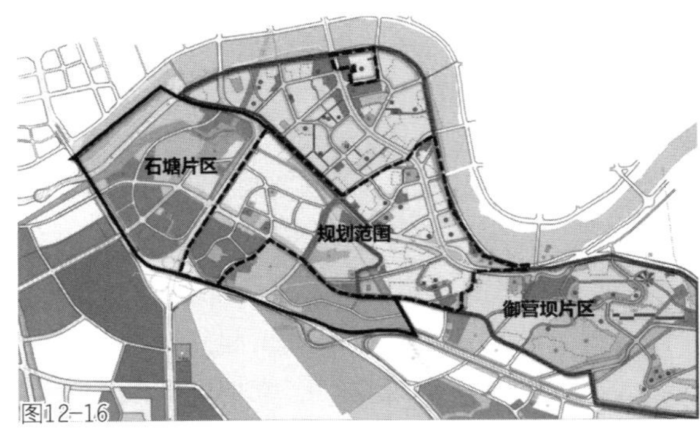

图12-16 绵阳市两个城市片区控规叠加图（图片来源：绵阳市御营坝热电厂周边地区城市设计，中国建筑设计院·城市规划设计研究中心）

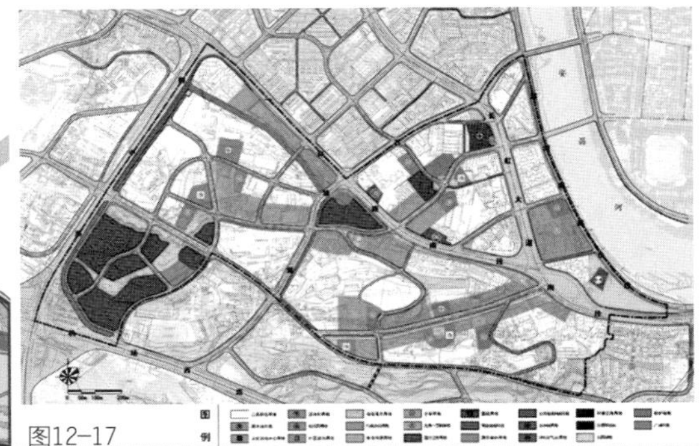

图12-17 绵阳市御营坝热电厂周边地区规划调整后的用地图（图片来源：绵阳市御营坝热电厂周边地区城市设计，中国建筑设计院·城市规划设计研究中心）

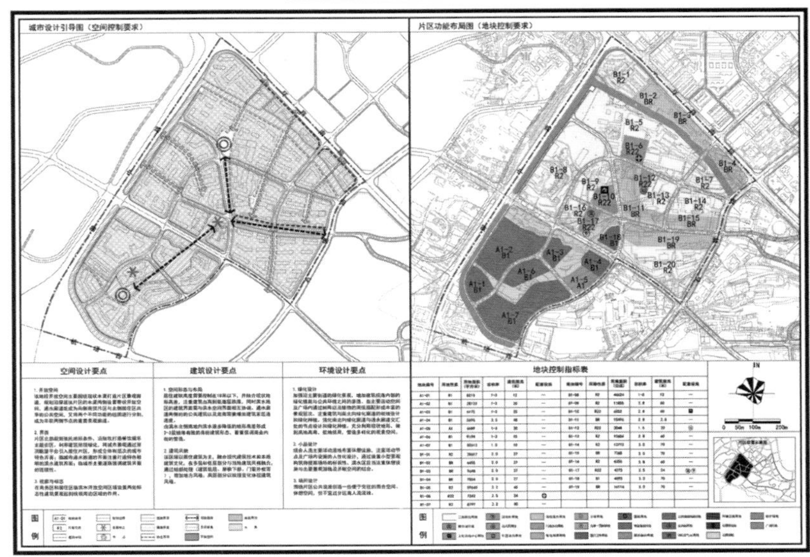

图12-18 绵阳市御营坝热电厂周边地区城市设计导引图。项目保证控规刚性配置要求不变，通过城市设计对控规用地布局进行优化，并对公共空间连续性和公共建筑的可见性进行重塑（图片来源：绵阳市御营坝热电厂周边地区城市设计，中国建筑设计院·城市规划设计研究中心）

与自下而上互动的达成共识过程，它还需要不断根据实施情况进行动态的评估与调整。城市总有值得把握的战略机遇期，在不同经济社会发展时期和城市发展阶段，应制定适合时代与地方发展背景的设计战略，通过城市设计帮助城市更好的把握战略机遇。

[公共政策的战略指引——《纽约 2030》]

《纽约 2030》设立了十大目标，都可以执行和量化，并向公众公布，鼓励大家来一起讨论，主要围绕对纽约发展产生关键影响的要素，例如土地、水（包括给排水系统）、交通与道路的维护、绿色能源体系、空气质量、气候变化等。而要使规划符合真正城市发展的趋势，应该编制能够实现长时效、跨领域、多部门的综合性城市可持续发展规划，这虽然要挑战现有的机制、体制，但有利于城市政府相关政策保持一致性和连贯性。《纽约 2030》提出规划必须强调长期性、公共性、服务性、技术性等特点，才能使有关城市可持续发展的问题得到最大范围的响应和最大程度的参与。对照这些软件层面的目标，编制者认为纽约差距巨大，今后不仅要为政府制定工作性规划，同时要为企业提供行动导则，为学者提供研究总纲，为大众提供行动参与指南，为此编制了 127 项策略行动方案，每一个方案都会落实到具体的部门进行具体的责任、步骤、资金的落实和监管。纽约还定期编制后续的规划执行报告，每年梳理城市发展的相关目标，向所有市民公开执行情况。他们还在 2007 年编制总体规划之后深入进行了多项专项研究，包括公共健康、节能规划、温室气体排放、可持续管理规划、气候变化风险研究、绿色经济规划、湿地保护规划、绿色建筑规划等。

12.4.1　传统管理工具

纽约有着长期的城市设计传统，以融入了城市设计的区划法作为纽约的公共政策之一，以区划为基础建立审查和奖惩制度。纽约的城市设计要求辅助区划法的实施，致力于保障公共空间环境质量，体现在保护地标建筑、支撑大项目和下城复兴战略等一系列实践活动之中，强化了纽约作为全球金融和文化中心的地位。

区划（Zoning，我国控规编制体系的形成很大程度上借鉴了美国区划的思想和方法）是规划控制的技术工具和法律手段，政府通过《区划法》明确土地使用功能、开发强度和建筑体量，以此对土地利用进行公共干预。

传统管理工具多体现对基本公共利益的保障，如对建筑后退道路红线、容积率、绿地率、停车数量、公共服务设施的规定。区划对控制纽约环境恶化、维护公众利益起到了不可或缺的作用，但也随之产生了很多始料未及的问题。其中最为突出的负面结果是产生了单调乏味、缺乏生气的城市空间。美国第一部区划条例出现于纽约，制定的目的在于能使街道至少获得最低限度的阳光，以及分隔那些不相容的活动。区划规定了每一用途区的建设内容，降低不相容活动的相互干扰。规定建筑了“退缩线”，以使阳光洒满街道，空气和光线进入室内。简·雅各布斯（J·Jaocbs）在1960年对这一做法提出了严厉批判，指出城市的多样性、令人喜悦的活泼气氛常常被区划的粗糙指标和过于严格的功能分区和土地使用分类所损害，产生了极为单调甚至危险的空间。

图 12-19 纽约摩天楼典型的“生日蛋糕”式退台结构（图片来源：作者自摄）

图 12-20 纽约曼哈顿区各时期区划技术对其建筑体型的影响（图片来源：刘超改绘自美国区划技术的发展 [J]，阳建强，1992）

12.4.2 融入城市设计的管理工具

1961年纽约市推出一部全新的用地区划法规，可谓是第一部集土地使用控制和建设强度控制为一体的用地区划法规。如果说早期的区划技术偏重于对消极副作用的控制，那这一阶段的区划更趋向于促进积极的空间利用和宜人空间环境的创造，例如吸引人的园林和广场、有趣的街道生活等，这些元素有利于形成一个良好的城市环境。它是对以前建筑退缩规定的改进，多用于商业区的控制。例如：规定建筑物正墙面不得突破天空曝光面，曝光面根据日照来确定，是街道范围上空的某一特定高度以上部分按照特定斜率形成的控制面。此外，在建筑奖励机制下，曝光面可根据建筑后退街道的距离进行斜率变小的奖励，开发商可根据需求获得更高的建筑高度（见图 12-19、图 12-20）。

融入城市设计的管理工具在保障基本公共利益（多是物质性需求）的基础上，融入了对本土文化、特色等品质要求内容，其中还包括了一些对情感性需求的回应。例如一些城市对建筑风格、色彩、街道小品设计都提出了要求，这推动城市规划和建设管理走向精细化。

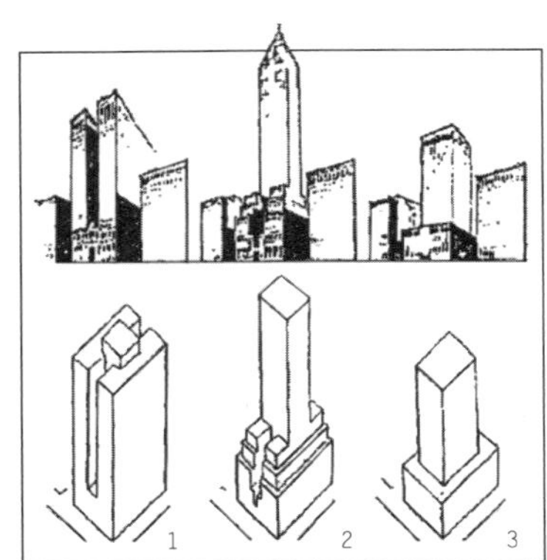

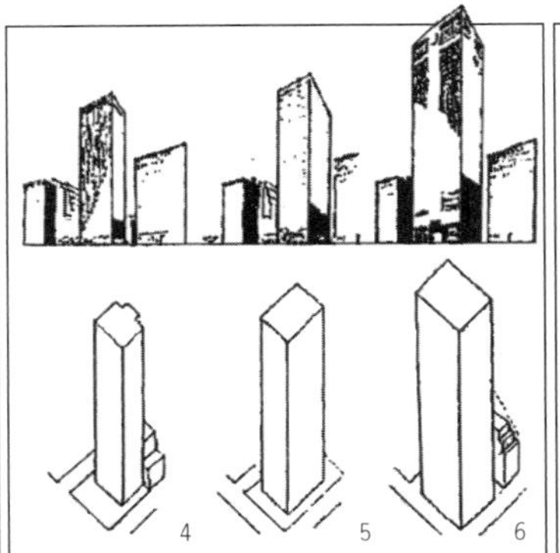

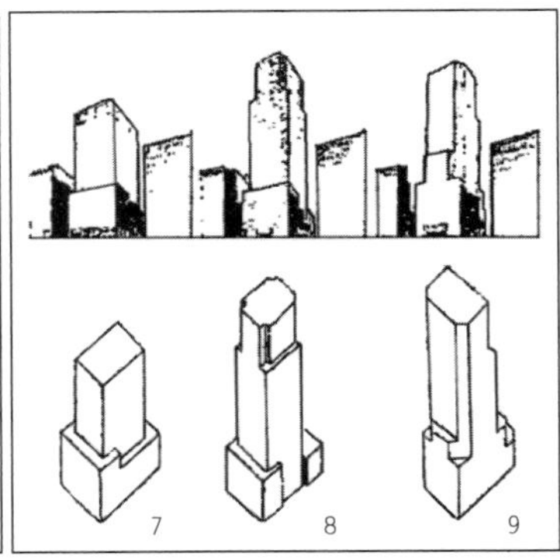

1.在百老汇大街的恒生大厦，当时没有退缩规定。
2.1916年的“退缩规定”造成“蛋糕”式的建筑。
3.1961年采用“天空曝光面”，同时引入了FAR（容积率）。

4.5.奖励区划运用产生了“广场中塔楼”的景象。
6.奖励体积扩展之后产生的形式。

7.8.9.“日光曲线法”和“遮天率曲面法”的采用使得高层建筑体型更为丰富。

[实践案例：在规划条件中落实城市设计要求的方法研究]

该课题的核心内容是将城市设计要素加入规划条件中，以达到控制建筑设计的作用。传统控规指标仅仅满足对土地开发强度的要求，缺少从人本角度考虑使用者的感受。基于对北京市建筑乱象问题的研究，课题针对建筑师、规划师、规划局、业主进行了利益攸关方的调研，通过对城市进行“特色分区”、“建筑分类”、“地标建筑分级审批”的方式进行风貌管控，建立城市设计指标体系，对传统控规指标进行形态描述和补充，作为土地出让的强制性内容，贯穿于规划管理的审批、验收全过程（见图 12-21、图 12-22）。

（编制单位：中国建筑设计院·城市规划设计研究中心。

主要编制人员：盛况、刘超、杨凌茹等。）

12.4.3　支撑城市设计的政策和经济工具

政策和经济工具其实是使用开发利益调节的手段推动城市设计的落实。早期的区划规定过于死板，缺乏弹性，难以实现城市中开发与保护兼顾的目标。到了 20 世纪 60 年代纽约开始采用规划单元开发、开发权转让、奖励区划等城市设计方法控制城市开发，成功地保留了纽约的剧院区，创造了更多的开放空间，使历史性建筑及其周边环境得到更好的保护。其基本观点是：管理部门只强制要求开发商满足一定的人口密度、空地比及交通或公共设施的需求，其他项目则由开发商自由安排，只是制定相应的鼓励规则加以引导。

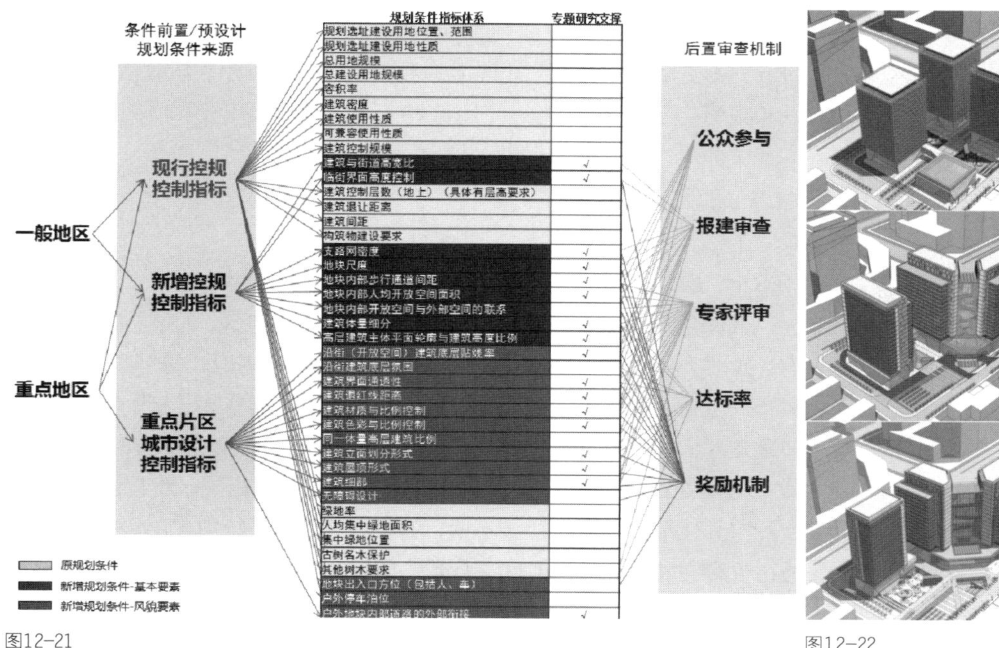

图12-21　　　　　　　　图12-22

图 12-21　现行控规与课题提出的新增控规指标中城市设计工具对比表（图片来源：在规划条件中落实城市设计要求的方法研究，中国建筑设计院·城市规划设计研究中心）

图 12-22　依据《在规划条件中落实城市设计要求的方法研究》课题指标体系的指导，由北京建筑设计研究院有限公司主持设计的石景山 L 地块在不改变建设强度基础上的方案演变过程（图片来源：在规划条件中落实城市设计要求的方法研究，中国建筑设计院·城市规划设计研究中心）

这一区划技术通常用在首次面临高密度开发的郊区或次城市区域。例如采用英美案例法的惯例，在某一特定的开发区内，暂时不采用一般的区划规则，而由开发者根据全区的法定密度，提出一项适于基地发展条件，同时具有较高密度的住宅计划，假如此规划被批准，就以此案例形成该区特有的区划规则，开发者便可不受一般规划要求的控制，只需符合这一特定案例形成的规则即可。运用这一方法可做出有利于发展具有本地特色的设计。

纽约推行一种称为“奖励区划”的规划技术规定，开发者如果在高密度的商业区或住宅区内兴建一定规模的广场，则可获得20%的建筑面积奖励。如果兴建一座拱廊也可得到一定的奖励面积。剧院区和林肯广场区就是成功地运用奖励区划的范例。“奖励区划”主要用于保护城市中的重要地段，如重要广场、滨水区和历史建筑周边。为了使它们不受新增开发活动的威胁，需要降低关联地段的开发强度，把它们上空及周边未被开发的空间权转让到其他地块中。得到转移开发权的开发商可以在原容积率上限之外再增加一定的建筑面积，通过这样的容积率流转，不但保护了历史文化与城市特色，也从经济上解决了保护与资源利用的矛盾。

奖励区划受到开发商的欢迎，然而也带来了一些设计上的问题。原本以保护为初衷进行的空间退让，虽然给城市带来了广场、绿地等极具价值的开放空间，但基于单个地块的奖励行为未经整体规划和设计，造成公共空间不连续甚至新建筑与其周围环境的分离。其实不论单体设计得多么好，广场如何多，如果忽略了街道的连续性和公共空间的系统性，对城市整体空间品质的提高依然有限。更好的方式是把政策和经济工具运用到有完善城市设计方案所确定的地段和项目上，有针对性的使用这些工具，而不是泛泛的使用。

12.5 编制行动计划

12.5.1 规划协同：不同规划部门与规划类型的协调

我国各部门的规划职责有相互重叠之处，国土部门关注土地增减挂钩、发改委负责重点项目落地、规划局分配城市用地，各部门在城市空间布局上都参与管理，需要密切配合。而实际操作中，部门之间往往缺乏相互沟通和扎实的技术力量配置，都独立组织编制各自的规划，而其中的规划目标、年限、依据、统计口径都大不相同，难以统一落地。撇开与其他部门的合作协调不谈，单就城市规划系统内各层级规划而言，往往也存在着规划编制时间、背景、层级不统一的问题，导致规划混乱，上位规划难以很好指导下位规划的问题，难以落实规划目标。

另一方面，面对快速城市化进程，城市规划编制时常落后于城市建设推进速度，导致匆忙编制的规划考虑不周，纷繁交织的问题和矛盾协调不充分，规划合理性不足，自然在规划实施时处处受阻。还有，规划管理和编制者面对日新月异的城市发展变化带来的规划调整需求，习惯的解决方法是重新编制一个规划，结果就出现规划重复、规划空间重叠、不同规划之间相互冲突等问题，不仅造成规划浪费，更容易在规划过程中自相矛盾、城市发展战略反复无常。

新加坡市区重建局作为从宏观规划到微观规划以及各类专项规划的编制主体，权力高度集中，总执行官同时兼任总规划师。城市所有的规划都是由市区重建局编制，其他部门不再单独编制专项规划。这种体制保证市区重建局是对应国家发展部的唯一接口，也是对应下级各部门的唯一接口。市区重建局通过编制概念规划（相当于我国城市总体规划）、总体规划（相当于我国控制性详细规划）来反映和落实各专业部门的用地需求，从而从体制上解决了规划部门与专业部门之间规划不协调的问题。因此规划虽然是一个部门主导编制，但其中可以具体规定其他部门在本规划实施中的义务与任务，在实施中由于规划脱离了部门色彩，也便于各部门协作实施。

我国的规划编制体系复杂，并在不断演进过程中。如在住房和城乡建设部课题《建筑设计确定和审查机制研究》中，对城市规划体系和城市设计体系进行了关系梳理。一方面，提升城市设计的法律地位，把城市设计作为原法定规划的必要补充。如在城市总体规划中划定重点区域，这些区域的控制性详细规划应以城市设计的思路来进行研究，将城市设计的内容融入控制性详细规划；另一方面，扩充现有控制性详细规划的内容和深度，丰富控制性详细规划的控制指标和表达方式，将已经形成的城市设计成果纳入控制性详细规划要求，使法定规划，尤其是重点区域和地段的控制性详细规划或修建性详细规划足以直接指导实际开发方案设计。提供规划条件、审定建筑设计方案、核发建设工程规划许可证仍然依据控制性详细规划。

在现有规划体系中增加城市设计，一方面可沿承现行城乡规划系统，保持规划管理的延续性，便于在规划管理体系内推广和普及，快速发挥控制和引导城市风貌的作用；另一方面，最大限度地弥补控制性详细规划的不足之处，充分发挥城市设计的作用，有效地辅助建筑设计审查工作。

总体上讲，我国传统规划体系受到两方面问题的集中挑战。一方面，城市规划与设计工作具有多学科综合的特征，城市发展也不断提出新的规划管理内容。近年来，城市规划领域不断出现传统的规划体系中并不包含的新规划类型，如住房规划、养老设施规划、社区公园规划、对应不同层面法定规划的城市设计等，现在既有的传统专项规划已经不能满足城市规划管理精细化的需要。另一方面，传统城市规划编制与规划管理之间的维护服务脱节。长期以来，规划师将传统规划编制作为规划职业工作的核心，规划方案通过评审并提交成果之后，即交由规划管理部门组织实施，而规划编制单位对规划成果的后期维护服务不足。其实，从规划编制到规划实施是一个不断动态调整和协调的连续过程，规划编制内容与规划管理对象应严格匹配，并不断校核和调适。

12.5.2 操作指南：城市设计导则

美国的城市设计导则一般都通过详尽的社会调研、协调公众价值与开发利益的场所特征分析，经过广泛的公众参与，最终定稿，内容涵盖了形象、社会、功能和环境风貌等方面，体现了自下而上的设计政策。而设计政策实际由一系列设计导则加以落实，导则不是具体的设计方案，而是尽可能给专业设计者留下更多设计空间的设计规则。设计导则应采用完整、透明的评审系统，赋予法定地位，树立权威，加以推行。

各层次的设计导则需通过一系列的规划和建议文件进行表达，如在全市范围的设计战略需要通过在片区层面的细化形成一连串的行动指南，用以指导政策落实和项目推进。设计导则作为一种行动指南通过制定针对不同区域的特别规则来协调这些总体政策。行动指南向我们展示如何以一种吸引人的、有趣和积极的方式来提出这些规则，使规划方案对于主要使用者来说更容易理解，并且尽可能客观。

[严格城市设计控制下的多主体开发——纽约炮台公园城综合体项目]

1968年纽约炮台公园城规划的成功之处在于运用城市设计导则延续了原来城市结构肌理，延续了已有的城市社区，用街道的有序延伸和连接来创造新的城市公共空间，使新区和旧区融为一体。在运作阶段，专门成立了开发机构主导建设，通过操作灵活、易于实施、利于多方投资的方案，与开发管理文件相结合形成开发框架，形成了刚弹有度的设计方案。管理文件将开发用地根据市场需求划分成不同大小的出让地块供给不同的开发商，然后用详细的城市设计导则（包括建筑体量、布局、沿街界面、建筑形式语汇等）对开发建设加以控制和引导。

导则分为片区通则和地块分图则两部分，通则偏重构建片区整体的开放空间系统和对建筑形式的提炼；地块分图则的内容远远超出了区划法中的用地性质、容积率、建筑覆盖率等常规指标，而包括了建筑入口，沿街设施、沿街店面等更加具体的内容（见图 12-23、图 12-24）。纽约炮台公园城所具备的参考价值在于开创了以街区为单位整体融入城市肌理和周边环境的先例，并且促进了积极的公共空间与外部的连通，最终通过炮台公园城开发机构对不同地块单体建筑设计进行协调和建筑师责任制的程序设计，保证了城市设计导则的构思得到有效、完整的贯彻落实。纽约炮台公园城的经验受到专业人士的高度评价，在各国的街区城市设计探索中，不少规划建设项目都部分借鉴了炮台公园城的城市设计导则，如美国波士顿范恩码头（Fan Pier）项目，日本千叶县幕张湾城（Bay Town）项目等。而北京 CBD 永安里项目的设计导则也在结合北京城市设计运作的基础上编制了对建筑设计的管控指南。

图 12-23　纽约炮台公园城城市设计导则（图片来源:《炮台公园城居住区设计导则》，炮台公园城管理局）

图 12-24 纽约炮台公园城实施效果（图片来源：作者自摄）

12.5.3 持续的设计服务

一项规划编制任务有它的结题之日，但它涉及的地区要持续发展下去，只依赖一本一成不变的文本和图集是无法实现规划意图和科学管理的。城市发展条件和发展目标随时可能变化，要在面对纷繁复杂的变化因素时落实规划，既需要一个优秀的规划蓝图，更需要理解这一蓝图核心价值的规划管理人员和技术支撑人员长期的管理维护和技术服务。

[实践案例：从交本子规划转向持续的技术支撑——浙江玉环新城规划设计]

《浙江玉环新城规划设计》编制范围 54 平方公里，是一个产城一体，具有完善城市功能的新城，采用先编城市设计后编控规的方式进行。在编制过程中，玉环县政府全权委托编制组组织五家国内外知名机构参加城市设计方案征集，之后由编制组进行方案综合。编制组没有简单沿用竞赛方案的结构，而是在吸收各家之长的基础上提出了一个新的城市设计方案，并最终编制控规和持续提供规划咨询服务。规划编制组一方面通过综合的规划分析手段，充分协调周边地区的关系，起到以新城建设弥补玉环城市建设长期欠账和带动全域空间整合的作用。另一方面，编制组参与制定了近期项目的规划条件、建筑方案审查（见图 12-25）、景观方案审查、水系调整方案和生态技术措施建议（见图 12-26、图 12-27），并且针对关键的工程问题提供解决方案，如：玉环天然气调压储气站的选址、船闸与航道的选址建议等，使竞赛方案综合不仅仅成了上一阶段工作的简单延续，而是针对新问题，综合多方信息基础上的再创作，规划工作贯穿编制前期研究、组织国际方案征集、城市设计方案综合和控规编制，以及规划编制完成后，继续参与规划咨询和技术指导，向地方政府提供新城规划的全程规划服务，从交本子规划转向持续的技术支持。

（编制单位：中国城市规划设计研究院。
主要编制人员：杨一帆、肖礼军、张帆、廖杨兵、魏安敏、梁爽静等。
技术总指导：杨保军。）

图 12-25 浙江玉环新城规划设计用地布局规划（图片来源：浙江玉环新城规划设计，中国城市规划设计研究院）

图 12-26 浙江玉环新城规划设计后续提供对建筑方案审查的技术支撑（图片来源：浙江玉环新城规划设计，浙江玉环县建设局）

图 12-27 浙江玉环新城规划设计后续对景观设计和船闸选址的方案提出设计要求（图片来源：浙江玉环新城规划设计，浙江玉环县建设局）

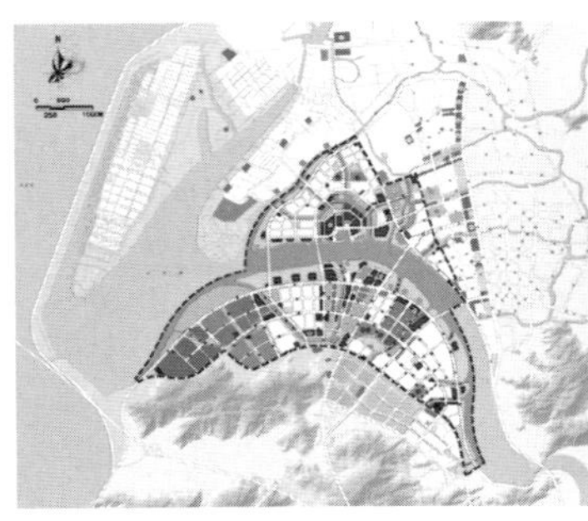

图12-25

图12-26

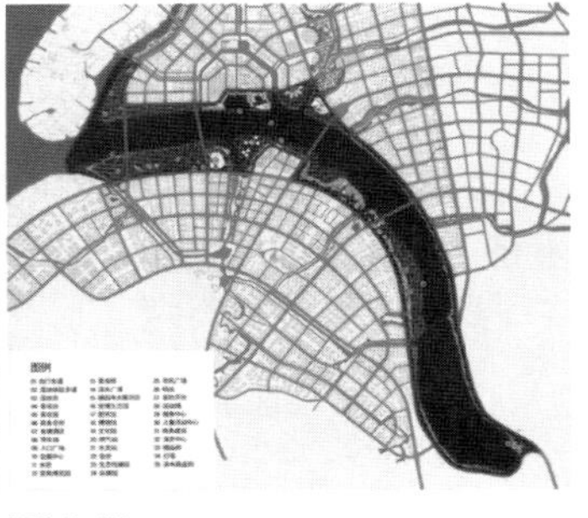

图12-27

为了更好地使规划服务于地方建设，可以对特定地区建立责任规划师制度，使主管部门正式聘请或委托熟悉该地区规划的个人或团队，长期为规划管理提供成果维护和技术服务，可以提高规划管理效率和水平，保障规划意图的落实，提高规划与管理的延续性。

12.5.4　风险控制

城市规划设计的风险来源于城市发展的不确定性。对于一个特定的规划设计项目而言，不确定性大致可以分为四类情况：第一，外界条件的变化，例如宏观经济、国家政策法规、规划范围外区域性空间格局、交通通道的变化，其他相关地区发展带来的竞争与合作关系的变化等。第二，建设主体对规划设计方案在定位、规模、功能等方面的重大决策变化。第三，规划范围内市场要素导致的重大变化。第四，自然不可抗力或其他突发事件导致的重大变化，如自然灾害，规划范围内的重大历史考古发现等。第四种情况是小概率事件，在规划设计中建设用地选址、规划布局等应利用科学的分析工具，遵循规律，研究城市历史格局，尽量避开高“风险”地区，把风险发生的可能性或潜在危害降到最小。对前三种情况在规划设计之初就尽量预判趋势，留有余地，在始料未及的情况发生时，也要整合规划范围内外，各系统和要素的力量，提出综合的解决方案。各种不确定因素千差万别，风险也难以穷举，但所有化险为夷的规划设计策略中，往往两个因素最为关键：选址和结构。苏州古城两千年前建成至今，历经自然和人为力量的变换与冲击，城址从未迁移，结构也无大的变化。得益于它的选址避开了水患地灾等易发地段，同时又是作为区域中交通、经济活动中心的上佳位置，无论在农耕社会、工商经济、现代社会发展阶段都能汇聚充分的发展动力。同时，苏州“水路双棋盘”的基本空间结构也非常适用于本地环境和社会生活。

除了选址和结构这两个关键策略外，规划设计方法中也可有针对性的创新和发展出一些特殊工具来应对不确定性因素，通常的思路是在维护刚性原则基础上，增加一定面向未来实施的弹性措施。

城市生活纷繁复杂，城市功能也因此不断推陈出新。城市规划作为一种前瞻性的工作，必然不可能准确把握城市生活的功能变化，过多具体的规划控制反而会制约规划的实施和管理。因此规划中需要引用一些具有弹性的管控工具。例如在新加坡滨海湾规划中确定“白地”和“临时绿地”两种弹性用地以适应城市发展变化的需要（见图 12-28）。“白地”主要位于城市中心区，使规划管理者可根据未来的需要，经过简单的程序再确定为居住用地还是公共设施用地，允许开发商决定“最适用途”时候有最大的自

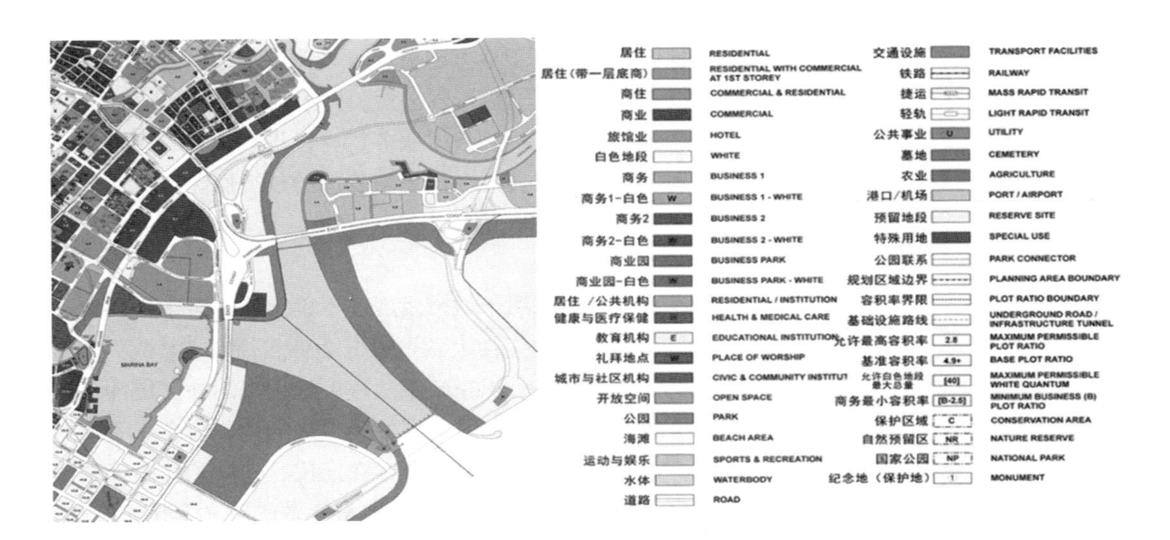

图 12-28　新加坡滨海湾片区用地规划图（图片来源：http://www.ura.gov.sg/uol/）

主权和灵活性。“临时绿地”一般位于城市组团之间的隔离地带或者组团边缘，在总规确定的城市增长边界范围内，当城市扩张到一定阶段必须使用时，再从绿地转化为功能用地，它不属于公共绿地，也不在绿线控制范围内，因而具有一定的使用弹性。

12.6　小结

霍华德在提出田园城市的构想时，通过巨大篇幅来辅助他提出的理想蓝图，包括对实施融资方式、土地分配、财政收支、经济管理等的论述。盖迪斯、芒福德等人秉持的是动态的社会学的城市观，他们都强调公众参与应与多专业的分析进行结合，辅助决策，规划应作为公众参与和理解后的一种代言手段。

城市设计目前还不是法定规划，也没有一定之规，但也正得益于此，城市设计可以运用最新的地理学、经济学、社会学、生态学、形态学、市政工程学、建筑学、公共艺术、景观学等手段，为城市建设提供广域、多层次、多维度的技术服务。正如本书前言中所述，城市设计作为基于“城市学”的形态学，拥有强大的技术工具来分析、证明和量化各种利益关系，从而说服各方达成共识。而后，城市设计以“美”之名，调动各种技术手段，协调城市建设所需的政策和经济工具，持续努力，最终实现这一共识。

城市设计作为支撑城市发展与建设的“一类”（而非“一种”）技术工具，其力量正是来源于这个庞大的工具箱能够提供完整的技术方案，来结成如上所述，覆盖最广泛公权与私利的利益共同体，以及贯穿评估、提案、实施、运营、后评估等全过程的技术共同体。其魅力来源于这个工具箱为应对发自人类本性的城市行为——无论理性的还是感性的，提供了丰富的应对方法。

[实践案例:城市设计师直接参与建设过程——青海玉树康巴风情街设计与建设]

在中国城市规划设计研究院(下称“中规院”)与中国建筑设计研究院(下称“中建院”)3 年多的玉树灾后重建规划及实施过程中,不乏对“达成和强化共识”的过程进行思考和实践。玉树康巴风情街设计与建设过程中需要对 56 户土地私有产权的户主达成统一规划、统一设计的共识非常困难。难点有三:第一,户主间贫富差距巨大,难以达成统一建设标准的共识;第二,当地宗教信仰和居住习惯使原本每户“有天有地”的独立住宅要集中统建上楼,观念上难以接受;第三,建设道路等公共设施需要占用私有土地,还要从建设用地中划分出一部分作为商业开发用地,经济利益难以平衡。规划师通过城市设计首先让居民接受统规统建的整体品质,再通过充分协商确定分配制度设计,细致的确权工作使每户的利益得到切实保障(见图 12-29)。其他,

附件一:玉树结古镇滨水商贸区问卷调查表(康巴风情商街)

时间:______年___月___日	序号:____________
宗地号:____________ 户口性质:____________ 原住址:____________	户主姓名:____________ 电话:____________
一 家庭基本情况	
A1、您的家庭成员年龄构成情况? **总人数为______人**	1、0-6 岁 ___人 2、7-16 岁 ___人 3、17-44 岁 ___人 4、45-59 岁 ___人 5、60 岁以上 ___人
A2、您的家庭成员受教育程度是?	1、小学___人 2、初___人 3、高中 ___人 4、大学专科以上 ___人 5、没上过学___人
A3、您的家庭收入主要来源	1、工资 2、做生意 3、低保 4、农牧业收入 5、运输 6、出租房屋 7、其他______(请注明)
A4、您的职业是?	
□ 私营业主/个体工商户/小本经营者 □ 公司职员 □ 农林牧渔、水利业生产人员 □ 事业单位人员	□ 公务员 □ 打工 □ 无业 □ 不在业阶层(无业/离职/失业/离退休)
A5、您家庭可用于重建房屋的资金?	1、1-5 万元 2、5-10 万元 3、10-20 万元 4、20 万元以上
A6、重建房屋资金不足部分的筹措方式?	1、 亲朋好友借钱 2、国家低息贷款 3、 商业银行贷款 3、其他
A7、您家庭未来预计拥有的机动车数量?	1、没有 2、摩托车 __辆 3、小汽车 __辆 4、小型农用车 __辆
二 原住房基本情况	
B1、您家庭原有居住的房屋类型?	1、纯住宅 2、上住下商 3、商住混合型(平层)
B2、您家庭原有居住房屋层数是多少?	1、平房 2、2 层 3、3 层 4、3 层以上 5、其他
B3、您家庭原有居住房屋建筑结构类型?	1、夯土 2、砖混 3、混凝土框架 4、木结构 5、其他
B4、您家庭原有居住房屋户型及成套情况是:	
____室____平方米____平方米____平方米____平方米____平方米____平方米 朝向____ ____厅____平方米____平方米____平方米 朝向____ ____厨房____平方米 朝向____ ____卫生间____平方米 朝向____ ____阳台____平方米 朝向____ ____经堂____平方米 朝向____ ____储物间____平方米 朝向____	

图 12-29 青海玉树康巴风情商街与红卫滨水休闲区规划设计公众参与问卷(图片来源:青海玉树康巴风情街规划设计,中国城市规划设计研究院和中国建筑设计院)

运用城市设计手段，采用退台式的城市形态，解决了重要城市界面与陡峭地形的结合问题，同时实现了公共空间和私有空间利用效率的最大化，形成依附断崖的丰富的观景面，给习惯开小型旅舍和餐饮业的回迁户获得了丰富的附加价值。良好的设计本身是获得各利益攸关方支持，达成共识的重要基础。该城市设计还使这块坐北朝南的断崖成为面向城市最主要公共空间——格萨尔王广场最重要的形象展示面，提升了城市公共空间的视觉品质（见图12-30、图12-31）。

（编制单位：中国城市规划设计研究院和中国建筑设计院。主要编制人员：杨一帆、范嗣斌、胡耀文、宋波、刘环等。技术总指导：刘燕辉、邓东。）

图12-30 青海玉树康巴风情街城市设计电脑模型（图片来源：青海玉树康巴风情街规划设计，中国城市规划设计研究院和中国建筑设计院）

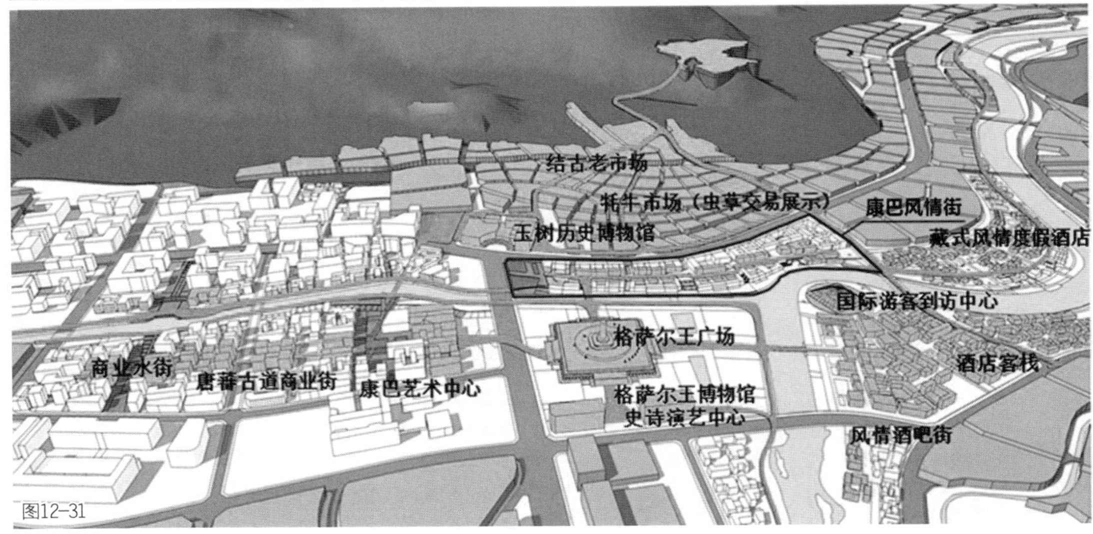

图12-31 青海玉树康巴风情街与周边环境关系示意图（图片来源：青海玉树康巴风情街规划设计，中国城市规划设计研究院和中国建筑设计院）

参考文献

Bibliography

[1] 霍华德 . 明日的田园城市 [M]. 金经元，译 . 北京：商务印书馆，2000.

[2] 麦克哈格 . 设计结合自然 [M]. 芮经纬，译 . 天津：天津大学出版社，2006.

[3] 雅各布斯 . 美国大城市的死与生 [M]. 金衡山，译 . 南京：译林出版社，2006.

[4] 西特 . 城市建设艺术：遵循艺术原则进行城市建设 [M]. 仲德昆，译 . 南京：东南大学出版社，1990.

[5] 芒福德 . 城市发展史：起源、演变和前景 [M]. 宋俊岭，倪文彦，译 . 北京：中国建筑工业出版社，2005.

[6] 亚历山大，伊希卡娃，西尔佛斯坦 . 建筑模式语言：城镇· 建筑· 构造 [M]. 李道增，高亦兰，关肇邺，等译 . 北京：知识产权出版社，1989.

[7] 林奇 . 城市意象 [M]. 方益萍，何晓军，译 . 北京：华夏出版社，2001.

[8] 吴良镛 . 广义建筑学 [M]. 北京：清华大学出版社，2011.

[9] 吴良镛 . 人居环境科学导论 [M]. 北京：中国建筑工业出版社，2011.

[10] 吴良镛，吴唯佳，等 . “北京 2049” 空间发展战略研究 [M]. 北京：清华大学出版社，2012.

[11] 崔愷 . 本土设计 [M]. 北京：清华大学出版社，2010：9-13.

[12] 芦原义信 . 街道的美学 [M]. 培桐，译 . 天津：百花文艺出版社，1989.

[13] 郭璞原著，许颐平主编 . 图解葬书 [M]. 北京：华龄出版社 . 2012.

[14] 波特 . 国家竞争优势 [M]. 李明轩，邱如美，译 . 北京：中信出版社，2002.

[15] Salat S. 城市与形态：关于可持续城市化的研究 [M]. 陆阳，张艳，译 . 北京：中国建筑工业出版社，2012：29-195.

[16] 霍尔，佩恩 . 多中心大都市：来自欧洲巨型城市区域的经验 [M]. 罗震东，译 . 北京：中国建筑工业出版社，2010.

[17] 瓦尔德海姆 . 景观都市主义 [M]. 刘海龙，刘东云，孙璐，译 . 北京：中国建筑工业出版社，2011.

[18] 斯科特 . 国家的视角：那些试图改善人类状况的项目是如何失败的（修订版）[M]. 王晓毅，译 . 北京：社会科学文献出版社，2004：69.

[19] 罗，科特 . 拼贴城市 [M]. 童明，译 . 北京：中国建筑工业出版社，2003.

[20] 芒福汀，欧克，蒂斯迪尔 . 美化与装饰 [M]. 韩冬青，李东，屠苏南，译 . 北京：中国建筑工业出版社，2004：9.

[21] 特兰西克．寻找失落空间——城市设计的理论 [M]. 朱子瑜，张播，鹿勤，等译．北京：中国建筑工业出版社，2008：100-116.

[22] 卡莫纳，蒂斯迪尔，希斯，等．公共空间与城市空间——城市设计维度 [M]. 马航，张昌娟，刘堃，等译．北京：中国建筑工业出版社，2015：57.

[23] 闻人军．考工记译注 [M]. 上海：上海古籍出版社，2008.

[24] 张道一注译．周礼·考工记 [M]. 西安：陕西人民美术出版社，2004：126-127.

[25] 李山．管子 [M]. 北京：中华书局．2009.

[26] 朱文一．空间·符号·城市 一种城市设计理论 [M]. 北京：中国建筑工业出版社，2010.

[27] 金广君．图解城市设计 [M]. 北京：中国建筑工业出版社，2010.

[28] 卢济威．广场与城市整合 [J]. 城市规划，2002（2）：55-59.

[29] 黄富厢．我国当前城市设计与实施的若干理性思维 [J]. 世界建筑，2000，10：31-33.

[30] 盖兹．新都市主义社区建筑 [M]. 张根虹，译．天津：天津科学技术出版社，2003.

[31] 兰德利．创意城市：如何打造都市创意生活圈 [M]. 杨幼兰，译．北京：清华大学出版社，2009.

[32] 董晓峰，杨保军，刘理臣．宜居城市评价与规划理论方法研究 [M]. 北京：中国建筑工业出版社，2010.

[33] 方创琳，刘毅，林跃然．城市规划与市场机制 [M]. 北京：中国建筑工业出版社，2009.

[34] 方创琳，刘毅，林跃然．紧凑型城市的规划与设计 [M]. 北京：科学出版社，2013：5-60.

[35] 海道清信．紧凑型城市的规划与设计 [M]. 苏利英，译．北京：中国建筑工业出版社，2010：233-242.

[36] 洪文迁．纽约大都市规划百年：新城市化时期的探索与创新 [M]. 厦门：厦门大学出版社，2010.

[37] 胡恩威．美化与装饰 [M]. 香港：Cup Elite Travelle，2005.

[38] 林家骊译注．楚辞 [M]. 北京：中华书局，2009：181.

[39] 龙固新．大型都市综合体开发研究与实践 [M]. 南京：东南大学出版社，2005.

[40] 容曼，蓬杰蒂．生态网络与绿道：概念、设计与实施 [M]. 余青，陈海沐，梁莺莺，译．北京：中国建筑工业出版社，2011：17-24.

[41] 贝内迪克特，麦克马洪．绿色基础设施——连接景观与社区 [M]. 北京：中国建筑工业出版社，2010：113.

[42] 舒兹．场所精神：迈向建筑现象学 [M]. 施植明，译．武汉：华中科技大学出版社，2010.

[43] 苏秉公，庞啸．城市的复活：全球范围内旧城区的更新与再生 [M]. 上海：文汇出版社，2011.

[44] 王笛．茶馆：成都的公共生活和微观世界，1900-1950[M]. 北京：社会科学文献出版社，2010：17.

[45] 吴志强，李德华．城市规划原理 [M]. 北京：中国计划出版社，2010：275.

[46] 方可．当代北京旧城更新：调查、研究、探索 [M]. 北京：中国建筑工业出版社，2000.

[47] 谢卓夫，刘新，覃京燕．设计反思：可持续设计策略与实践 [M]. 北京：清华大学出版社，2011.

[48] 阳建强．西欧城市更新 [M]. 南京：东南大学出版社，2012.

[49] 于今．城市更新：城市发展的新里程 [M]. 北京：国家行政学院出版社，2011.

[50] 俞孔坚，李迪华，刘海龙．"反规划" 途径 [M]. 北京：中国建筑工业出版社，2005.

[51] 寇耿，恩奎斯特，若帕波特．城市营造：21 世纪城市设计的九项原则 [M]. 俞海星，译．南京：江苏人民出版社，2013：209.

[52] 张京祥．西方城市规划思想史纲 [M]. 南京：东南大学出版社，2005.

[53] 宗跃光．城市景观规划的理论和方法 [M]. 北京：中国科学技术出版社，1993.

[54] 克拉索，倪鹏飞．全球城市竞争力报告（2007-2008）[M]. 北京：社会科学文献出版社．2008.

[55] 傅伯杰，陈利顶，马克明，王仰麟．景观生态学原理及应用 [M]. 北京：科学出版社，2011.

[56] 毕秀晶．长三角城市群空间演化研究 [D]. 上海：华东师范大学，2014.

[57] 卞萧．城市综合体设计初探 [D]. 上海：同济大学，2008.
[58] 岑迪．基于“流——空间”视角的珠三角区域空间结构研究 [D]. 上海：华南理工大学，2014.
[59] 付少慧．城市建筑风貌特色塑造及城市设计导则的引入 [D]. 天津：天津大学，2009.
[60] 高强．城市设计导则对空间形态的控制研究 [D]. 上海：同济大学，2008.
[61] 高源．美国现代城市设计运作研究 [D]. 南京：东南大学，2005.
[62] 李恒．美国区划发展历史研究 [D]. 北京：清华大学，2007.
[63] 李洁．控制与引导建筑形态的城市设计方法初探 [D]. 天津：天津大学，2008.
[64] 李磊．城市设计导则纳入控制性详细规划的可行性研究 [D]. 天津：天津大学，2009.
[65] 刘嘉纬．重庆市主城区城市空间结构研究 [D]. 重庆：西南大学，2010.
[66] 吕鑫磊．城市综合体公共空间协同研究 [D]. 重庆：重庆大学，2012.
[67] 王达生．看不见的手：城市设计导则对建筑形态的控制研究 [D]. 重庆：重庆大学，2009.
[68] 王桢栋．“合”——当代城市建筑综合体研究 [D]. 上海：同济大学建筑与城市规划学院，2008.
[69] 曾鹏．当代城市创新空间理论与发展模式研究 [D]. 天津：天津大学，2007.
[70] 张亭．基于视觉感受的景观空间序列研究 [D]. 上海：同济大学建筑与城市规划学院，2009.
[71] 陈明，李新阳．近几年我国城镇建设用地扩张特点研究——基于 117 个案例城市的实证研究 [C]// 中国城市规划学会．2011 中国城市规划年会论文集：转型与重构．南京：东南大学出版社，2011.
[72] 斯坦纳．设计的未来：生态规划的实践 [C]// 阿贝莱．新催化剂．昆明：新社会出版社．
[73] 蒋跃庭，甄峰．城市尺度下的形态宜居性——以南京为例 [C]// 中国城市规划学会．2011 中国城市规划年会论文集：转型与重构．南京：东南大学出版社，2011.
[74] 福尔曼．城市生态学和城市区域的自然环境管理 [C]// 莫斯塔法维，多尔蒂．生态都市主义．南京：江苏科学技术出版社，2014：312-317.

[75] 詹克斯，伯顿，威廉姆斯．一座历史名城的环境容量：切斯特城的经验 [C]// 詹克斯，伯顿，威廉姆斯．紧缩城市——一种可持续发展的城市形态．北京：中国建筑工业出版社，2004：260-270.

[76] 王丽娜．城市密度分区规划中的技术构架比较研究 [C]// 中国城市规划学会．2011 中国城市规划年会论文集：转型与重构．南京：东南大学出版社，2011.

[77] 杨一帆，邓东，董珂．“紧凑城市”规划探索—以苏州为例 [C]// 中国城市规划学会．2007 中国城市规划年会论文集．黑龙江科学技术出版社，2007.

[78] 杨一帆．A Chinese Effort for Eco-county while Fast Economic Growth：Anji Experience（快速发展中的中国生态县建设努力——安吉经验）[C]//Ecocity World Summit 2011. Montreal，2011.

[79] 俞剑光．科技创新空间研究——中关村生命科学园城市设计 [C]// 中国城市规划学会．2014 中国城市规划年会论文集：城市治理与规划改革．北京：中国建筑工业出版社，2014.

[80] 郁璐霞．虚拟空间发展对城市规划的影响分析 [C]// 中国城市规划学会．2013 中国城市规划年会论文集：城市时代，协同规划．北京：中国建筑工业出版社，2013.

[81] 唐燕．城市设计运作中不同利益主体的博弈分析 [C]// 城市规划和科学发展——2009 中国城市规划年会论文集．2009:39-43.

[82] 何子张，李小宁．探索全过程、精细化的规划编制责任制度—厦门责任规划师制度实践的思考 [C]//2012 中国城市规划年会．2012.

[83] 沈超．国外建设生态城市的做法及其带给我们的启迪 [C]// 生态城市建设与生态危机管理——中国未来研究会 2010 年学术年会论文集．2010.

[84] 丁灵鸽．城市新区主导区域城市设计中的文化植入研究 [D]．天津：天津大学，2012.

[85] 曾振，周剑峰．巴塞罗那城市大马路改造技术方法研究 [C]// 中国城市规划学会．2014 中国城市规划年会论文集：城乡治理与规划改革．北京：中国建筑工业出版社，2014.

[86] 卡尔索普，杨保军，张泉．TOD 在中国——面向低碳城市的土地使用与交通规划设计指南 [J]．江苏城市规划，2014（7）：49.

[87] 仇保兴．紧凑度与多样性——中国城市可持续发展的两大核心要素 [J]．城市规

划，2012（10）：11-18.

[88] 王富海，孙施文，周剑云．城市规划：从终极蓝图到动态规划——动态规划实践与理论 [J]. 城市规划，2013（1）：70-75，78.

[89] 王建国．21 世纪初中国城市设计发展前瞻 [J]. 建筑师，2003（1）：19-25.

[90] 王建国．21 世纪初中国建筑和城市设计发展战略研究 [J]. 建筑学报，2005（8）：5-9.

[91] 杨保军，董珂．滨水地区城市设计探讨 [J]. 建筑学报，2007（7）：7-10.

[92] 杨保军，董珂．生态城市规划的理念与实践——以中新天津生态城总体规划为例 [J]. 城市规划，2008（8）：10-14，97.

[93] 杨保军，朱子瑜，蒋朝晖．城市特色空间刍议 [J]. 城市规划，2013（3）：11-16.

[94] 赵燕菁．从城市管理走向城市经营 [J]. 城市规划，2002（11）：7-15.

[95] 赵燕青．从计划到市场：城市微观道路 - 用地模式的转变 [J]. 城市规划，2002，26（10）：24-30.

[96] 周一星．主要经济联系方向论 [J]. 城市规划，1998（2）：22-25，61.

[97] 邹德慈．人性化的城市公共空间 [J]. 城市规划学刊，2006（5）：9-12.

[98] 韩言铭．城市规划平衡多方利益的艺术——专访中国工程院院士、原中国城市规划设计研究院院长邹德慈 [J]. 中国科技财富，2009（07）：26-31.

[99] 孙施文，朱婷文．推进公众参与城市规划的制度建设 [J]. 现代城市研究，2010（5）：17-20.

[100] 唐子来，付磊．发达国家和地区的城市设计控制 [J]. 城市规划汇刊，2002（6）：1-8，79.

[101] 唐子来，朱弋宇．西班牙城市规划中的设计控制 [J]. 城市规划，2003（10）：72-74.

[102] 唐子来，付磊．城市密度分区研究——以深圳经济特区为例 [J]. 城市规划学刊，2003（4）：1-9.

[103] 梁鹤年．经济全球化与中国城市 [J]. 城市规划，2002（1）：70-74.

[104] 金经元．奥姆斯特德和波士顿公园系统（上）[J]. 上海城市管理职业技术学院学报，2002，12（2）：11-13.

[105] 罗德胤，秦佑国．中国古戏台的特征、形成及启示 [J]. 建筑史，2003（3）：

81-92，285-286.

[106] 胥明明，杨保军．城市规划中的公共利益探讨——以玉树灾后重建中的“公摊”问题为例 [J]. 城市规划学刊，2013 (5): 38-47.

[107] 张杰，吕杰．从大尺度城市设计到“日常生活空间”[J]. 城市规划，2003 (9): 40-45.

[108] 阳建强．美国区划技术的发展 (上) [J]. 城市规划，1992 (6): 49-52.

[109] 阳建强．美国区划技术的发展 (下) [J]. 城市规划，1993 (1): 51-53.

[110] 盖尔．人性化的城市 [J]. 中华建设，2010.

[111] 吴唯佳．中国特大城市地区发展现状、问题与展望 [J]. 城市与区域规划研究，2009 (3): 84-103.

[112] 樊杰，蒋子龙，陈东．空间布局协同规划的科学基础与实践策略 [J]. 城市规划，2014 (1): 16-25，40.

[113] 陈海燕，贾倍思．紧凑还是分散？——对中国城市在加速城市化进程中发展方向的思考 [J]. 城市规划，2006 (5): 61-69.

[114] 金广君，邱志勇．论城市设计师的知识结构 [J]. 城市规划，2003，27 (2): 55-60.

[115] 杨一帆，尹强，张咏梅．安吉生态立县的规划策略研究 [J]. 城市发展研究，2011 (5): 72-78，89.

[116] 杨一帆，廖志强．从神祇到镜子——城市发展与四大关系 [J]. 规划师，2003 (2): 92-94.

[117] 杨一帆，邓东，肖礼军，等．大尺度城市设计定量方法与技术初探——以“苏州市总体城市设计”为例 [J]. 城市规划，2010，(5): 88-91.

[118] 杨一帆．论基础设施对城市群落空间秩序的影响 [J]. 规划师，2006 (3): 26-28.

[119] 杨一帆，爱德华·沙利文．美国俄勒冈州“资源用地”保护简介：土地利用法与规划程序 [J]. 国际城市规划，2014 (4): 84-88.

[120] 杨一帆．中国城市在发展转型期推进滨水区建设的价值与意义 [J]. 国际城市规划，2012 (2): 108-113.

[121] 杨一帆．如何面对城市世纪的到来 - 城市可持续发展力的概念解析 [J].

Beijing City Planning & Construction Review, 2005 (3): 73-76.
[122] 伍敏，杨一帆，肖礼军．以重要节点建设带动城市整体结构梳理——临海市靖鹰中心区城市设计 [J]. 城市规划通讯，2009 (2): 15-16.
[123] 埃森曼．欧洲被屠杀犹太人纪念碑，柏林，德国 [J]. 世界建筑，2004 (1): 62-65.
[124] 陈可石，崔翀．高密度城市中心区空间设计研究——香港铜锣湾商业中心与维多利亚公园的互补模式 [J]. 现代城市研究，2011 (8): 49-56.
[125] 陈燕平．芝加哥市中心：一个高效益的土地利用模式 [J]. 世界建筑导报，1995 (3): 19-22.
[126] 崔瑛．现代城市建筑综合体与城市文脉的保护、继承和创造 [J]. 城市建设理论研究，2012.
[127] 邓智团．优化创新空间布局提升城市创新功能 [J]. 华东科技，2013 (5): 68-70.
[128] 方创琳，祁巍锋．紧凑城市理念与测度研究进展及思考 [J]. 城市规划学刊，2007 (4): 65-73.
[129] 韩笋生，秦波．借鉴紧凑城市理念，实现我国城市的可持续发展 [J]. 国外城市规划，2004 (6): 23-27.
[130] 何序君，陈沧杰，王美芳．虚拟社区实体化驱动力机制与演变模型实证分析——以南京西祠街区、淘淘巷、杭州四季星座为例 [J]. 现代城市研究，2011 (10): 61-67，85.
[131] 黄大田．以详细城市设计导则规范引导成片开发街区的规划设计及建设实践——纽约巴特利公园城的城市设计探索 [J]. 规划师，2011 (4): 90-93.
[132] 黄玮．空间转型和经济转型——二战后芝加哥中心区再开发 [J]. 国外城市规划，2006 (4): 53-60.
[133] 程海帆．城市设计战略国际经验及其对北京的启示 (上) [J]. 北京规划建设，2012 (4) .
[134] 贾培义，李春娇．美国波特兰珍珠区的保护与复兴 [J]. 北京规划建设，2012 (3) .
[135] 张秋明．绿色基础设施 [J]. 国土资源情报，2004 (7): 35-38.

[136] 屠启宇．“十三五”期间提升上海城市创新能力的战略举措 [J]. 科学发展，2015 (1): 58-68.

[137] 徐建春．约翰·M·利维的《现代城市规划》评述 [J]. 地理学报，2004，59 (5).

[138] 王京元，郑贤，莫一魁．轨道交通 TOD 开发密度分区构建及容积率确定——以深圳市轨道交通 3 号线为例 [J]. 城市规划，2011 (4): 30-35.

[139] 王鹏，杜竞强．智慧城市与城市规划——基于各种空间尺度的实践分析 [J]. 城市规划，2014，38 (11): 37-44.

[140] 何邕健，张秀芹，毛蒋兴．城市文化与城市建设互动影响研究 [J]. 规划师，2006，22 (11): 73-76.

[141] 丁成日．城市增长边界的理论模型 [J]. 规划师，2012，28 (3): 5-11.

[142] 曾鹏，曾坚，蔡良娃 城市创新空间理论与空间形态结构研究 [J]. 建筑学报，2008 (8): 34-38.

[143] 黄昕珮，胡仁禄．国外学者对密集型城市可持续性的研究 [J]. 规划师，2004 (3): 69-72.

[144] 黄烨勍，孙一民．街区适宜尺度的判定特征及量化指标 [J]. 华南理工大学学报（自然科学版），2012 (9): 131-138.

[145] 蒋涤非．双尺度城市营造——现代城市空间形态思考 [J]. 城市规划学刊，2005 (1): 90-94.

[146] 李翅．土地集约利用的城市空间发展模式 [J]. 城市规划学刊，2006 (1): 49-55.

[147] 李浩．理解勒· 柯布西耶——《明日之城市》译后 [J]. 城市规划学刊，2009 (3): 115-119.

[148] 李江云．对北京中心区控规指标调整程序的一些思考 [J]. 城市规划，2003 (12): 35-40，47.

[149] 李峻峰，张翌．基于吸引力增进的城市公园更新途径初探 [J]. 安徽建筑，2014 (6): 21-22.

[150] 李伟峰，欧阳志云．城市生态系统的格局和过程 [J]. 生态环境，2007 (2): 672-679.

[151] 李焱．场所的魅力——探索城市艺术设计的价值和方法 [J]. 建筑与文化，

2011 (8): 110-111.

[152] 凌晓红．紧凑城市：香港高密度城市空间发展策略解析 [J]. 规划师，2014 (12): 100-105.

[153] 刘冰冰，杨晓春，朱震龙．香港密度管制经验及反思 [J]. 城市规划，2009 (12): 66-71.

[154] 刘娟娟，李保峰，等．构建城市的生命支撑系统——西雅图城市绿色基础设施案例研究 [J]. 中国园林，2012 (3): 116-120.

[155] 刘锐，窦建奇．低碳导向下的紧凑城市 [J]. 规划师，2014 (7): 79-83.

[156] 陆林，凌善金，焦华富．徽州古村落的景观特征及机理研究 [J]. 地理科学，2004 (6): 660-665.

[157] 马强，徐循初．精明增长策略与我国的城市空间扩展 [J]. 城市规划汇刊，2004 (3): 16-22，95.

[158] 毛玮．浅谈颐和园的空间处理 [J]. 大众文艺，2010 (18): 44.

[159] 彭飞飞．美国的城市区划法 [J]. 国际城市规划，2009 (S1): 69-72.

[160] 彭智谋，王小凡．城市公共空间尺度人性化研究 [J]. 南方建筑，2006(5): 9-11.

[161] 秦萧，甄峰．大数据时代智慧城市空间规划方法探讨 [J]. 现代城市研究，2014 (10): 18-24.

[162] 任春洋．高密度方格路网与街道的演变、价值、形式和适用性分析——兼论“大马路大街坊”现象 [J]. 城市规划学刊，2008 (2): 53-61.

[163] 科斯托夫．城市的形成 [J]. 广西城镇建设，2013.

[164] 孙翔．新加坡“白色地段”概念解析 [J]. 城市规划，2003 (7): 51-56.

[165] 童心，王小凡．高密度环境下城市微型公共空间的利用 [J]. 中外建筑，2012 (3): 90-92.

[166] 汪原．城市设计的尺度问题研究 [J]. 规划师，2003 (5): 53-54，63.

[167] 王冰冰，康健．城市中心区大体量建筑对城市空间宜人性的影响 [J]. 建筑学报，2013 (11): 20-24.

[168] 王静文．紧凑城市绿地规划模式探讨 [J]. 华中建筑，2011 (12): 131-133.

[169] 王青．以大型公共设施为导向的城市新区开发模式探讨 [J]. 现代城市研究，2008 (11): 47-53.

[170] 王荣锭．高密度和低密度，哪个更加可持续？——紧凑城市规划思潮的启示[J]. 上海城市规划，2001（3）: 5-7.

[171] 王颖芳，华晨．小城镇规划设计的尺度抉择——基于审美主体的价值观与社会属性视角[J]. 规划师，2012（1）: 110-114.

[172] 许锋．对北京的启示：20世纪国际大都市区城市密度特征[J]. 北京规划建设，2007（2）: 116-118.

[173] 杨波．浅谈唐代帝王陵墓建筑[J]. 科技咨询导报，2007（11）: 120-121.

[174] 杨春侠．悬浮在高架铁轨上的仿原生生态公园——纽约高线公园再开发及启示[J]. 上海城市规划，2010（1）: 55-59.

[175] 杨忆妍，李雄．英国伯肯海德公园[J]. 风景园林，2013（3）: 115-120.

[176] 杨永春，刘沁萍，田洪阵．中外紧凑城市发展模式比较研究[J]. 城市问题，2011（12）: 2-8.

[177] 翟辉．"斑块·边界·基质·廊道"与城市的断想[J]. 华中建筑，2001（3）: 59-60.

[178] 张宏伟．美国地方政府对区划法的修改[J]. 城市规划学刊，2010（4）: 52-60.

[179] 张鹏顺．"大数据"时代旅游产业的变革与对策[J]. 改革与战略，2014（9）: 110-114.

[180] 张润朋，周春山，明立波．紧凑城市与绿色交通体系构建[J]. 规划师，2010（9）: 11-15.

[181] 甄峰，秦萧，王波．大数据时代的人文地理研究与应用实践[J]. 人文地理，2014（3）: 1-6.

[182] 彭青云．外来人口与城市发展——以北京市为例[J]. 人口与经济，2010（S1）: 23-24.

[183] 黄苏萍，朱咏．全球城市2030产业规划导向、发展举措及对上海的战略启示[J]. 城市规划学刊，2011（05）: 11-18.

[184] 周丽亚，邹兵．探讨多层次控制城市密度的技术方法——《深圳经济特区密度分区研究》的主要思路[J]. 城市规划，2004，12: 28-32.

[185] 周素红，杨利军．城市开发强度影响下的城市交通[J]. 城市规划学刊，2005（2）: 49，75-80.

[186] 卓健．速度·城市性·城市规划[J]．城市规划，2004（1）：86-92.

[187] 香港特别行政区政府规划署．都市气候图及风环境评估标准可行性研究[R]．香港：香港特别行政区政府，2012.

[188] 王彬．烟袋斜街的昨天与今天[N/OL]．中国艺术报，2014-3-26. http：//epub. cnki. net/kns/detail/detail. aspx？ FileName=CYSB20140326T040&DbName=CCND2014.

[189] 周天勇，旷建伟．中国城市创新报告[N/OL]．经理日报，2008-12-5. http://www. cnki. net/kcms/detail/detail. aspx?dbname=CCND2008&filename=JLBR20081205C023.

[190] 柯布西耶的城市——巴西利亚[EB/OL].（2012-5-10）[2014-11-13]. http：//www. douban. com/note/213755950/.

[191] 王其亨．"井"的意义：中国传统建筑的平面构成原型及文化渊涵探析[EB/OL].（2012-11-13）[2014-11-30]. http：//www. douban. com/group/topic/34285941/.

[192] 陈慧燕．后殖民香港在全球化下的城市空间与文化身份[EB/OL]. 2012-11-13 [2014-10-06]. http：//www. ln. edu. hk/mcsln/1st_issue/feature_2. htm.

[193] 谭智恒．沟通的建筑：香港霓虹招牌的视觉语言[EB/OL]. [2014-11-21]. http://www.neonsigns.hk/neon-in-visual-culture/the-architecture-of-communication/?lang=zh.

[194] Castells M. The Informational City: Information Technology, Economic Restructuring, and the Urban-regional Process[M]. Oxford Uk & Cambridge USA: Blackwell, 1989.

[195] Department of the Environment TATRCFAATBE. By Design: Urban Design in the Planning System: Towards Better Practice[M]. London: Commission for Architecture and the Built, 2000.

[196] Forman RT. Land Mosaics: the Ecology of Landscapes and Regions[M]. Cambridge: Cambridge University Press, 1995.

[197] Gehl J, Gemzoe L. Public Spaces-Public Life[M]. Washington D. C. : Island Press, 2004.

[198] Godron M, Forman R. Disturbance and Ecosystems[M]. Heidelberg: Springer, 1983: 12-28.

[199] Moughtin J, Cuesta R, Sarris C, et al. Urban Design: Method and Techniques[M]. Oxford: Architectural Press, 2012.

[200] Simme J. Innovation Networks and Learning Regions[M]. New York: Routledge, 2004.

[201] Talen E. Charter of the New Urbanism[M]. New York: Mcgraw-hill Professional, 2013.

[202] Broadbent SR, Hammersley JM. Percolation Processes[C]//Mathematical Proceedings of the Cambridge Philosophical Society, 1957: 629-641.

[203] Bloomberg M. A Greener Greater New York[J]. The City of New York, 2006.

[204] Burger M, Meijers E. Form Follows Function? Linking Morphological and Functional Polycentricity[J]. Urban Studies, 2012, 49 (5) : 1127-1149.

[205] Calthorpe P. The Next American Metropolis: Ecology, Community, and the American Dream[M]. New York: Princeton Architectural Press, 1993.

[206] Ozawa CP, Yeakley JA. Keeping the Green Edge: Stream Corridor Protection in the Portland Metropolitan Region[J]. The Portland Edge, 2004.

[207] Taaffe EJ, Krakover S, Gauthier H. Interactions Between Spread-and-back Wash, Population Turnaround and Corridor Effects in the Inter-Metropolitan Periphery[J]. Urban Geography, 1992, 13 (6) : 0-533.

[208] Kresl PK. The Determinants of Urban Competitiveness: a Survey, North American Cities and the Global Economy[J]. Urban Affairs Annual Review No. 44, 1995: 45-68.

[209] Neuman M. Regional Design: Recovering a Great Landscape Architecture and Urban Planning Tradition[J]. Urban Planning Overseas, 2000, volume 47 (99) : 115-128.

[210] Castells M. Globaliztion, Networking, Urbanisation: Reflections on the Spatial Dynamics of the Information Age[J]. General Information, 2010, 47 (13) : 2737-2745.

[211] Borucke M, Moore D, Cranston G, et al. Accounting for Demand and Supply of the Biosphere's Regenerative Capacity: The National Footprint Accounts' Underlying Methodology and Framework[J]. Ecological Indicators, 2013, 24.

[212] Newman O. Defensible Space: Crime Prevention Through Urban Design[J]. Bureau of Justice Statistics, 1973.

[213] Moore T. Planning without Preliminaries[J]. Journal of the American Planning Association, 1988, 54 (4) .

[214] Van Den Berg L, Braun E. Urban Competitiveness, Marketing and the Need for Organising Capacity[J]. Urban Studies, 1999, 36 (5) : 987-999.

[215] Zhou B, Liu L, Oliva A, et al. Recognizing City Identity Via Attribute Analysis of Geo-tagged Images[J]. Lecture Notes in Computer Science, 2014.

[216] Webster D, Muller L. Challenges of Peri-Urbanization in the Lower Yangtze Region: the Case of the Hangzhou-Ningbo Corridor[R]. 2002.

结语

“城市设计”是一个很好的工具，表面上是实现城市之美，其实是以美之名汇集各方关切，达成一份空间契约，以共识为蓝图，再指引怀着不同诉求的人们，同舟共济、锲而不舍地去改善自己的城市。建立在城市运行规律基础上的共识至关重要，让城市以良好的状态运转，完善“城市之用”，是城市设计者的根本出发点。城市设计者应致力于为城市建立强健的筋骨，顺便实现她的美丽。

城市设计并无一定之规，每次城市设计活动都可能面对新的实际问题，其运用的领域与方法还在持续扩充，这正是城市设计时刻应对城市发展之需，不断演进和自我完善的活力所在。但城市设计经过众多实践的检验，基本规律已经显现，对于什么是好的城市设计应有评判标准，它们至少包括以下方面：

多大程度上促进了“城市经济的再生产”？即是否以最优的方式发挥了该地区特有的经济价值？这需要从城市范围而非规划范围本身加以评判。

多大程度上促进了“城市空间的再生产”？城市公共空间建设是带动城市空间结构调整的重要切入点，因此要联系城市整体空间和各支撑系统。

多大程度上促进了“城市人的再生产”？城市设计应以“人”的感知和使用为基本出发点，评判公共空间建设实际促成“人”身心获益的效果。

多大程度上促进了“城市文化的再生产”？城市空间是延续城市记忆，发扬地方文化的重要载体，一个城市公共空间的建设水平与特色极大地影响了城市的整体文化品位。

多大程度上促进了“城市生态的再生产”？城市空间建设与生态环境息息相关，好的城市公共空间建设应对强化城市的生态安全与健康做出积极贡献。

城市设计者不应是怀疑论者，而应成为深谙现实的理想主义者！城市如此复杂，城市设计者永远不可能掌握所有信息后再开始工作，而应善于从复杂世界中不断提炼出主要矛盾，找到工作的主线，不断推进工作。城市设计者应总是追求在复杂的现实约束中，通过设计的方法，使城市更好些，哪怕只是稍微好一些。

杨一帆

2015 年 7 月 8 日

Epilogue

Though at the surface urban design appears to determine the aesthetics of the city, it is actually a valuable tool that gives full consideration to all urban concerns. Urban design helps to reach a spatial contract. As the blueprint of urban development, consensus built in urban design guides people with different needs to work together with perseverance to build a better city. A consensus based on the rules of how a city functions is crucial, for it can make the city run smoothly and is also the starting point for urban designers. Urban designers' job is to first strengthen the muscles and bones of the city, then develop its beauty.

There are no written rules for urban design, and every original design will be faced with new practical problems. Moreover, urban design's methods and application fields are still expanding to fulfill the constant changes in city development. However, after many practical tests, the basic guidelines of urban design have already emerged. A good urban design should at least meet the following criteria:

To what extent has the design improved the urban economy? Has it optimized the region's special economic values? These two questions should be evaluated from the perspective of the whole city, instead of merely the extent of the urban design project.

To what extent has the design improved urban space? Public space is a key point for reforming of urban space structure. To evaluate the design, it needs to relate to the entire urban space and all the supporting systems.

To what extent has the design improved the experience of people? Urban design should firstly be informed by peoples' perceptions and usage of the city. To evaluate design, we need to evaluate its psychological effect on people.

To what extent has the design improved the promotion of urban culture? Urban space is the extension of urban memories, an important place for promoting local culture. The quality of urban space construction has great impacts on the city's cultural temperament.

To what extent has the design improved urban ecology? Urban space construction is closely related to urban ecology. A good public space arrangement should strengthen the security of urban ecology and make an active contribution to the health of the city.

Instead of being skeptics, urban designers should be realistic idealists. A city is so complicated that it would be impossible for urban designers to acquire all necessary information before starting their work. They should instead extract the principle lessons from the world's complexities and find the essential ties to their work so as to carry forward the task. In the name of changing the city for the better, urban designers always strive courageously to find better ways to design within the numerous constraints of reality. Even if "better" is a small change, it is important all the same.

YANG Yifan

2015.7.8

跋

Postscript

我仔细阅读了杨一帆所著的《为城市而设计——城市设计的十二条认知及其实践》手稿，该书依托大量实地考察资料和典型案例，用实证的方法，向读者系统介绍了国内外城市建设经典案例和城市设计先进理论，很具有参考价值。因为一帆在清华大学打下坚实的学业基础后，先后在中国城市规划设计研究院、中国建筑设计研究院从事城市规划设计多年，亲身参加了大量的实际工作，他和他所带领团队进行的很多城市设计项目都已实施。他在书中表述的理念、选择的典型案例、提出的主要观点和一系列工作方法特性鲜明，都是在比较研究基础上，立足中国当前实际，注重针对现实问题提出解决方案的研究与实践的心得。对完善我国规划设计和建设管理很有启发，对国内很多地区正在进行的城市建设活动很有借鉴价值。

我国城市发展与建设逐渐从增量向提质转化，面对空间、时间、人间多重矛盾对城市规划、建设、管理提出的挑战，传统基于二维平面的规划越来越难以适应城市精细化管理的需要，对基于三维空间研究的城市设计的需求越来越迫切。城市设计这个工具从 20 世纪 90 年代初引入中国，已经经历了二十多年的实践，其中经历了一些波折。当下再看城市设计对我国城市建设的作用，应该至少放到以下一些现实背景中进行审视。

第一，我国大部分城市建设已经逐步从保基本需求转向提质提效的方向上。单从城市规划和管理工作集中关注的两个重要方面——服务于生产和生活来讲，很多城市未来重点发展的产业部门从二产转向了三产，二产对城市机能的要求相对简单，三产发展却对整个城市的综合竞争力提出了更高的要求。而生活方面，不仅城市人对物质生活的类型需求越来越丰富，质量需求越来越高，还更多地提出精神生活的需求。面对这些问题，我们传统规划管理中大量计划经济时期的定量定额的管理遗产就难以应对了。在面向市场和越发丰富的城市需求方面，需要城市设计发挥自己的技术优势，为不同的城市量身定制适宜的空间秩序和风貌要求。

第二，城市发展问题越来越复杂，呼唤综合的研究和管理工具。在短缺经济时期的保底线思维下，我们经济分析工具用得多，社会分析工具用得少；交通、市政、防灾等工程问题研究多，对社会人文问题研究少，更疏忽了对“城市魅力”的研究，常常出现平淡或雷同的城市面貌；对规模讨论多，对品质讨论少；指标控制的方式多，形态控制的手段少。我们大多数城市有规划的管理，有建筑设计的管理，但缺乏城市设计管理这一层级，从二维的规划图纸一下跳到具体地块的立体设计，有法定的城市规划，缺乏城市的设计，导致规划管理者“就指标论建筑”的无奈与无助，也就很难避免“就建筑论建筑”的混杂城市面貌。因此，在提质增效的新型城镇化发展道路上，我们的规划管理工具仅仅依赖保底线的管控工具难以适应时代需要，还需要进行品质管理的引导工具，这是城市发展的趋势，也是城市建设管理的趋势。

第三，我国的城市建设具有很大的空间层次跨越，从区域、城乡、城市、各个分区、到具体的地段和地块，需要贯穿不同层次的规划与设计策略。城市建设的各个层次都既涉及追求经济社会发展的空间要素安排和布局，也涉及追求大地与人居环境之美的自然与人文要素组织与设计，即每个层次都同时存在对规划和设计的需求。只是微观的设计领域更容易被世人感知，而宏观的设计领域却对人们更影响深远。而我国近二、三十年的城市设计实践也更多集中于中观和微观的层次，城市设计的研究层次也需要顺应我国城市发展的需要，实现研究范围的相应拓展。

第四，在规划建设实践中，优秀的城市设计成果难以通过规划管理的手段保证在城市建设中实施的问题长期存在。城市设计在我国的城市规划管理体系中长期缺乏法律地位，城市设计作为决策辅助工具的情况多，作为管理依据的情况少，很多城市即使编制了好的城市设计，也难以长期发挥指导城市建设的作用。

一帆对以上我国城市设计所处的时代背景，以及学术与实践发展面临的特殊挑战都有深刻的认识，并在他的这本专著中进行了回应。一帆既长期从事法定规划的编制，同时又有丰富的城市设计经验，在本书中总结的一些实践经验在技术层面上回应了城市设计落实的部分问题，但长期的解决还需要我们规划管理制度的创新。

一帆长期在规划设计第一线工作，他在工作实践中结合对前辈学者经典理论的解读，对大量国内外典型案例的考察分析，从一个规划设计实践者的角度进行的分析和论述，因此他写的书很结合实际，深入浅出，易于理解。对城市建设的参与者以及城市设计的专业人士有参考价值。在学术上，一帆的这本专著对注解当前城市设计在我国的发展现状和前瞻这个领域的未来发展亦具有重要的现实意义！

中国城市规划协会会长　前中华人民共和国住房和城乡建设部总规划师　唐凯

2015 年 7 月 8 日

致谢
Supporters

该书中主要观点的形成受到很多前辈和朋友的指导和启发！

我在清华大学建筑学院接受五年建筑学教育，受关肇邺等众多建筑学院老师的教导，初步建立对建筑设计和城市微观形态的认知。

后来三年在清华大学吴良镛先生主持的建筑与城市研究所深造，师从吴唯佳导师，这一阶段的学习和研究对我形成对城市初步的宏观认知和区域观至关重要。在这里我开始接触到后来对我的研究和工作产生重要影响的城市——苏州。

随后在中国城市规划设计研究院十年的工作，使我遇到众多良师益友，他们对我的学术研究帮助良多！书中很多实践案例都是我在这里与同事们共同工作的成果。这里大量的考察、研究与实践帮助我形成对城市的基本认知。尤其是在苏州经历上至城市总体规划和总体城市设计，下至分区规划、片区城市设计和各种专项规划的实践，在这个既历史悠久，又蓬勃发展的城市，持续的深度参与它的重大规划和城市建设事件，是形成本书的三个核心观点——整体认知、广泛联系、动态演进的重要基础。

二〇一〇年，我到美国波特兰州立大学访学一年，期间对北美重要的城市和地区进行了大量的考察和访问，与北美规划学者、管理者、规划实践者以及普通人的大量交流，使我有机会在一个全新的语境中审视我对城市的认知。

二〇一三年起，受中国建筑设计院文兵院长等院领导之邀，我来到中国建筑设计院有限公司筹建城市规划设计研究中心。新组建的团队承担和参与了多项国家重大规划任务，规划设计实践涉及全国二十二个省市和部分海外第三世界国家，包括更广泛的城市与乡村地区。中心同仁大量的规划实践，大大扩展了精选实践案例的范围，使本书主要观点得到更充分的检验和典型案例的支撑。在中心的很多重要实践活动中，我们得到了崔愷院士的亲自指导，这使我在城市形态和本土特色方面的认知更进一步。我们的工作还得到建筑、景观等相关团队的有力支持。

在本书的编写过程中，得到我的同事刘超、黄圣文、杨慧祎、白泽臣、胡亮、倪莉莉、李茜、赵彦超、赵楠、王倩、韩尧东、杨凌茹、李真、张宏桥、Hannah Silver、郝静的帮助，很多实践案例是他们与我共同参与的成果，他们在本书的资料收集、文字整理、校对排版等方面做了大量的工作。

感谢中国建筑设计院文兵院长、刘燕辉书记、文化传播中心张广源主任等领导对本书出版的重视和大力支持！在他们的关心下，中国建筑设计院为本书出版提供了重要的技术支持和资助。同时感谢北京建筑大学建筑学院张忠国副院长的帮助，中国建筑工业出版社编辑们为本书出版做出的大量细致工作！

尤其感谢我国规划与建筑学界的知名学者，也是我非常尊敬的导师和前辈，中国建筑设计研究院总建筑师、中国工程院院士崔愷先生，中国城市规划设计研究院副院长、前总规划师杨保军先生，中华人民共和国住房和城乡建设部总规划师唐凯先生在百忙中为本书做出指导，并先后为本书作序、作跋，我在这里对他们的鼓励和指点表达由衷敬意！

对这本书的出版有所帮助的人们无法一一列举，没有各位良师益友的帮助，本书无法付梓，请允许我对他们表示最真挚的谢意！

杨一帆
2015 年 7 月 12 日
于北京